AF465116

MANUEL

DE

PHYSIQUE.

MANUEL

DE

PHYSIQUE,

OU

ÉLÉMENS ABRÉGÉS DE CETTE SCIENCE,

MIS A LA PORTÉE DES GENS DU MONDE ET DES ÉTUDIANS;

CONTENANT

L'exposé complet et méthodique des propriétés générales des corps solides, liquides et aériformes, ainsi que des phénomènes du son; suivi de la nouvelle théorie de la Lumière dans le système des ondulations, et de celle de l'Electricité et du Magnétisme réunis;

Par C. BAILLY,

Membre de la Société Linnéenne de Paris et de plusieurs autres Sociétés savantes, élève de MM. Arago, Biot et Gay-Lussac.

OUVRAGE ORNÉ DE PLANCHES.

SEPTIÈME ÉDITION,

REVUE ET AUGMENTÉE.

PARIS,

A LA LIBRAIRIE ENCYCLOPÉDIQUE DE RORET,

RUE HAUTEFEUILLE, N° 10 BIS.

1836.

L'Ouvrage ci-après fait suite au *Manuel de Physique* de M. Bailly :

Manuel de Physique amusante, ou *Nouvelles Récréations physiques*, contenant diverses applications aux arts et à l'industrie ; suivi d'un Vocabulaire de physique, par M. Julia-Fontenelle ; cinquième édition. Un vol. in-18, orné d'un grand nombre de figures. Prix, 3 fr.

ARTICLE PRÉLIMINAIRE.

L'HOMME, avant de réfléchir, lorsque sa raison encore enveloppée des nuages de l'ignorance, encore flottante dans les incertitudes de la jeunesse, s'abandonne aux premières impressions des sens, est d'abord frappé d'étonnement à la vue de ce qui se passe autour de lui : la grandeur, la multiplicité, la variété infinie des phénomènes de la nature, confondent son imagination, et il croit n'avoir d'autre parti à prendre que de se prosterner devant ce qui l'étonne, que de contempler ce qui le remplit d'admiration; mais bientôt, à mesure que son esprit prend l'habitude de la méditation, l'observation attentive des faits et de leurs rapports lui fait reconnaître de l'ordre dans ce qui paraissait le résultat du hasard, de la suite dans ce qui semblait d'abord sans liaison, et sentant dès-lors l'action d'une cause sans cesse agissante dans un certain but, il s'aperçoit que la nature étudiée peut lui laisser pénétrer quelques-uns de ses secrets, et que de ses recherches pourra jaillir une source abondante d'applications utiles et une foule d'explications non moins curieuses qu'importantes.

L'étude de la nature comprend celle de tous les corps qui nous entourent, à commencer par nous-mêmes ; celle de tous les phénomènes qui se renouvellent sans cesse sous nos yeux; l'explication des révolutions que les astres qui peuplent les espaces, que le globe que nous habitons, que les êtres qui se trouvent à sa surface, éprouvent perpétuellement ou à divers intervalles. L'étude de la nature intéresse donc tous les hommes; elle n'est étrangère à aucune classe, à aucune condition, puisqu'il n'en est aucune qui ne soit environnée d'agens naturels dont il faille se préserver ou tirer parti. Celui qui ne cherche qu'à satisfaire sa curiosité, étendre les limites de ses connaissances, éviter les causes d'erreurs, aussi bien que le savant qui s'instruit de ce qui est pour savoir ce qui doit être, ont intérêt à connaître les véritables causes de tout ce qu'ils observent, afin de satisfaire l'inquiétude de leur raison, afin de prévoir jusqu'à un certain point ce qui arrivera, en sachant ce qui est arrivé dans des circonstances pareilles, afin aussi de se prémunir contre des méprises dangerensss, et de ne point s'abandonner à une admiration aveugle, à des terreurs sans fondement.

Si l'étude des phénomènes naturels est importante pour tous, on peut même dire indispensable, qu'y a-t-il aussi de plus attrayant? Si les poètes, si les romanciers savent non-seulement captiver notre attention, mais nous charmer, nous émouvoir, par la description des tableaux de tout genre que nous offre la nature dans ses productions, dans ses contrastes, dans ses rapports, par le récit des scènes riantes ou sauvages, gracieuses ou terribles qui s'y succèdent; quel attrait ne doit-on point trouver à la solution de tant de questions aussi importantes, aussi curieuses, à l'explication de tant de phénomènes aussi grandioses, aussi singuliers, aussi bizarres même au premier aspect? S'il ne convient point de présenter des notions de cet ordre avec un style aussi riche; si, dans ces matières, l'usage de la poésie et du style descriptif est toujours un abus, la richesse du sujet, l'importance des faits qu'il explique, des choses qu'il retrace, des idées nouvelles qu'il fait naître, ne suffisent-elles pas pour compenser la simplicité de l'expression, pour ramener sans cesse l'attention la plus distraite, pour intéresser aussi fortement que les aventures d'un héros fictif, ou l'histoire souvent bien incertaine des temps passés?

L'étude de la nature est donc nécessaire et attrayante. Que, dans ces temps de barbarie où les moyens de destruction et d'asservissement étaient seuls cultivés, ce qui élève la pensée, agrandit le génie de l'homme, ait été méprisé, c'était la conséquence de l'état social. Mais, maintenant que l'instruction plus que jamais devient la mesure du mérite de l'homme et de l'estime qu'on doit lui accorder, comment celui qui se destine à paraître dans le monde pourrait-il ignorer la cause et les principaux effets de tout ce qui existe autour de lui? La science se répand de jour en jour davantage; des discussions scientifiques s'établissent là où naguère on ne s'occupait que de futilités; en un mot, l'impulsion des idées générales vers les sciences positives est si grande que, les ignorer, c'est être étranger à ce qui fixe l'attention universelle. Nous avançons à grands pas vers l'époque où il sera aussi honteux de ne point avoir une teinture, au moins superficielle, des sciences physiques et naturelles, qu'il le serait maintenant de ne pas savoir lire et écrire.

D'Aguesseau, qui, dans l'éducation de son fils, prescrit celle de magistrat accompli, de l'homme du monde tel qu'il devait être, veut que leurs connaissances soient universelles; il ne veut pas que l'étude des lois, si elle doit être la principale pour le jurisconsulte, puisqu'elle sera l'objet de ses applications, soit la seule qui fixe son attention; il ne veut pas que, sorti de son cabinet, au milieu des autres classes de la société, il soit réduit au silence. D'ailleurs, il savait qu'une vaste étendue de connaissances peut seule donner de la généralité dans les idées, de la fixité dans le jugement, de la promptitude dans les aperçus; ce sont ses préceptes que nous avons tâché de suivre. Des conseils si sages, si importans, ne pouvaient demeurer sans fruit, et peu à peu on en vint à considérer l'étude des sciences comme le complément nécessaire de l'éducation; enfin l'instruction publique elle-même mit en France le sceau à cette vérité, en plaçant les sciences physiques au nombre des sujets d'examen des jeunes candidats au baccalauréat.

Mais le cercle des connaissances s'agrandit

sans cesse; il est impossible à l'homme de l'embrasser dans toute son étendue d'une manière approfondie ; la durée entière de la vie serait insuffisante pour parcourir une carrière aussi immense. Chacun, selon son goût, selon sa position, choisit donc le sujet qui doit être l'objet de ses recherches, le but principal de ses travaux, l'occupation essentielle ou utile de sa vie; celui-là il l'approfondit, il en fait l'objet de ses méditations et de ses investigations; il veut connaître toutes les opinions, tous les écrits qu'il a fait naître ; en un mot, il en parcourt tous les détails. Mais doit-il se borner à cette étude spéciale et négliger toutes les autres connaissances? pourra-t-il même atteindre dans une seule science un haut degré de savoir, s'il n'a jeté un coup-d'œil rapide sur les autres? Depuis Bacon, on l'a bien souvent dit, et c'est une vérité devenue triviale, que toutes les connaissances humaines forment un vaste cercle composé de chaînons intimement unis, et auquel on ne peut trouver ni commencement ni fin. Celui qui veut limiter ses travaux à une seule science, n'en doit donc pas moins parcourir rapidement toutes les connaissances qui se lient à son sujet par des rapports plus ou moins éloignés. Que serait le médecin, le cultivateur, sans l'appui des connaissances chimiques? un praticien aveugle, incapable de sortir lui-même des ornières de la routine. Que deviendrait le marin, le militaire, dans leurs courses lointaines, dans des climats à peine connus, sans le secours de l'astronomie qui guide leur marche, de l'histoire naturelle qui leur enseigne les moyens de soutenir leur existence ? enfin, qui peut négliger les lois de la physique, cette science qui fait connaître les actions, les forces, les influences, les changemens des corps avec lesquels nous sommes sans cesse en contact immédiat ?

D'après cela, comment expliquer que de grands savans, et entre autres un de ceux qui ont fait faire à la physique d'importans progrès, aient pu proscrire les livres élémentaires, aient osé nier l'utilité, les avantages, la nécessité même des abrégés ? Combien ne doit-on pas regretter que ces savans n'emploient point quelques-unes de leurs veilles à l'exposition élémentaire de la science, ne daignent point initier la multitude à leurs doctes travaux ? Est-ce donc pour eux qu'il est nécessaire de s'envelopper de mystères, de ne parler que pour des adeptes ? est-ce véritablement chercher à se rendre utiles ? Dans leur silence à cet égard, il appartient à leurs élèves de remplir cette lacune, autant que leurs forces le leur permettent ; imbus des préceptes de ces grands maîtres, ils doivent tâcher de les mettre à la portée de tous, de faire jouir tout le monde de leurs travaux et de leurs découvertes. Si celui qui voudra reculer encore les limites de la science, si celui qui voudra faire de l'étude de la physique sa principale occupation, ne trouvait pas à se satisfaire dans de tels ouvrages, qu'il se rappelle que ce n'est point à lui qu'ils s'adressent, mais que leur destination est de donner aux autres une idée exacte de cette science, en leur offrant un résumé de ce qu'elle renferme de plus important; qu'ils sachent que le but de leurs efforts est de permettre à tous de ne point être étrangers aux véritables explications des phénomènes qui se renouvellent à chaque instant sous leurs yeux, qu'ils seraient aussi flattés de contribuer quelque peu à faire aimer les sciences et à les faire cultiver plus universellement. Et qu'on ne craigne pas que la science exposée de la sorte, dépouillée de ses détails trop techniques et de son langage mathématique, diminue la profondeur des idées, porte à la véritable instruction un coup mortel! ceux qui, d'après leur position, pourront ou voudront approfondir la science, ne se contenteront pas d'aperçus généraux, ils voudront chercher ailleurs les détails des phénomènes, les corollaires des principes, les preuves de ce qu'ils ont appris; ils ne verront dans des élémens qu'un guide qui leur indique les sources les plus abondantes où ils pourront puiser. Quant à ceux dont les occupations habituelles ne peuvent s'allier avec une étude profonde des sciences qui y sont plus ou moins étrangères, c'est en vain qu'on voudra leur en faire chercher la connaissance dans des ouvrages volumineux, abstraits, qui réclament une forte attention; ils aimeront mieux demeurer ignorans qu'acheter la science à ce prix, lors même que le temps qu'ils peuvent y donner serait suffisant : nouvelle condition difficile pour plusieurs.

Le but de ces élémens est donc d'offrir un abrégé de la physique telle que ce mot est limité, développé, défini dans l'Introduction. Donner aux gens du monde, aux personnes qui dirigent leurs recherches vers une autre branche des connaissances humaines, à tous ceux qui veulent avoir une teinture de la science, une idée assez exacte, une explication assez complète des phénomènes naturels, faire cet exposé aussi clairement, aussi simplement que possible, sans le secours des mathématiques, en s'appuyant seulement du raisonnement et de l'expérience; tel a été le but constant de nos efforts.

Nous avons aussi espéré être pour les jeunes gens d'une utilité plus spéciale, en leur offrant un Manuel propre à les diriger dans la bonne voie, en leur fournissant un guide qui leur indiquera les meilleures sources où ils pourront puiser. Ils pourront aussi considérer ce résumé comme une analyse des cours qu'ils suivent, et par là se dispenser de recueillir des notes, travail indispensable sans ce secours, mais qui n'est pas sans inconvénient, puisqu'il fait souvent mal saisir l'expression du professeur, et peut ainsi quelquefois égarer par les erreurs qui s'y glissent fréquemment. Enfin, à l'aide de ces élémens, tous ceux qui doivent être soumis à un examen qui ne roule que sur les généralités de la science (1) pourront s'y préparer d'une manière plus prompte, moins pénible et peut-être moins désagréable.

Enfin, malgré son extrême concision, nous avons cherché à rendre ce petit traité de physique à peu près général, et à comprendre l'état actuel de la science dans toutes ses branches d'une manière aussi complète que possible. S'il a fallu sacrifier aux limites de l'espace la longueur des détails et la multitude des applications, nous avons tâché de mettre le lecteur attentif en état de les voir sortir naturellement des principes généraux, et d'en donner lui-même l'explication. De nombreuses figures serviront encore à l'intelligence du texte, et donneront une idée des principaux instrumens et des machines les plus employées en physique. Nous avons surtout considéré comme un devoir d'exposer la science telle qu'elle est maintenant chez les savans et non dans les livres qui datent de quelques années, et par conséquent de mettre cet abrégé au niveau des découvertes les plus récentes. Aussi, en traitant de la lumière, avons-nous fait à tous les phénomènes qu'elle présente l'application complète de la nouvelle théorie des vibrations : c'est un exposé malheureusement trop abrégé, mais entièrement neuf, puisque cette théorie n'est développée que par portions souvent indépendantes les unes des autres, dans des mémoires séparés,

(1) Comme celui de bachelier-ès-lettres.

par des savans différens, et que nulle part on n'a cherché à l'appliquer complètement à l'explication des phénomènes de la chaleur et de la lumière. Peut-être même cette partie de notre travail aurait-elle été jugée de quelque importance, si nous avions pu lui donner tout le développement que nécessite l'établissement d'une nouvelle théorie, si nous avions pu l'étayer des nombreuses preuves, des analogies multipliées qui lui donnent de toutes parts l'apparence de la vérité, si surtout nous avions été capable de l'exposer convenablement.

INTRODUCTION

A L'ÉTUDE DE LA PHYSIQUE.

L'ÉTUDE de la physique, prise dans l'acception étymologique, comprend celle de la nature entière (1) : et c'est ainsi que l'entendaient les anciens, qui, prenant pour base des sciences, plutôt leur imagination et une observation superficielle, que l'analyse approfondie des phénomènes aidée des expériences et du froid examen de la raison, ne craignaient point d'embrasser la nature entière dans le jet immense de leurs pensées. Aussi leur physique était-elle plutôt des systèmes de cosmologie où ils cherchaient à expliquer la nature des choses et tout ce qui se passe autour de nous, au moyen de quelques suppositions, que des recherches sur les propriétés des corps. C'est ainsi que, dans Thalès, Pythagore, Démocrite, nous ne trouvons autre chose que des idées spéculatives sur la nature, mêlées à des systèmes métaphysiques, et accompagnées, comme par hasard, de quelques déductions tirées de phénomènes mal observés, et par conséquent plus ou moins erronées. Aristote même, qui est sans doute le premier physicien, comme le premier naturaliste et le premier philosophe de l'antiquité, prouve dans sa physique que les anciens ignoraient la plupart des phénomènes dont l'étude et l'explication forment le domaine de cette science.

---

(1) Du grec Φύσις, *nature*.

Ainsi, sans parler des phénomènes du son, de la lumière, de l'électricité, du magnétisme, sur lesquels leurs notions étaient si fausses, ou pour mieux dire nulles, l'idée du plein et du vide, la pesanteur et la pression de l'air (1), la formation des vapeurs aqueuses, les effets de la variation de la température dans les corps ou leur dilatation et leur contraction, et beaucoup d'autres parties de la science qui sont maintenant aussi bien observées que clairement expliquées, étaient entièrement ignorés de ce peuple grec, qui, dans les arts d'imagination, la poésie, l'éloquence, les beaux-arts, nous a laissé tant de modèles. Que les littérateurs et les artistes étudient donc les anciens; pour les savans, c'est chez les modernes qu'ils trouveront une mine féconde à exploiter.

Lorsque l'Europe commença à sortir de l'obscurité du moyen âge, quelques médecins naturalistes furent les premiers qui tentèrent de faire renaître les sciences physiques; mais, d'un côté, égarés par l'exemple et la marche des anciens, et de l'autre, encore imbus des idées ridicules de l'astrologie et de l'alchimie, ces premiers savans bâtirent aussi des systèmes sur le sol mobile des hypothèses et avec les matériaux dénués de solidité qu'ils tiraient de leur seule imagination. Enfin, l'impulsion de grands génies, tels que Bacon et Descartes, vint changer la face des sciences; les idées systématiques furent abandonnées pour les recherches d'expérience; on sentit qu'il fallait accumuler les observations pour en déduire des conséquences, les faits pour en voir jaillir des lois générales : une nouvelle ère commença pour l'esprit humain.

C'est à cette époque de régénération que Galilée découvre les lois de la pesanteur, démontre que

(1) La pesanteur de l'air, démontrée par Galilée, avait été soupçonnée même avant Aristote. T. R.

la terre tourne, construit les télescopes qu'un inconnu venait de découvrir, ces instrumens admirables qui nous font pénétrer dans l'immensité des espaces; c'est à cette époque que Torricelli, élève de Galilée, invente le baromètre et prouve le vide; que Képler détermine la marche, la distance, les révolutions des astres, en reconnaît les lois. L'impulsion était donnée et elle ne pouvait demeurer stérile; la découverte de l'attraction et de toutes ses conséquences en fut le premier résultat; cette découverte et ses admirables travaux sur l'optique et la lumière placeront toujours Newton à la tête des physiciens les plus illustres, et seront toujours des modèles d'analyse et d'étude; si les hypothèses que lui-même donnait pour telles peuvent être renversées, ses observations demeureront toujours comme un monument de son génie. C'est certainement cet illustre savant qui a donné aux sciences la direction vraiment utile qu'elles ont prise; c'est lui qui a démontré que la recherche des faits, l'observation des phénomènes, l'expérience, en un mot la voie de l'analyse était le chemin des découvertes, et c'est en suivant une route si bien tracée que les savans modernes avancèrent à pas de géans dans l'étude de la nature, et parvinrent enfin à fonder les théories qui, s'appuyant de toutes les observations basées sur l'explication qu'elles donnent de tous les faits connus, sont des guides qui soulagent la mémoire, facilitent l'étude, préparent les découvertes, vont au-devant des expériences.

En effet, les temps sont changés : dans l'enfance de la science, les faits observés étaient trop peu nombreux pour baser aucune théorie probable : bâtir des systèmes, c'était détourner l'esprit de la route des découvertes. Maintenant que les observations s'accumulent, que les faits se groupent, se lient par des rapports, il est nécessaire d'en former un faisceau : les faire découler de quelques principes généraux, ce n'est plus s'appuyer sur une base sans solidité, c'est proposer des explications fondées sur les rapports des choses, sur les conséquences des phénomènes ; c'est faciliter les découvertes ; c'est hâter la solution définitive du problème.

Voyons maintenant comment se partage l'étude de la nature, afin de connaître l'objet spécial de la physique ; nous jetterons ensuite un coup d'œil rapide sur la disposition des matières dans cet ouvrage.

Toutes les sciences se tiennent, et c'est en vain que l'homme, pour faciliter l'étude de la nature, l'a partagée en plusieurs champs, et a tenté d'en fixer les limites d'une manière certaine ; leurs rapports sont tellement étroits que, pour les exploiter, il est indispensable de faire à chaque instant des excursions de l'un dans l'autre ; et ce n'est sans doute que quand on les a tous parcourus en entier, qu'on peut avoir d'un seul une connaissance approfondie.

Cependant, le partage des sciences en plusieurs domaines n'en est pas moins utile sous le rapport de la facilité de l'étude : les méthodes, les divisions, les classifications reposent l'esprit, fixent la mémoire des faits et des théories, facilitent le classement des observations, conduisent aux découvertes : ce sont des moyens artificiels, mais qu'on doit respecter, puisqu'ils sont indispensables à la faiblesse de notre intelligence. C'est ainsi qu'à mesure que le champ des découvertes s'agrandit, à mesure que les limites de chaque science reculent, on y forme de nouvelles coupures ; de telle sorte que l'étude de la nature, qui d'abord ne fut partagée qu'en trois branches, forme maintenant peut-être plus de vingt rameaux qu'on étudie à part, malgré leurs liaisons intimes, malgré leur origine commune, et sans doute bientôt la physique elle-même formera plusieurs sciences, qui, telles que la lumière, l'électricité, l'acoustique, seront traitées à part. Mais bornons-nous aux principales divisions scientifiques, et, en indiquant le but de chacune, nous verrons ce qui forme réellement le domaine de la physique spéciale.

L'étude des corps qui nous entourent dans leurs rapports les plus intimes, dans les propriétés qui ne se manifestent que de molécules à molécules; les moyens de mettre en jeu ou d'arrêter les effets de ces actions, de ces affinités électives, composent la *chimie* : l'histoire naturelle, qui classe, décrit, étudie les corps organiques et inorganiques, les corps bruts et vivans, ainsi que leur organisation, a reçu maintenant tant d'extension, qu'il est impossible de la traiter sous ce point de vue général : ainsi, tantôt on considère les corps bruts en grande masse, et tels que la nature nous les offre; on recherche leurs rapports de superposition, et par conséquent d'ancienneté, c'est le but de la *géologie* : tantôt on étudie les mêmes corps dans leurs formes, leurs aspects, leurs propriétés élémentaires; on les classe par genres, par familles, c'est la *minéralogie*. Il en est de même pour les êtres vivans, qu'on partage d'abord en deux classes, les végétaux et les animaux, pour subdiviser encore chacune d'elles en plusieurs autres : ainsi, tantôt on recherche les lois de l'organisation et de la vie, la constitution et les fonctions des organes des plantes, c'est le but de la *physiologie* et de l'*anatomie végétale*. Tantôt on cherche les rapports de ces êtres pour les classer naturellement ou artificiellement, pour les reconnaître, les décrire, pour fixer la nomenclature de la science, c'est l'objet de la *botanique*. Tantôt on étudie ces corps sous les rapports d'utilité ou d'agrément qu'ils peuvent offrir à l'homme, et alors la science prend le nom d'*agriculture*, d'*horticulture*, etc. Des divisions analogues, encore plus nombreuses, se rencontrent dans le règne animal, au haut duquel arrive l'étude de l'homme, d'abord dans sa nature physique, ce qui comprend la *médecine* et toutes les sciences qui en dépendent; ensuite dans sa nature morale, ce qui renferme la *philosophie*, la *métaphysique*, la *psycologie*; dans sa condition sociale, ce qui comprend la *morale*, la *législation*, l'*économie publique*, etc., etc.

Ainsi, on voit qu'un passage insensible conduit d'une science à l'autre; on reconnaît que sans cesse elles empiètent de toutes parts sur leurs voisines, sans cesse mille rapports de connexion forment de l'étude de la nature un vaste tout, un cercle immense qu'on est forcé de parcourir en entier dès qu'on y a pénétré. Mais d'autres sciences sont encore des chaînons plus voisins de la physique; on les réunit même quelquefois sous le nom de physique générale, mais nous devons les écarter de l'objet spécial de nos recherches.

L'étude des corps qui peuplent les espaces, leur marche, leur distance, leurs révolutions, leur constitution et leur nature, leurs actions sur les autres corps et sur notre globe en particulier forment le domaine de l'*astronomie*. L'étude des phénomènes qui se passent dans l'atmosphère, des modifications qu'elle éprouve, des mouvemens qu'elle exécute, forme la *météorologie*. Celle des phénomènes qui se rencontrent à la surface du globe, des révolutions de tout genre qui s'y succèdent, est l'objet de la *géographie* et de l'*hydrographie*. Enfin, d'une part, la science des machines, qui comprend l'*hydraulique*, l'*hydrostatique* et l'*aérostatique*, s'appuie et est le développement de la *mécanique*, tandis que, d'une autre part, toutes les sciences physiques dont nous venons de parler empruntent le secours et offrent de nombreuses applications des *mathématiques*, qui comprennent principalement l'*arithmétique*, l'*algèbre*, la *géométrie*, le *calcul différentiel et intégral*.

Cette analyse rapide, nécessaire pour fixer les idées sur ce qui doit être l'objet de notre étude, et pour montrer les points de contact de la science qui nous occupera avec les autres branches des connaissances humaines, détermine d'une manière précise le but de la *physique spéciale*, et nous met en état d'en donner une définition exacte (1) : c'est la science qui étudie et fait connaître les propriétés générales des corps, et leurs actions réciproques les unes sur les autres. Ainsi, abandonnant à la chimie les recherches sur les propriétés intimes, sur les affinités élémentaires des corps ; laissant à l'histoire naturelle le soin de faire connaître l'organisation, les fonctions, les rapports des êtres considérés comme individus, la physique embrasse les propriétés générales de la matière à l'état solide, liquide, fluide aériforme et fluide impondérable ; recherche et étudie les phénomènes et les lois de leur action et de leur mouvement sous ces différens états. Cette science est donc la base de toutes les autres, elle est le fondement de l'étude de la nature. S'il est une branche des connaissances humaines indispensable à connaître, c'est bien la physique, puisqu'elle enseigne le mode d'action d'agens que nous rencontrons partout, à l'influence desquels nous ne pouvons nous soustraire, enfin que dans toutes les circonstances il faut apprécier, afin d'en tirer parti ou d'en combattre les effets. Donnons maintenant un aperçu de la marche que nous avons adoptée dans cet ouvrage ; ce sera en même temps un exposé rapide de ce que comprend la science, et de ce qu'elle doit aux savans qui

(1) Si l'action réciproque des corps ne les fait pas changer de nature, l'étude des phénomènes est du domaine de la physique. Si, au contraire, cette action réciproque altère la nature des corps, si des composés nouveaux sont formés, ce nouveau genre de phénomènes appartient en entier à la chimie.

Au reste, nous pensons qu'on ne doit jamais se presser de définir une science; avant d'en connaître les élémens, il est bien difficile d'en comprendre exactement la définition, qui devient à peu près inutile après l'étude. T. R.

l'ont illustrée par leurs travaux et leurs découvertes.

Tous les corps de la nature possèdent certaines propriétés, sont soumis à certaines forces, qui offrent bien quelques modifications selon leur état particulier, mais qui cependant leur sont communes, et que, par cette raison, on appelle générales : nous les exposerons dans un premier Livre. Nous reconnaîtrons successivement que les corps sont matériels, qu'ils occupent un lieu, ont une figure, par conséquent sont étendus; nous citerons des exemples remarquables, qui prouveront combien est grande la divisibilité dont ils sont susceptibles, et cependant pour plusieurs d'entre eux, combien la force de cohésion qui retient les molécules unies ensemble est encore puissante, malgré cette division extrême; nous reconnaîtrons que deux corps ne peuvent occuper en même temps le même espace; par conséquent que l'impénétrabilité est une propriété générale de la matière, et que, si dans tant d'occasions les corps paraissent se pénétrer, ce phénomène est produit par le déplacement des molécules, et est une preuve de la porosité, c'est-à-dire des intervalles vides qui existent entre les molécules élémentaires; nous verrons ensuite que l'élasticité, qui dépend des forces qui animent les corps et de leur porosité, est aussi une propriété générale : elle servira à nous donner quelques notions sur la constitution des corps et sur les causes des différens états sous lesquels ils s'offrent à nous.

Ces propriétés sont simples, faciles à saisir et à concevoir; nous devrons donc les traiter brièvement; mais l'importance des phénomènes qu'elle produit nous obligera de fixer plus long-temps l'attention sur cette propriété en vertu de laquelle tous les corps sont sollicités les uns vers les autres par un attrait de sympathie invincible, et par suite ne formeraient bientôt plus qu'une seule masse, sans l'intervention d'un principe répulsif qui, par sa présence, par ses variations de puissance dans les corps, par les combats qu'il livre sans cesse à la force de sympathie, tantôt vainqueur, tantôt vaincu, entretient partout le mouvement, l'organisation et la vie. Nous étudierons donc d'abord les lois de l'attraction à distance, c'est-à-dire celles de la pesanteur et de la chute des corps, les variations qu'elles présentent, les machines qu'elles ont fait naître; ensuite nous rechercherons les effets physiques de l'affinité ou attraction moléculaire, ce qui comprendra l'étude des phénomènes capillaires et du frottement; et nous tâcherons d'en faire concevoir les causes, en exposant la savante théorie de l'illustre auteur de la *Mécanique céleste*, ainsi que les conséquences qu'il en tire sur la constitution probable des corps.

L'inertie est la dernière propriété générale que nous aurons à étudier; nous en verrons découler toutes les lois du repos et du mouvement; nous y trouverons l'explication des différens modes d'action des forces motrices, de leur intensité, de leur direction, ce qui nous donnera l'idée de la vitesse, du temps et de sa mesure, de l'équilibre, des mouvemens simples ou composés, etc., etc.

Après avoir considéré de la sorte les propriétés communes à tous les corps matériels, nous étudierons celles qui leur sont particulières en raison de l'état qu'ils affectent. Les propriétés des corps que nous pouvons palper, peser, mesurer, et les actions qui en dépendent, seront donc le sujet du second Livre. Nous nous occuperons d'abord des solides, et, après avoir recherché les causes de leurs agrégations, tantôt régulières, tantôt irrégulières, ce qui nous donnera quelques idées sur l'arrangement intime des molécules et sur la constitution des cristaux; après avoir jeté un coup-d'œil rapide sur les différences qu'ils présentent dans leurs propriétés les plus intrinsèques, en sorte qu'on pourrait appeler les uns très-solides, les autres demi-solides, etc., nous ferons connaîtres les conditions de leur équilibre et les applications mécaniques qui en sont le résultat; nous exposerons les moyens de mesurer leur pesanteur spécifique, nous considérerons les lois de leur dilatation par la chaleur, de leur contraction par le froid, et enfin nous les verrons, à mesure que le calorique se développera en eux, devenir de moins en moins solides, et passer enfin à l'état liquide.

Nous occupant désormais de ce second état des corps, après quelques considérations générales sur la liquidité, nous démontrerons la compression et l'élasticité des liquides : leur dilatation, qui nous conduira à la découverte des thermomètres, comme celle des solides nous aura fait découvrir les pyromètres; les lois de l'équilibre et du mouvement des liquides, et des corps qui flottent à leur surface ou dans leur masse; la mesure de leur pesanteur spécifique, ce qui comprend l'aréométrie, seront successivement l'objet de nos recherches. Enfin, de même que nous aurons vu les solides, par une accumulation de calorique, changer d'état et devenir liquides, de même nous verrons ceux-ci se transformer petit à petit en vapeurs, et enfin, arrivés au terme où leur force élastique fait équilibre à la pression de l'atmosphère, entrer en ébullition, c'est-à-dire employer toute la chaleur dont ils sont pénétrés à passer à l'état de fluide aériforme.

Quant à ceux-ci, nous en reconnaîtrons de deux sortes : les uns sont permanens, c'est-à-dire que nous ne pouvons les faire changer d'état : ce sont les gaz ; les autres se transforment en liquides sous nos yeux : ce sont les vapeurs ; mais on conçoit que ces propriétés ne sont que relatives aux moyens que nous pouvons employer; aussi verrons-nous MM. Davy et Faraday parvenir à liquéfier des fluides aériformes qu'on avait jusqu'alors considérés comme permanens. Mais, comme nous ne considérons les corps que dans leurs propriétés physiques naturelles, nous adopterons cette division des fluides élastiques, et nous étudierons d'abord la formation des vapeurs, leur tension dans le vide ou dans les gaz, enfin leur mélange dans l'air, ce qui constitue l'hygrométrie (1). Nous verrons les travaux de deux de nos plus habiles physiciens, MM. Gay-Lussac et Dalton, jeter le plus grand jour sur ces matières difficiles. Dans l'étude des gaz, nous nous occuperons en premier lieu de la pesanteur de l'air et de la pression de l'atmosphère, que nous mesurerons au moyen du baromètre, l'un des instrumens les plus importans en physique; nous chercherons aussi à mesurer la densité de ces corps légers qui devaient nécessairement être refoulés à la surface du globe; nous verrons que ces corps, chez lesquels tout lien d'affinité est rompu, jouissent comme tous les autres, mais à un bien plus haut degré, de la propriété d'être dilatés par la chaleur et contractés par le froid, enfin, qu'ils sont éminemment compressibles et élastiques, et nous nous servirons de ces propriétés pour construire les machines pneumatiques, les pompes, les aérostats.

Nous aurons le regret de ne pouvoir aborder l'étude de la composition, des mouvemens, des variations de l'atmosphère, où nous aurions pu être si bien guidés par les belles recherches, les vues élevées d'un illustre professeur qui enrichit de découvertes importantes toutes les sciences dont son génie cherche à reculer les limites : ce n'est pas seulement comme astronome que M. Arago est un de nos savans les plus illustres; la physique et la chimie lui sont aussi redevables de progrès essen-

(1) C'est le mélange de la vapeur d'eau seulement, dans l'air ou dans les gaz, qui constitue l'hygrométrie. Cette branche de la physique ne traite pas des autres vapeurs. T. R.

tiels, et dans ses cours, il fait profiter ses élèves des fruits de ses travaux. Dans plus d'une occasion ils éclaireront notre marche, mais ici ils appartiennent à une autre science, la météorologie, trop vaste pour y tenter aucune excursion.

Dans ce second Livre, nous considérerons enfin l'air et les corps comme véhicules du son : un ébranlement est produit dans un corps élastique, et aussitôt il se propage de proche en proche à travers tous les corps environnans également élastiques, en diminuant d'intensité, et en modifiant son action en raison de la densité, de l'élasticité, de la nature des milieux qu'il traverse. Telles sont les considérations qui nous donneront la connaissance de la formation, de la propagation, de la transmission du son, enfin de leur nature, et de leurs qualités. Nous verrons la théorie de l'acoustique déjà établie depuis long-temps sur des bases certaines, mais principalement redevable aux belles recherches de Chladni, acquérir chaque jour, par les travaux des Biot, des Savart, etc., plus de développement et de certitude.

Le troisième Livre sera consacré à l'étude d'agens tout-à-fait à part, qu'on ne peut ni saisir, ni mesurer, ni peser, que, par cette raison, on pourrait être tenté de déclarer immatériels, s'ils ne manifestaient sur les autres corps des actions d'une grande énergie, une puissance invincible ; ce sont les fluides impondérables, nom sous lequel on réunit les agens causes primitives de la chaleur, de la lumière, de l'électricité et du magnétisme. Que leur puissance sur les autres corps de la natnre soit immense, que leur présence soit indispensable à la conservation et à l'entretien de l'ordre admirable qui règne dans l'univers, tant dans le monde inanimé que dans le monde vivant, c'est ce dont on ne peut douter lorsqu'on est témoin de leurs effets sans cesse renaissans, de l'importance des fonctions qu'ils remplissent. Qu'ils soient même la cause primitive des formes diverses qu'affectent les corps, qu'ils soient les agens principaux de l'organisation et de la vie, c'est ce qu'il est peut-être permis de penser lorsqu'on réfléchit au rôle qu'ils paraissent jouer dans tous ces phénomènes; mais, quoi qu'il en soit, ce n'est point par leur étude directe que nous pourrons acquérir des notions sur leur compte; l'observation seule des actions qu'ils exercent, des phénomènes qu'ils produisent, pourra nous y conduire : heureusement ces effets sont si particuliers, que les notions que nous pourrons acquérir par ce moyen sur ces corps ne seront guère moins complètes que si nous pouvions les palper, les peser, les mesurer. C'est ici que le génie de l'homme a montré toute sa puissance, toute la fécondité de ses ressources : à mesure que ces êtres semblaient lui échapper, de nouveaux moyens d'investigation venaient les soumettre à son empire ; à mesure que la nature semblait s'envelopper de voiles plus épais, l'homme, apprenant à diriger ses coups plus sûrement, parvenait à mettre à découvert quelques-unes de ses parties; et si, en ce moment, elle présente encore une dernière résistance, une défense incertaine, cela ne servira sans doute qu'à manifester plus complètement le triomphe de celui qui sera parvenu à lui arracher son secret. Tout indique que nous approchons du terme de nos doutes à cet égard, et, grâce aux travaux des savans de notre époque, qui dirigent principalement vers ce but leurs puissans efforts, la cause de tant de phénomènes aussi importans que curieux est sur le point de nous être révélée.

Dans un tel état de choses, il nous a semblé qu'il n'était plus permis, même dans un ouvrage élémentaire, de se traîner sur les pas de la routine, et d'exposer la science telle qu'elle est dans les livres. C'est un aperçu de la science, telle que l'ont faite les physiciens modernes, telle qu'elle est en ce moment, qu'on a droit d'exiger ; c'est cet exposé que nous nous efforcerons de présenter. Nous ne saurions ici trop manifester notre reconnaissance envers M. Arago, qui, en répandant la clarté et la conviction dans tout ce qu'il enseigne, comme la profondeur de son esprit investigateur, la puissance de son talent et l'immensité de ses connaissances dans toutes les recherches auxquelles il se livre, nous a donné la pensée et les premiers moyens d'adopter une théorie qu'il appuie de son suffrage, qu'il soutient de ses travaux, qu'il a tant contribué à rappeler à l'attention des savans, dont il est enfin un des créateurs. Sans doute il est bien à regretter que ce soit un élève qui ait entrepris une si grande tâche, sans doute il est bien à regretter que cette exposition nouvelle soit tentée en premier lieu dans un traité élémentaire, où elle s'offrira nécessairement avec trop peu de développement; mais c'eût été tromper nos lecteurs que de leur présenter une théorie qui commence à chanceler, et de négliger celle qui s'élève sur ses ruines avec tant de supériorité; et cette considération a suffi pour lever tous nos doutes : cette tentative engagera d'ailleurs à diriger l'attention sur cette nouvelle étude; peut-être chercherons-nous, par un travail particulier, à suppléer à l'insuffisance des développemens qu'il nous est permis d'apporter ici.

Nous considérerons donc les phénomènes lumineux et calorifiques, électriques et magnétiques, comme le résultat des actions diverses d'un même fluide universellement répandu dans l'univers, mais susceptible d'affecter certains mouvemens, de subir différentes modifications. Ce système, émis d'abord par Descartes, et appliqué à la lumière par Huyghens et Euler, enseveli pendant long-temps par la puissance du génie et du nom de Newton, est désigné sous le nom de *théorie des ondulations ou des vibrations*, comme celui du grand homme que nous venons de nommer en dernier est appelé *théorie de l'émission* ou *des émanations*. Le premier paraissait entièrement abandonné, lorsque M. Th. Young, par des expériences inexplicables dans l'autre système, le rappela à l'attention des savans. Les physiciens français s'emparèrent avec empressement de cette nouvelle mine de découvertes, et MM. Arago et Fresnel pour la lumière, MM. Ampère, Arago, Oersted, Becquerel et quelques autres pour l'électricité, par leurs brillantes découvertes, par leurs travaux, leurs expériences de tout genre, surent s'approprier une théorie née en d'autres mains, mais que les leurs devaient faire fructifier au-delà de toute espérance.

L'étude de la chaleur nous occupera d'abord; mais, réservant l'exposé de la théorie au chapitre de la lumière, où il pourra être plus complet et plus satisfaisant, nous nous bornerons à faire connaître les phénomènes sans remonter à leur cause; ainsi nous mentionnerons successivement les diverses sources du calorique; nous étudierons les lois de son développement et de sa propagation dans les différens corps, soit par contact, soit par rayonnement; enfin, nous ferons connaître dans quelles circonstances une portion de la chaleur paraît absorbée, combinée, devient latente, semble éteinte, pour reparaître avec une intensité tout-à-fait égale, lorsqu'un changement contraire a lieu. Sur cette matière difficile, les recherches de MM. Lavoisier et de Laplace, Leslie, Bérard et Laroche, et celles toutes récentes, et de la plus haute importance, de MM. Dulong et Petit, n'échapperont point à notre analyse.

Dans l'étude de la lumière, après avoir indiqué ses principales sources, exposé sa marche, mesuré sa vitesse, nous analyserons les phénomènes de diffraction ou d'inflexion de ses rayons, nous en verrons sortir la théorie des interférences de M. Young, et, après l'avoir complétée par l'exposé des beaux travaux de MM. Fresnel et Arago, après avoir montré qu'elle explique complètement les phénomènes des anneaux colorés et des franges alternativement obscures et brillantes, nous nous en servirons pour expliquer tous les phénomènes de la lumière directe, réfléchie, réfractée : nous nous efforcerons de montrer qu'elle rend compte des phénomènes de la coloration des corps d'une manière aussi simple que probable ; enfin, nous compléterons ce que nous avions à dire sur la lumière par l'exposé des phénomènes de la vision et la description des principaux instrumens d'optique, et nous terminerons en donnant une idée de la double réfraction et de la polarisation, qui, d'après des expériences toutes récentes, paraissent apporter de nouvelles preuves en faveur de la théorie des ondulations. Nous ne pourrons malheureusement analyser les travaux des savans sur cet immense sujet, et nous aurons le regret de ne pouvoir nommer MM. Malus, pour ainsi dire, le premier fondateur de cette branche de la physique, Arago, Biot et Brewster, dont le zèle infatigable a su lui donner tant de développement, l'enrichir de tant de découvertes.

Enfin, l'électro-magnétisme formera le complément de l'étude de la physique. Il n'est plus maintenant permis de séparer des agens tels que l'électricité et le magnétisme dont l'identité est démontrée; un mot commun devait donc indiquer ces rapports intimes, cette liaison complète. Pour ne rien omettre d'essentiel dans cette branche importante et curieuse de la science, après avoir jeté un coup-d'œil sur les théories de Dufay, de Symmer, de Franklin, pour savoir laquelle nous devions adopter, nous examinerons dans quelles circonstances les phénomènes se produisent, par quels moyens on est parvenu à s'en rendre maître, à les analyser, à les mesurer; nous verrons que la foudre et le tonnerre ne sont que des effets énergiques que nous pouvons imiter en petit dans nos appareils; nous indiquerons les moyens de se garantir de leur action dangereuse. La pile de Volta nous présentera un puissant moyen d'analyse chimique : ses effets, qu'on désignait autrefois sous le nom de galvanisme, nous donneront quelques notions sur l'électricité naturelle que manifestent un grand nombre de corps dans certaines circonstances : les découvertes de Galvani, de Volta, celles plus récentes de M. Davy, de M. Becquerel, devront spécialement nous arrêter. Enfin, les phénomènes des courans électriques, qui ont fait découvrir l'identité du magnétisme et de l'électricité, fixeront notre attention ; et nous terminerons par l'exposé des effets de l'aimant et des corps aimantés, ainsi que du magnétisme du globe, qui ne sont autre chose que le résultat de ces courans électriques existant soit dans certains corps, soit dans le globe terrestre, courans que nous verrons soumis à quelques variations déterminées, et sans doute à quelques périodes de révolution. Cette dernière partie de la science, qui a entièrement changé de face depuis quelques années, a été créée principalement par les travaux de MM. Oersted, Ampère et Arago, et cependant a déjà atteint un degré de certitude et de perfection dont on ne saurait trop être surpris, si ce n'était le résultat ordinaire des recherches qui tombent entre les mains de tels savans.

MANUEL
DE
PHYSIQUE.

LIVRE PREMIER.

DES PROPRIÉTÉS GÉNÉRALES DES CORPS.

1. Il appartient à la philosophie universelle et à la physique générale de rechercher par quelles lois primordiales, par quelles propriétés l'ordre admirable que l'Univers offre à nos yeux s'est formé, perfectionné, conservé d'âge en âge, pour arriver sans doute, dans la suite des siècles, à une destruction totale ou partielle. Sans élancer nos regards hardis sur les causes premières qui pour des êtres comme nous, doués de la faculté de connaître seulement par comparaison et d'une manière relative, demeureront peut-être toujours enveloppées d'un nuage épais, du moins resteront encore long-temps, d'après l'état actuel des choses, dans le domaine des suppositions, des hypothèses, des systèmes; ces recherches pourraient peut-être faire reconnaître dans la matière, dans les combinaisons qu'elle exécute, dans les formes qu'elle affecte, des propriétés plus générales que celles qui découlent immédiatement des observations, et conséquemment amener à l'explication d'un plus grand nombre de phénomènes naturels. Mais, ainsi que nous l'avons vu dans l'Introduction, ces discussions ont été abandonnées à la philosophie

spéculative, et les sciences basées sur des fondemens inébranlables, c'est-à-dire sur l'expérience des faits et l'observation des phénomènes, se sont bornées à poser çà et là dans ce champ immense quelques jalons éloignés, entre lesquels le savant qui tente de le mesurer n'aperçoit pas des rapports bien certains, une liaison intime. Les savans les plus instruits et les plus recommandables, ceux qui ont imprimé aux sciences la marche la plus rapide, qui leur ont fait faire les plus grands progrès, ont reculé à l'aspect de ces questions très curieuses, très attrayantes à l'esprit, mais trop incertaines pour satisfaire la raison; enfin, ils les ont entièrement bannies du domaine de la physique spéciale, objet de nos études. C'est donc sur l'exemple des Biot, des Haüy, des Gay-Lussac, etc., nos guides et nos maîtres, que nous nous appuyons pour écarter, dès notre entrée dans la carrière, ces questions si débattues par les philosophes, résolues de tant de manières différentes. Nous limiterons nos recherches à l'observation attentive des phénomènes et aux conséquences qui en découlent, dans l'étude que nous allons faire des propriétés les plus générales que les physiciens modernes ont reconnues dans les corps d'une manière certaine.

2. Nos sens nous avertissent de la présence et de l'action des objets qui nous entourent : la *matérialité* est donc une première propriété générale des corps (1). On ne peut concevoir d'objet matériel qui n'ait une figure, une forme quelconque; qui n'occupe un lieu, un espace; en un mot, qui ne soit étendu : l'*étendue absolue* qui donne l'idée de l'infini, l'*étendue relative* qui détermine la figure des corps, sont donc une seconde propriété générale. Mais tout corps qui occupe un espace, quelque petit qu'il soit, peut nécessairement, du moins par la pen-

---

(1) Le nom de corps peut être considéré comme synonyme de matière; c'est la matière plus définie, c'est la matière sous une certaine forme. Or, dire que la matérialité est une propriété des corps, c'est dire que la matière est matière, ce qui n'est rien moins qu'une définition. On conçoit l'*étendue*, on conçoit l'*impénétrabilité*, on conçoit dès-lors la notion de *matière*. T. R.

sée, être partagé en plusieurs fragmens; la *divisibilité* sera donc la troisième propriété générale. Il est évident que deux corps ne peuvent occuper en même temps le même espace; mais, d'un autre côté, l'expérience même prouve que les corps ne sont pas composés par l'assemblage d'une matière continue et homogène, mais sont tous plus ou moins criblés de pores : l'*impénétrabilité* des molécules élémentaires, la *porosité* des corps composés peuvent donc être considérées comme une quatrième propriété générale. De ce que l'état naturel des corps composés est d'être poreux, il résulte que, s'ils sont comprimés, étendus d'une manière quelconque, ils tendront plus ou moins, dans certaines limites, à revenir à leur premier état : l'*élasticité* est donc encore une propriété générale; nous en parlerons dans un cinquième chapitre. L'observation a fait reconnaître que tous les corps sont sollicités les uns vers les autres par un attrait invincible, sont soumis à une force qui paraît inhérente à leur nature, malgré qu'elle offre des modifications dans sa manière d'agir ; l'*attraction* et la *pesanteur* forment une sixième propriété générale. Enfin, tous les corps sont, par rapport les uns aux autres, dans un état de repos ou de mouvement, état dépendant de leur action mutuelle, des circonstances où ils sont placés, de la nature de leur composition, enfin, d'une multitude de causes dont les lois ont des applications innombrables dans les sciences et les arts, et dont la connaissance est aussi nécessaire que curieuse pour le physicien : le *mouvement* (1) et l'*inertie* seront la septième et dernière propriété générale des corps que nous étudierons (2).

---

(1) Il serait plus exact de dire que la *mobilité* est une propriété générale de la matière, c'est-à-dire que tout corps peut être déplacé, qu'on peut le forcer à quitter le lieu qu'il occupe et à prendre une autre place dans l'espace ; le mouvement n'est qu'un effet de la mobilité. L'inertie fera connaître comment on doit entendre le repos et le mouvement par rapport à la matière. T. R.

(2) Le mot *motilité* convient mieux que *mobilité*, car ce dernier a une acception différente dans le langage ordinaire. Z.

Il nous a semblé qu'aux propriétés générales que nous venons d'exposer se rapportaient toutes celles que certains physiciens ont reconnues, et qu'elles seules étaient réellement distinctes et séparées : la *ductilité*, la *flexibilité*, la *coercibilité*, la *ténacité*, la *capillarité*, la *densité*, le *frottement* et quelques autres, trouveront donc leur place dans l'une ou l'autre des divisions que nous venons de tracer.

CHAPITRE PREMIER.

DE LA MATÉRIALITÉ.

3. Les philosophes, tant anciens que modernes, se sont épuisés en discussions peu philosophiques, en vaines subtilités, dans la tentative de connaître non-seulement quelle est l'essence de la matière, mais encore si son existence est suffisamment démontrée aux yeux de la raison. Deux causes devaient nécessairement les égarer dans ce dédale de suppositions et d'hypothèses que chacun d'eux élevait à grands frais pour les voir renverser par ses adversaires ; le flambeau de l'expérience n'était point leur guide, et ils cherchaient à remonter aux causes premières, destinées à nous être inconnues peut-être éternellement. Aussi les vrais observateurs de la nature se gardèrent-ils bien de les suivre dans ces voies obscures, et ils se contentèrent de chercher, par leurs travaux, à remplacer les suppositions par les observations, les hypothèses par les faits, les systèmes par les conséquences des expériences, l'erreur par la vérité.

Déjà les anciens philosophes grecs s'étaient occupés de la question de l'existence de la matière ; et, ne pouvant en apporter aucune autre preuve directe que l'avertissement de leurs sens, sujets à errer, plusieurs d'entre eux doutèrent que la matière fût autre chose que des apparences. Cette opinion fut renouvelée par quelques modernes, et Buffon même, le grand Buffon, n'osa la proclamer absurde : mais la plupart, admettant l'existence de la matière comme suffisamment prouvée, se livrèrent à de nouvelles recherches pour en déterminer l'essence et la forme. Nous n'entreprendrons pas d'analyser tous les systèmes inventés dans ce but; ils sont aussi nombreux que les savans qui ont écrit sur cette matière, et ce serait sortir entièrement de notre plan; d'ailleurs, il n'en est que deux qui aient conservé quelque faveur auprès des physiciens modernes. L'un, plus particulièrement adopté en France, considère les corps comme l'assemblage d'une multitude de molécules infiniment déliées, laissant entre elles plus ou moins d'espace; l'autre, plus généralement suivi en Allemagne, regarde les corps comme une masse de matière continue, mais essentiellement compressible et dilatable en vertu des forces qui agissent sur elle.

4. Mais, nous le répétons encore, la physique spéciale doit rejeter ces questions. Toute hypothèse qui n'est point basée sur l'expérience doit être bannie de son domaine, si ce n'est lorsqu'elle peut servir à représenter les phénomènes à l'esprit d'une manière plus claire. Dans l'étude qui nous occupe, l'observation attentive des faits ayant fait reconnaître que certains corps semblaient agir sur d'autres, leur imprimer des mouvemens, les soumettre à leur influence, leur faire éprouver des changemens, le vrai physicien, d'après cet avis à lui donné par ses sens, a dû conclure que ces corps étaient matériels, mais il a dû s'arrêter là, toutes les fois que l'expérience ne lui démontrait pas le contraire; il ne devait pas supposer que ce qu'il voyait, ce qu'il entendait, n'existait pas, n'était que de simples apparences.

Le physicien entend donc par corps matériel tout ce qui manifeste sa présence par une action quelconque, et en cela il ne fait que traduire l'expression des phénomènes; mais n'est-il pas probable que, par cette trop grande réserve, il s'éloigne de la vérité? Car, de la sorte, ne matérialise-t-il pas les fluides incoercibles, tels que la lumière et l'électricité, et même l'attraction, qui pourraient être considérées comme des propriétés inhérentes à la matière, comme des modifications dans l'état des corps et non des corps distincts? N'est-il pas probable qu'il existe dans la nature des forces qui ne sont pas matière? Ces questions sont jusqu'alors aussi insolubles que celles indiquées plus haut, et ce mot *force*, dont la valeur est assez arbitraire, est en général appliqué par les physiciens à l'action d'agens dont ils ignorent la cause, et destiné par eux à représenter des propriétés qui leur sont inconnues (1).

5. La matérialité est la première propriété générale que les observations nous font reconnaître dans les corps; mais cette matière, dont les agrégations sont si différentes dans leur figure, leur action, leurs propriétés, est-elle homogène, est-elle composée d'élémens semblables, soit dans leur nature, soit dans leurs formes? ou bien un certain nombre d'élémens ayant des propriétés diverses, des formes particulières, composent-ils, par leurs combinaisons infiniment variées, tous les corps que nous offre la nature? et, dans ce cas, quel est le nombre de ces élémens constituans? quelles sont les formes de ces molécules primitives? Sans chercher à résoudre ces questions délicates, de même que les précédentes, bien débattues mais non éclaircies par les philosophes, dont les découvertes de la chimie moderne nous font du moins entrevoir l'espérance d'une solution, en nous approchant de jour en jour du terme proposé, malgré qu'il semble fuir devant elles, donnons une idée de la manière dont on a tenté de les éclaircir.

Les anciens supposaient les corps naturels composés de quatre élémens, la terre, l'eau, l'air, le feu; un examen trop superficiel leur avait fait admettre cette opinion, qui, au premier coup-d'œil, montre un certain rapport avec l'état des corps, mais qui ne peut supporter l'épreuve de

---

(1) Nous ne reconnaissons l'existence d'une force qu'autant qu'elle agit sur la matière; il nous serait même impossible de nous faire une idée de la première indépendamment de la seconde. Z.

l'observation des faits, et même n'était pas bien clairement établie dans leur esprit. Si des observations bien profondes ne furent pas nécessaires pour reconnaître qu'ils proclamaient comme élémens les corps les plus composés, les plus hétérogènes, les plus différens dans leurs produits et leurs propriétés, ce ne fut que par des recherches aussi savantes que délicates, des expériences aussi admirables que difficiles, que les fondateurs de la chimie moderne parvinrent, en décomposant et recomposant les prétendus élémens d'Aristote, à les remplacer par des corps qui paraissent simples, du moins qui résistent à tous les moyens d'analyse et de décomposition. Dans l'état actuel de la science, on compte cinquante-trois de ces corps; et leur nombre augmente chaque année, à mesure que les travaux des savans font découvrir de nouveaux procédés, pour diminuer sans doute lorsque ces procédés seront encore parvenus à un plus haut degré de perfection. Mais l'étude de ces corps et des lois de leur combinaison et de leur décomposition est entièrement du domaine de la chimie : le physicien ne doit pas y faire une plus longue excursion.

CHAPITRE II.

DE L'ÉTENDUE.

6. La seconde propriété générale des corps est l'étendue ; car, dès que nous admettons que la matière existe, que les corps sont matériels, il s'ensuit évidemment qu'ils occupent un espace quelconque, qu'ils ont une forme déterminée; et, si l'on peut concevoir que de bons esprits aient été conduits par les conséquences de leur système à nier l'existence de la matière, il nous semble absurde d'avoir pu penser que l'étendue n'était pas essentielle à la matière : dire qu'un corps peut exister sans

occuper un espace, c'est dire qu'il peut tout à la fois être et n'être pas.

7. L'étendue, considérée sans égard aux corps qu'elle renferme, est l'*espace absolu* : il nous donne l'idée de l'infini ; car comment admettre un commencement et une fin, par quelles limites peut-on borner un être abstrait comme l'étendue absolue ? Circonscrira-t-on l'univers d'une enceinte de murailles ? Mais ces murailles ne seront-elles pas essentiellement étendues, et derrière elles ne rencontrera-t-on pas de nouveau un espace sans bornes ? Mais, si l'étendue est infinie, il ne s'ensuit pas que la matière n'ait point de limites : car, si l'on ne peut supposer un corps sans étendue, rien de plus aisé que de concevoir un espace sans corps ; et, malgré que nous ignorions si l'univers offre en effet des exemples de lieux entièrement vides de matière, l'expérience du déplacement des corps, qui a lieu à chaque instant sous nos yeux, nous permet d'imaginer qu'il peut, qu'il doit même en être ainsi dans certaines parties de l'espace.

Mais autour de nous l'opinion du *plein absolu* de Descartes, rejeté par les physiciens avec raison, de la manière dont il l'entendait, paraît devoir être combinée avec celle du *vide* de Newton pour rendre raison des phénomènes observés. Le plein ne peut se concilier avec la marche des corps célestes, qui serait nécessairement diminuée dans une progression toujours croissante par la résistance de la matière : le vide absolu se trouve banni d'un autre côté par la présence d'un fluide quelconque, nécessaire pour l'explication des phénomènes de la chaleur et de la lumière, de l'électricité et du magnétisme. L'espace qui nous environne paraît donc occupé par un ou plusieurs fluides extrêmement subtils, incoercibles, impalpables, éthérés, qui ne manifestent leur présence que par leur action, enfin qui n'offrent pas au mouvement des astres une résistance appréciable.

8. Quoi qu'il en soit, la partie de l'espace qui environne un corps, et qui est occupée par le vide ou par les corps dissemblables, en circonscrit la forme, en détermine la figure, en fixe la grandeur ; c'est l'*espace relatif*.

La figure des corps est infiniment variée, soit dans sa circonscription ou sa surface extérieure, soit dans son volume ou sa masse, c'est-à-dire dans l'espace qu'elle occupe; soit dans sa densité, c'est-à-dire dans la quantité de matière qu'elle renferme sous un volume quelconque; mais elle possède toujours, sous quelque aspect qu'elle s'offre à nous, les trois dimensions, *longueur*, *largeur* et *profondeur*, ou hauteur et épaisseur. L'étude des rapports et des propriétés de ces dimensions, ainsi que du point et de la ligne, est du domaine de la géométrie; mais il appartient à la physique de faire connaître les autres propriétés reconnues dans les figures des corps. Le volume, la masse et la densité seront expliqués plus utilement dans les chapitres suivans; nous ne nous occuperons ici que de la configuration apparente des corps.

9. A la première inspection, les corps paraissent affecter des formes irrégulières : le désordre semble avoir présidé à leur agrégation; mais une étude plus approfondie a fait reconnaître dans un grand nombre d'entre eux certaines figures régulières et déterminées, que la nature produit dans certaines circonstances d'une manière constante, et qui annoncent que leur combinaison est soumise à des lois fixes et uniformes. En est-il de même pour tous les corps? Nous l'ignorons; mais il est permis de penser, d'après les probabilités, qu'avec certaines modifications, des phénomènes analogues se passent dans toutes les combinaisons chimiques. Quoi qu'il en soit, tous les corps désignés sous le nom de *cristaux* sont soumis à ces lois d'association régulière, et le génie de M. de Haüy, de ce fondateur de l'admirable théorie de la cristallographie, a su ramener la variété infinie des figures que présentent les cristaux à trois formes de molécules intégrantes, la pyramide triangulaire, le prisme triangulaire, et le prisme quadrangulaire; ces formes si simples composent, par leur union, leur combinaison dans tous les sens, tous les cristaux connus : c'est dans les ouvrages de ce savant, qui a donné aux théories de la minéralogie et de la cristallographie le plus haut degré d'évidence, de clarté et de certitude, qu'il faut étudier les lois, les conditions, les rap-

ports, les détails de ces combinaisons; cet objet, d'ailleurs, n'est pas du ressort de la physique, il forme une branche importante de l'histoire naturelle (1).

10. Les corps prennent dans l'espace des positions diverses en raison de leur état. Les uns, composés de molécules rapprochées par une force de cohésion ou d'affinité plus ou moins puissante, forment, par ce rapprochement, des masses qui peuvent offrir toutes sortes de figures, et y persistent, tant qu'une cause étrangère et violente ne vient point troubler l'ordre existant : ce sont les corps solides. D'autres sont composés de molécules qui paraissent presque entièrement indépendantes les unes des autres; il semble qu'elles soient réciproquement dans un état d'indifférence, rien n'annonçant qu'elles aient la moindre tendance à se rapprocher ou à s'éloigner; l'espace que ces corps occupent est conséquemment déterminé par les circonstances environnantes, par la forme des corps solides, par la moindre force agissante : ce sont les liquides. D'autres corps sont composés de molécules qui paraissent toujours dans un état de répulsion et d'antipathie; elles cherchent mutuellement sans cesse à se fuir le plus possible; une puissance naturelle ou artificielle est donc nécessaire pour empêcher ces corps d'envahir tout espace qui n'est pas entièrement occupé par les corps solides ou liquides : ceux-ci sont les substances aériformes. Enfin, nous ignorons quel état affectent, dans l'espace, les fluides incoercibles; mais tout indique qu'ils y sont dans un état de repos, tant que certaines circonstances ne viennent pas déterminer leur action, leur mouvement. Les quatre états particuliers que nous venons d'indiquer renferment tous les corps de la nature; l'étude de leurs propriétés est un des principaux objets de la physique. Notre mar-

(1) La propriété qu'ont les molécules matérielles de se réunir en formes polydériques régulières étant générale, l'étude en appartient à la physique; mais, comme elle forme actuellement un corps de science fort étendu, il faut, comme on le fait pour la mécanique, développer cette belle branche de la physique mathématique dans des traités particuliers. Z.

che, après l'étude des propriétés générales des corps, se trouve donc toute tracée par ces divisions.

CHAPITRE III.

DE LA DIVISIBILITÉ.

11. Tout corps matériel a nécessairement une forme quelconque, et occupe un certain espace, quel que soit d'ailleurs son degré de ténuité. Il est évident par conséquent que chaque corps peut, du moins par la pensée, être partagé en deux ou un plus grand nombre de fragmens, et ainsi de suite à l'infini : et ceci ne doit étonner l'imagination qu'au premier abord ; car toutes les idées de grosseur et de petitesse, comme de lenteur et de vitesse, ne sont que relatives, et on a lieu d'être surpris que des esprits, d'ailleurs très profonds, aient pu disputer si long-temps et si gravement sur la divisibilité de la matière. C'est une pure contradiction dans les termes; car, si l'on veut parler de la divisibilité rationnelle et mathématique, on vient de voir qu'il est impossible de lui assigner des limites; elle est infinie, parce qu'une molécule, même élémentaire, peut être supposée partagée en deux portions, et ainsi de suite. Si l'on parle, au contraire, de la divisibilité physique et mécanique, on ne peut douter qu'elle n'ait un terme quelconque, quelque éloigné qu'il soit, puisque nous voyons des molécules constituantes, après des combinaisons sans nombre, reparaître sans altération, et fournir les mêmes produits. Nouvelle preuve des égaremens qu'occasione si souvent dans toutes les sciences, mais surtout en philosophie, l'abus des mots et du langage!

12. Au reste, des phénomènes qui se renouvellent chaque jour autour de nous prouvent que la division réelle de

la matière est prodigieuse. La nature nous offre mille exemples de corps dont la petitesse non-seulement échappe à nos sens les plus délicats, mais encore, pour ainsi dire, à notre imagination. Tout nous démontre même qu'un corps peut passer à cet état de division extrême, sans que ses particules cessent d'être identiques avec les plus grosses masses. Ainsi, sans parler de la lumière, dont la ténuité des molécules est pour ainsi dire incalculable, malgré qu'elle agisse encore alors sur nos sens, puisque l'image d'une étoile formée d'une multitude de rayons différens n'occupe pas sur notre rétine la cent cinquante millionième partie d'un millimètre carré, ne voyons-nous pas les corps cristallisés, réduits en poussière pour ainsi dire volatile, présenter au microscope les mêmes formes, les mêmes angles qui caractérisaient la masse totale? Ne voyons-nous pas un faible sachet de musc répandre et renouveler son odeur autour de lui dans un assez grand espace pendant plus de vingt années? Ne voyons-nous pas mille substances colorantes prouver leur extrême division, en manifestant la dissolution d'une seule de leurs gouttes dans une grande masse de liquide? Mais ce n'est pas seulement la matière morte, ce ne sont pas seulement les corps naturels, qui nous offrent des exemples de la prodigieuse divisibilité de la matière. Les procédés des arts, la matière vivante, en montrent des effets peut-être plus étonnans encore, puisqu'ils supposent dans ces corps, dont l'imagination a peine à comprendre la ténuité des propriétés, des organes analogues à ceux d'êtres dont le volume est, par rapport à eux, plus considérable que le volume du globe entier par rapport à l'homme. Leweuhoeck, dans ses belles recherches sur les animaux microscopiques, a calculé qu'il faudrait plus de vingt millions de certains de ces animaux pour remplir un espace d'un centimètre cube; que leur volume était moins d'un millième de grain de sable déjà impalpable; en sorte que plusieurs milliers de ces animaux pourraient tenir sur la pointe d'une aiguille. Cependant ces êtres se meuvent, vivent, paraissent sentir. Leur corps est donc composé de liquides et de solides; ils sont donc doués d'organes propres à remplir certaines fonctions. Qu'on juge, d'après les recherches de ce savant estimé, quelle est la ténuité de ces organes et l'extrême divisibilité de la matière.

13. La *ductilité* ou *malléabilité* est une propriété particulière à certains corps, qui prouve également la grande divisibilité de la matière, et en même temps donne une haute idée de la *ténacité*, de la force de cohésion qui tient attachés ensemble certains assemblages de molécules. Quelques substances végétales et animales, telles que les fibres de plusieurs plantes textiles et les fils de soie et d'araignée, mais surtout des métaux, fournissent des exemples étonnans de cette propriété des molécules de conserver leurs qualités originelles, et de demeurer encore liées entr'elles, malgré qu'elles soient effilées, étirées, aplaties, amincies à un point extrême. Ainsi, pour ne citer que quelques-uns des exemples les plus frappans de la ductilité et de la ténacité des métaux, l'art du batteur d'or parvient à amincir des feuilles de ce métal, de telle sorte qu'elles n'ont qu'un trente-millième de ligne d'épaisseur. Dans la fabrication des fils employés pour les micromètres, instrumens d'astronomie qui servent spécialement à mesurer le diamètre des corps célestes, c'est la platine qu'on passe à la filière; mais il serait impossible de l'obtenir directement en fils assez fins : on l'enveloppe donc d'un cylindre d'argent, et l'on étire le tout au plus haut degré de ténuité; ensuite on fait dissoudre l'argent dans l'acide nitrique, et le fil de platine demeure à nu. C'est ainsi que le génie de l'homme, s'appropriant la nature entière, appelle à son secours la mécanique, la physique et la chimie, pour mesurer les astres, qu'il ne peut atteindre. Ce n'est pas la dernière fois que nous le verrons, tournant à son profit les propriétés de tout ce qui l'entoure, chercher dans toutes les sciences les moyens de reculer les bornes de ses connaissances, et d'accroître les sources de son bien-être (1).

---

(1) Les galons d'or ne sont proprement qu'un fil d'argent doré. On obtient celui-ci en passant à la filière une barre d'argent pesant 22 1/2 livres, dorée avec une once d'or. Elle prend une longueur de 1163520

CHAPITRE IV.

DE L'IMPÉNÉTRABILITÉ ET DE LA POROSITÉ.

14. Les corps sont matériels et étendus; le même lieu ne saurait donc être occupé à la fois par deux corps différens; c'est en cette propriété que consiste l'impénétrabilité, et dans toutes les circonstances où une pénétration de parties semble avoir lieu au premier coup-d'œil, il est facile de reconnaître que cette apparence est due à un simple déplacement, ou rapprochement des molécules. Ainsi, l'impénétrabilité des corps nous montre sur-le-champ, en deux autres propriétés bien importantes, le mouvement et la porosité. En effet, il est évident que, si un corps, doué d'une certaine force, vient à en rencontrer un autre en repos, il fera effort, et pourra parvenir à le déplacer; il le mettra en mouvement. D'un autre côté, nous avons continuellement sous les yeux des exemples de pénétrabilité apparente; nous devons donc en conclure que les corps sont poreux, c'est-à-dire composés de molécules impénétrables et d'espaces vides. Nous allons voir ces propriétés démontrées par le raisonnement, confirmées par les observations et les expériences, nous donner quelques idées sur la constitution probable des corps.

Il est évident que l'impénétrabilité est une propriété essentielle à la matière; car, quelque tenue que soit une molécule, et elle occupe nécessairement un espace quelconque, il est impossible que cet espace soit occupé en même temps par une autre molécule. La porosité n'est

pieds qu'on augmente encore de son septième par l'action du laminoir. On évalue qu'après ces différentes opérations la surface d'or du fil est de 2308 pieds carrés.

Z

pas dans le même cas; on peut supposer un corps composé de parties tellement accolées les unes aux autres, qu'il soit entièrement impénétrable; mais la nature ne nous offre réellement aucun exemple de cet état normal des corps; dans tous, au contraire, l'espace occupé par les pores semble incomparablement plus vaste que celui rempli par les molécules impénétrables; si la porosité n'est pas une propriété essentielle, elle est donc une propriété générale des corps.

15. Ainsi, les corps solides paraissent d'abord tout-à-fait impénétrables : le bois, les métaux, les pierres, résistent avec beaucoup de force aux corps qui viennent les frapper; quelquefois ils se brisent, ils s'écartent, ils se séparent; mais leurs fragmens offrent encore une résistance semblable; et si, dans certaines circonstances, on peut les rayer, les trouer; si l'on peut enfoncer des clous dans le bois, dans certains métaux, dans certaines pierres, en examinant attentivement les parties froissées de la sorte, on reconnaît bientôt que ces changemens sont dûs à une pression, à un rapprochement des molécules, ou à leur glissement, à leur déplacement (1), mais non à une pénétration. Cependant, ce bois, que nous voyons présenter une barrière impénétrable à certains corps, mis en contact avec un liquide, va en absorber une quantité considérable; ces métaux, qui nous semblent si durs, si compactes, réduits en lames minces, nous laissent apercevoir le jour à travers leur substance; façonnés en boules remplies de liquide, et soumis à une forte pression, ils permettent à ce liquide de s'échapper en rosée à travers leurs molécules; enfin, sans parler des corps transparens, et particulièrement d'une multitude de cristaux, du diamant, dont la dureté est si grande, et qui livrent toutefois passage à la lumière, combien ne voyons-nous pas de pierres, de substances minérales, s'imprégner de liquides, ou bien, placées sous le récipient de la machine pneuma-

(1) Ces faits prouvent déjà la porosité.

tique, laisser dégager de leur sein une grande quantité de gaz (1)?

16. L'*imperméabilité* est encore une sorte d'impénétrabilité, mais toujours relative. C'est une propriété particulière qui a de fréquentes applications dans les arts, en vertu de laquelle certains corps ne peuvent passer à travers d'autres.

17. Les liquides et les substances aériformes, par l'extrême mobilité de leurs molécules, semblent d'abord tout-à-fait pénétrables; mais il est aisé de reconnaître que ces apparences tiennent uniquement à un déplacement, à une division des parties du corps Le liquide dans lequel nous immergeons un corps plus pesant s'élève dans le vase qui le contient, il a donc seulement changé de place. C'est en vain que nous cherchons à faire pénétrer, dans un vase rempli de gaz, un corps quelconque, si ce vase est hermétiquement fermé et ne laisse aucune issue au gaz (2); et d'ailleurs n'est-ce pas l'impénétrabilité, la résistance de l'eau et de l'air qui prêtent aux rames des bateaux, aux voiles des navires et des moulins, un point d'appui susceptible de les mettre en mouvement?

La porosité de ces corps n'est pas moins évidente, et elle est prouvée d'une manière directe par la *compressibilité*, autre propriété générale des corps, mais qui n'est qu'une conséquence de la porosité. En effet, des expériences récentes ont prouvé que tous les liquides sont plus ou moins susceptibles de diminuer de volume lorsqu'on les soumet à une pression très puissante. Il en est de même de tous les solides, à l'exception peut-être des corps cristallisés, dont les molécules paraissent dans un état moins sus-

---

(1) On ne connaît jusqu'à présent qu'un seul métal qui jouit de la transparence, c'est l'or. Disons, en passant, que les phénomènes lumineux ne prouvent rien dans ce cas, si, comme tout porte à le croire, la lumière n'est autre chose qu'une vibration de l'éther primitivement contenu dans tous les corps. Z.

(2) Les gaz sont compressibles; or, on pourrait, dans l'hypothèse actuelle, faire entrer un corps étranger dans un vase rempli de gaz. T. R.

ceptible de déplacement que tout autre ; enfin, si le gaz contenu dans un vase qu'on enfonce avec beaucoup de force dans un liquide, n'est pas entièrement remplacé par ce liquide, il n'en diminue pas moins considérablement de volume, ce qui prouve qu'il est éminemment compressible, et par conséquent très poreux.

18. Mais un autre ordre de phénomènes va nous prouver combien il paraît vraisemblable que cette porosité des corps est grande, et combien nous aurions tort de les supposer composés de molécules rapprochées les unes des autres. La chimie nous offre mille exemples de substances qui, après la combinaison, occupent moins d'espace que lorsqu'elles étaient isolées ; on pourrait d'abord croire qu'il y a, dans ce phénomène, pénétration de parties, mais il est évident qu'il y a seulement, dans cette combinaison nouvelle, changement de position des molécules, et par suite, rapprochement entre elles et diminution de l'espace occupé par les pores. Ainsi, dans les dissolutions de beaucoup de sels dans l'eau, dans le changement même de la glace en eau, dans la combinaison du cuivre et du zinc qui forme le laiton, il y a constamment diminution de volume.

C'est en cherchant à généraliser ces phénomènes et à les rapprocher des lois générales de la nature que le célèbre M. de Laplace (1), dans ses immortelles applications de la géométrie aux sciences physiques, applications qui l'ont conduit aux plus belles découvertes, a été amené à penser que la porosité des corps est énorme. En supposant qu'il y a dans les corps les plus denses six milliards de fois plus de vide que de plein, il explique, par les lois de l'attraction ou gravitation universelle, tous les phénomènes de cristallisation des corps, de capillarité, de réfraction de la lumière, des combinaisons chimiques, etc., etc. Mais quelle est la cause de cette porosité plus ou moins grande des corps et du même corps selon les circonstances où il se trouve? Nous verrons, en traitant du calorique que ce

(1) Voyez sa *Mécanique céleste*, Supplément.

fluide, en s'interposant plus ou moins abondamment entre les molécules des corps, paraît la cause principale de leur porosité, comme de la plupart des changemens d'état et de dimension que nous y remarquons.

CHAPITRE V.

DE L'ÉLASTICITÉ.

19. Nous venons de voir que tous les corps connus sont criblés de pores, et qu'un principe répulsif interposé entre leurs molécules paraît la cause de cet éloignement forcé, de cet état contraire à l'attraction et à l'affinité; d'après ces conséquences, déduites des expériences et du raisonnement, que nous verrons confirmées d'une manière plus évidente en traitant de la pesanteur, du calorique et de l'état particulier des corps, il nous semble qu'on doit concevoir ceux-ci comme un assemblage de molécules sans cesse sollicitées les unes vers les autres par une force d'attraction, sans cesse maintenues à distance par l'action d'un principe répulsif susceptible d'augmenter ou de diminuer, quelquefois d'être en partie vaincu par l'attraction, d'autres fois de l'emporter en partie sur elle. Quel beau sujet d'inspiration pour les poètes, pour les esprits où l'imagination domine, que ces deux principes toujours opposés l'un à l'autre, toujours en présence, quelquefois combattant à forces égales, l'un et l'autre alternativement vainqueur ou vaincu, de la lutte desquels résulte l'ordre admirable de la nature, comme de la victoire de l'un ou de l'autre résulterait nécessairement la destruction, ou du moins le changement total de tout ce qui existe. Quelle belle occasion de personnifier ces êtres, de leur prêter des pensées, des volontés, d'étendre leur action sur le moral comme sur le physique! Nous nous garderons bien de suivre une telle route; mais le sujet qui nous occupe nous

force de donner d'avance une idée de la cause qui produit l'état solide, liquide ou aériforme des corps, malgré que nous ne parlions pas encore de ces états particuliers, mais parce que cette cause a des applications sans fin, et explique une multitude de phénomènes.

20. Supposons-nous les molécules des corps tellement rapprochées (1) que la force d'attraction soit victorieuse, il en résultera un état d'agrégation qui, pour être détruit, nécessitera l'emploi d'une certaine puissance : le corps sera solide ; de plus, si ces molécules ont pu se rapprocher petit à petit, et, en conservant la liberté de se mouvoir, elles se disposeront de manière à s'approcher par les côtés qui ont entre eux le plus d'affinité, un arrangement général et régulier en sera la conséquence, le corps sera cristallisé. Si, au contraire, des circonstances quelconques empêchent cette disposition favorable de s'établir, ces molécules seront forcées de s'approcher par d'autres côtés, de se solidifier dans cet état, en un mot, de devenir solide non cristallisé.

Maintenant si nous diminuons la puissance de l'attraction de façon qu'elle soit précisément égale à celle du principe répulsif, il en résultera un état particulier dans lequel les molécules auront encore une tendance les unes pour les autres, mais ne pourront manifester celle qui dépend de leur figure propre; dans cet état, la position des molécules sera indifférente pour l'action de leur affinité, elles jouiront donc d'une mobilité complète : le corps sera liquide. On conçoit sur-le-champ qu'un tel état d'équilibre parfait entre deux forces soumises à des changemens si fréquens doit se rencontrer bien rarement; aussi la nature nous offre-t-elle un bien petit nombre de corps liquides ; aussi un liquide, dès qu'il est formé, manifeste-t-il une certaine tendance à se vaporiser, à passer à l'état aériforme.

(1) Nous avons vu, à la fin du chapitre précédent, qu'il est possible, d'après les idées de M. de Laplace, que ce rapprochement soit encore une distance prodigieuse ; mais du moins est-il relatif, et cela nous suffit.

Enfin, si les molécules sont assez distantes pour que le principe répulsif l'emporte, elles devront s'éloigner tant que des obstacles extérieurs ne les retiendront pas, et, dans tous les cas, faire effort pour renverser ces obstacles; ce corps affectera l'état aériforme. Nous verrons par la suite le passage d'un corps d'un de ces états à l'autre, et la chaleur ou le froid développé tant dans ce passage qu'en comprimant un gaz dans le briquet à air, ainsi qu'une foule d'autres phénomènes, venir confirmer les principes que nous venons de poser, et en même temps prouver que ce principe répulsif n'est autre que celui qui produit la chaleur.

Les considérations que nous venons de faire valoir, en donnant la cause des divers états d'agrégation des corps, nous ont démontré de plus en plus qu'ils étaient poreux, et qu'en eux résidait une force attractive qui appelle les molecules les unes vers les autres, mais aussi un principe répulsif qui les maintient à certaines distances; l'élasticité, qui consiste en ce qu'un corps soumis à l'action d'une force étrangère lui obéit momentanément, et revient ensuite en tout ou en partie, par une suite d'oscillations, à son état primitif, semble donc une conséquence même de cet état composé. Voyons d'abord quelles paraissent être les causes de cette propriété, et en second lieu dans quelles circonstances, sous l'influence de quelles conditions elle se manifeste.

21. L'élasticité parait avoir pour cause générale, ainsi que Newton l'a soutenu, la présence du calorique, qui, logé dans les interstices des corps, peut être momentanément comprimé, quelquefois expulsé. Tous les phénomènes d'élasticité complète ou incomplète, lorsqu'ils sont dûs à une *compression*, s'expliquent très facilement par cette cause, mais il n'en est pas ainsi de ceux que présentent la *flexibilité* et surtout l'*extensibilité* de certains solides; ces propriétés particulières sont en général considérées par les physiciens comme modifications de l'élasticité, en vertu de laquelle les molécules de certains corps, écartées les unes des autres, détournées de leurs positions naturelles, tendent à reprendre leur premier état, lorsque,

dans ces actes de violence, on n'a pas dépassé certaines limites; mais cette seconde espèce d'élasticité ne paraît pas avoir la même cause que la première; elle lui semble même contraire, puisque le calorique, loin d'être comprimé ou chassé, se trouve plus à l'aise. Mais il est facile de voir que cette sorte d'élasticité est due à la force de cohésion; dans les corps solides, la puissance du calorique ou principe répulsif est très bornée; celle de l'attraction est considérable; si l'on n'écarte pas assez les molécules d'un tel corps pour détruire l'attraction, il est évident que, lorsque la violence qui opérait cet effet cessera, l'attraction tendra à remettre les choses dans leur premier état. Elle y réussira complètement, si les molécules ont été seulement écartées, mais non déplacées; elle n'y parviendra qu'en partie, ou même pas du tout, si les molécules du corps ont changé de position. Ce qui démontre cette explication, c'est que l'élasticité des corps solides est en général d'autant plus grande, d'autant plus parfaite, qu'ils sont plus durs, plus tenaces, et d'autant plus faible qu'ils sont mous ou plus ductiles. Ce qui en est aussi une nouvelle preuve, c'est que cette sorte d'élasticité par *extensibilité* ne se rencontre que dans les solides. Il ne paraîtra donc plus étonnant que l'augmentation de calorique dans un corps de cette nature diminue son élasticité; on ne sera pas davantage étonné de voir cette propriété d'élasticité par *compressibilité* croître dans les liquides et les gaz, à mesure que le calorique s'y accumulera en plus grande abondance.

Nous venons de voir que l'élasticité se manifeste par la compression et par l'extension des corps; les phénomènes de pression, de choc, de réflexion, du son, appartiennent à l'élasticité par compression; ceux de flexibilité et d'extensibilité dépendent de la seconde espèce. Parcourons rapidement ceux qui méritent particulièrement de fixer notre attention; d'autres, et spécialement ceux du son et de la réflexion, seront expliqués ailleurs.

22. Observons d'abord que toutes les fois qu'on peut examiner la manière dont se conduit un corps élastique qui revient en tout ou en partie à son premier état, on

remarque que c'est en opérant une suite d'oscillations proportionnelles à la violence qu'on lui a fait subir. Qui ne connaît l'effet des ressorts bandés et détendus, ceux des balles et des cordes élastiques, qui ne sont que des espèces de ressorts? Au reste, nous reviendrons sur ces oscillations et sur leurs lois, en parlant des vibrations de l'air comme véhicule du son, et de celles des corps sonores, toutes produites par la compression et l'élasticité; car il demeure démontré à nos yeux, par leurs vibrations seules, que tous les corps solides et même liquides sont aussi bien compressibles, mais seulement à un moindre degré, que ceux où cette propriété est manifeste, tels que les bois, les cuirs, le liége, la moelle de sureau, la caoutchouc ou gomme élastique, ce que d'autres propriétés, et notamment leur réflexion après le choc, prouveront d'ailleurs par la suite. Quant aux substances aériformes, elles sont éminemment compressibles et dilatables, d'où le nom de fluides élastiques par lequel on les désigne souvent, et même leur compressibilité ne paraît avoir d'autre limite que leur changement en liquides.

L'élasticité, en vertu de laquelle un corps qui en frappe un autre rebondit, rejaillit, se réfléchit, ainsi que nous venons le dire tout-à-l'heure, prouve la compressibilité d'une manière péremptoire : car cet effet ne peut se concevoir et s'expliquer nettement qu'en admettant que la rencontre des deux corps, en rapprochant outre mesure les molécules, les a placées dans un état forcé d'où elles cherchent à sortir. Ces molécules agissent alors comme une multitude de petits ressorts bandés par le choc, et qui, par leur détente simultanée, font jaillir le corps avec plus ou moins de force, selon la vitesse de la chute, la puissance du choc, le degré de compressibilité et d'élasticité des deux corps qui se rencontrent; ainsi le marbre, l'agate, l'ivoire, le verre, tous les solides rebondissent avec d'autant plus de force qu'ils sont moins ductiles, plus durs. Ce qui démontre que, dans ce phénomène, il y a réellement rapprochement des molécules, c'est que si on enduit une table de marbre, par exemple, d'une légère couche de graisse, et qu'on y laisse tomber une bille également de marbre ou bien d'agate, de verre, on apercevra sur le corps gras une tache d'une grande dimension, tandis qu'elle ne devrait se montrer que comme un point, s'il n'y avait point eu compression de part et d'autre. Mais ce ne sont pas seulement les solides qui sont réfléchis de la sorte, il en est de même des liquides, ce qui prouve leur compressibilité ; l'eau, dans sa chute sur les divers corps, nous en offre des exemples journaliers. Nous verrons par la suite que le fluide lumineux est de tous les corps celui qui est réfléchi avec plus de force; aussi le considère-t-on comme le plus élastique.

23. Si l'élasticité n'est pas manifeste pour tous les corps dans les circonstances que nous venons d'analyser, elle l'est complètement, et peut même être mesurée, lorsqu'ils sont réduits en fibres très minces, étirés en fils très fins. Si on les soumet alors à une légère tension, on les voit s'alonger ; et, lorsque la tension cesse, reprendre leur premier état : maintenus à leurs extrémités, si on les écarte de cette position, on les voit y revenir par une suite d'oscillations.

Beaucoup de substances manifestent aussi une élasticité souvent très forte lorsqu'on les infléchit. Les arts ont fait de cette propriété mille applications utiles, soit dans la construction de ressorts de toute sorte, soit dans la préparation des matelas, des coussins, des tissus épais, où l'élasticité des fibres employées rend le corps doux et moelleux. L'amincissement est pour certains corps une cause puissante d'élasticité ; ainsi le verre, l'un des corps les plus rigides et les plus fragiles, acquiert une grande flexibilité lorsqu'il est réduit en fils très minces : il compose alors ces charmantes aigrettes ondoyantes que nous voyons orner, sous le nom d'*esprit*, le chapeau de nos dames.

24. Mais il est d'autres circonstances, telles que l'*écrouissage*, *le recuit*, *la trempe*, qui agissent puissamment sur l'élasticité, et dont il n'est pas aussi facile de rendre raison. Toutefois l'écrouissage, qui rend les métaux plus cassans, les recuit, qui les remet dans leur état ordinaire, s'explique par le rapprochement forcé des molécules dans

le premier cas, et leur rétablissement dans le second; mais la trempe, opération dans laquelle un corps très chaud est plongé dans l'eau froide, qui rend l'acier plus dur et plus cassant, l'alliage de cuivre et d'étain propre à fabriquer les tamtams, plus mou et plus malléable; qui n'opère rien sur l'or, le cuivre, etc.; qui place ces gouttes de verre jetées en fusion dans l'eau, et qu'on nomme *larmes bataviques*, dans un tel état d'irritation, si l'on peut s'exprimer ainsi, que le moindre mouvement détermine leur rupture en fragmens impalpables, paraît agir si différemment en vertu d'états d'agrégation ou de modes de position de molécules que nous ne connaissons pas bien. Cependant l'exemple de l'acier et des larmes bataviques peut s'expliquer par le refroidissement subit des couches extérieures; car il doit en résulter, 1° que le corps est plus volumineux qu'il n'eût été s'il se fût refroidi lentement, et c'est ce que l'expérience confirme; et 2° que les molécules intérieures sont dans un état de contrainte, puisqu'elles ont été forcées, en se modelant sur la couche extérieure, de se placer à des distances trop considérables pour l'état du corps.

CHAPITRE VI.

DE L'ATTRACTION ET DE LA PESANTEUR.

25. Déjà Galilée avait soumis au calcul les phénomènes qui accompagnent la chute des corps à la surface de notre globe; déjà il avait reconnu que l'air, en présentant aux corps qui le traversent une résistance proportionnelle à leur volume, était la seule cause des différences qu'on remarque dans la vitesse avec laquelle ils tombent; déjà Képler, après vingt années de travaux infructueux occasionés par une erreur de calcul, retrouve enfin, en revenant sur ses pas, la route que cette erreur lui avait fait abandonner, et découvre les lois qui règlent la marche des corps célestes, le chemin qu'ils doivent parcourir, le temps

que doit durer leur révolution : ces lois étaient l'expression littérale de la gravitation; mais, une telle traduction exigeait le génie de Newton; c'est en effet ce grand homme qui, par l'observation de la loi de diminution de la pesanteur en raison de la distance (1), a été conduit à dévoiler le mécanisme des mouvemens des corps célestes, et est parvenu à expliquer et prévoir les phénomènes les plus composés, les changemens les plus grands, les perturbations les plus diverses qu'ils présentent. Ces objets d'étude sont entièrement du domaine de l'astronomie, mais Newton ne s'est pas arrêté là : il reconnut bientôt que la chute des corps à la surface de la terre obéissait à la même loi que la marche des planètes, et il proclama l'attraction universelle; c'est-à-dire qu'en supposant toutes les molécules de la matière douées d'une force d'attraction les unes pour les autres, il rendit raison de tous les phénomènes observés. Nous avons vu, en exposant l'idée de M. de Laplace sur la porosité des corps, que les plus savans physiciens n'ont pas cherché à restreindre les applications de la découverte de Newton, mais au contraire à lui faire porter de nouveaux fruits.

26. Il est inutile d'observer que ces mots *attraction*, *gravitation*, *pesanteur*, ne sont que l'expression des phénomènes, et n'ont pas la prétention de faire connaître la cause qui les produit, cause qui nous sera peut-être à jamais inconnue. L'attraction est-elle le résultat d'une propriété inhérente à la matière, et dans ce cas d'où vient cette propriété? est-elle le résultat de l'action d'un fluide particulier? est-elle le résultat d'un mouvement intérieur des molécules? est-elle produite même par une répulsion, etc., etc.? Nous retombons ici dans tout le vague et même tout l'absurde des suppositions et des systèmes par lesquels on a tenté de faire connaître les causes premières de tout ce qui existe : c'est assez dire que nous nous bornerons à ces considérations générales, prenant toujours pour guides l'observation et l'expérience. Livrons-nous

---

(1) On a voulu dire : « en raison du carré de la distance. » Z.

donc sur cette matière à l'étude qui appartient spécialement à la physique, celle des différens phénomènes que manifestent autour de nous la pesanteur et l'attraction. Ces phénomènes sont de deux sortes, et nous les exposerons dans des articles séparés.

Les uns sont identiques avec l'attraction des corps célestes, ils en sont une continuation, un effet sur le globe que nous habitons, et sur tous les objets qui en font partie : c'est la *pesanteur* proprement dite. Les lois de la chute des graves, la mesure de cette chute, le centre de gravité, la pesanteur spécifique (1) des corps, devront nous occuper successivement ; la description de diverses machines et instrumens importans ou curieux à connaître se trouvera liée à cette étude.

Les autres sont considérés par la plupart des physiciens comme une modification de l'attraction à distance, et ils la désignent sous le nom d'*attraction moléculaire*, ou d'*affinité*, ou bien encore de *force de cohésion* (2). Dans ces phénomènes, l'attraction ne se manifeste qu'à de très petites distances ; les uns, sans doute en vertu de l'attraction, plus forte entre certaines molécules, plus faible entre d'autres, produisent les changemens de combinaisons des corps, c'est l'objet des recherches de la chimie, nous ne devons pas nous en occuper ; ceux qui feront l'objet de nos études sont les phénomènes de la capillarité et du frottement.

SECTION PREMIÈRE.

DE LA PESANTEUR.

27. Nous venons de voir que la pesanteur est cette

---

(1) Au lieu de *pesanteur* spécifique des corps, on devra lire dans tout le cours de l'ouvrage, *poids* spécifique des corps ; prendre la pesanteur pour le poids, c'est confondre la cause avec l'effet. Voyez d'ailleurs le paragraphe 29 de l'ouvrage. T. R.

(2) L'*affinité* et la *cohésion* ne doivent point être confondues ; la *cohésion* est la force qui unit les molécules de même nature ; l'*affinité* est celle qui tend à unir les molécules de nature différente ; la cohésion est un obstacle à la combinaison, l'affinité, au contraire, en est la cause ; on considère ces deux forces comme l'effet de l'*attraction moléculaire*. T. R.

propriété en vertu de laquelle les corps abandonnés à eux-mêmes se précipitent sur la terre, et, si nous observons d'abord quelle direction ils suivent dans cette chute, nous reconnaîtrons qu'elle est toujours perpendiculaire à la surface des eaux dormantes, en conséquence qu'elle se dirige constamment vers le centre de la terrre. En effet, les géomètres ont démontré qu'un sphéroïde, dont toutes les molécules seraient douées d'une force d'attraction, devrait agir comme si ces molécules étaient réunies au centre.

Tous les corps solides, liquides, et gazeux sont soumis à l'action de la pesanteur, et ceux d'entre eux qui paraissent dans certaines circonstances, violer ses lois, sont au contraire la démonstration la plus complète de leur généralité. Ainsi, certains gaz remontent au lieu de tomber vers la terre, certains corps solides se maintiennent en équilibre dans l'atmosphère, parce que l'air, au milieu duquel ils se trouvent, est plus pesant qu'eux, c'est-à-dire offre plus de masse sous le même volume. Il en est de même d'une boule de liége, d'un morceau de bois plongés dans l'eau, de certains métaux plongés dans le mercure. Ces liquides, obéissant à la pesanteur aussi bien que ces corps, les forcent de remonter à leur surface, parce qu'ils sont plus pesans qu'eux.

On ne doute guère de la pesanteur des liquides et des solides, mais celle de l'air a été long-temps niée, on la prouve maintenant directement en faisant le vide dans un ballon de verre; ce ballon, suspendu au plateau d'une balance, et mis en équilibre, penche dès qu'on y laisse entrer une certaine quantité d'air. (Voyez *P. I*, *fig.* 1.)

28. La pesanteur étant une force à laquelle sont soumises toutes les molécules matérielles, doit être considérée comme agissant à chaque instant également sur toutes celles qui sont placées à la même distance de son centre d'action, quels que soient d'ailleurs l'état d'agrégation ou de combinaison, la forme, l'espace occupé par ces molécules. La résistance des milieux que traversent les corps dans leur chute est donc la seule cause des dif-

férences que la pesanteur présente dans ses manières d'agir sur eux. Ainsi, sans la résistance de l'air, une plume et une balle de plomb tomberaient nécessairement avec une vitesse égale; puisque, si le nombre des molécules n'est pas égal dans ces deux corps, chaque molécule n'en sera pas moins animée d'une même vitesse, et par conséquent la vitesse commune ne sera ni augmentée ni diminuée. Mais d'ailleurs, faisons le vide dans un tube de verre d'environ deux mètres de longueur, *fig.* 2, dans lequel nous aurons mis préalablement des corps de densité très différente, tels que du plomb, de l'or, du bois, du papier; si nous renversons le tube, nous verrons tous ces corps tomber avec une égale vitesse, et arriver en même temps au fond du tube, si le vide a été bien fait; car si nous y laissons pénétrer la plus petite quantité d'air, ces corps arriveront successivement en raison de leur densité, c'est-à-dire de la masse mesurée par le volume.

29. Il est donc bien important de ne pas confondre la *pesanteur* d'un corps avec ce qu'on appelle son *poids;* la pesanteur se mesure par la vitesse qu'elle imprime à chaque molécule; elle est donc indépendante du volume, de la masse, en un mot du nombre des molécules; elle est invariable dans un même lieu, à une même hauteur, ainsi que nous l'expliquerons tout-à-l'heure. Le poids d'un corps est, au contraire, la mesure de l'effort nécessaire pour le soutenir et l'empêcher de tomber; c'est la mesure de la pression qu'il exerce sur les corps placés au-dessous de lui. Le poids dépend de la quantité de matière que le corps renferme; il est donc proportionnel à la masse et indépendant du volume; mais la comparaison du poids d'un corps avec celui d'un autre, sous un volume égal, a donné l'idée de la *densité* ou de la *pesanteur spécifique*, plus exactement du *poids spécifique* des corps, qui est le rapport du poids absolu d'un corps au poids absolu d'un autre corps pris pour unité ou terme de comparaison.

Nous ne nous occuperons pas en ce moment des moyens de mesurer la densité d'un corps, parce qu'ils sont différens pour les solides, les liquides et les gaz, et trouveront mieux leur place dans l'étude particulière de ces corps; mais nous allons faire connaître ceux qui servent à mesurer la pression qu'un corps exerce sur un autre, ce qui comprendra l'étude des centres de gravité et des balances; nous verrons ensuite quelle est la vitesse de la chute des corps soumis à l'action de la pesanteur, nous mesurerons cette vitesse, nous reconnaîtrons et nous dirons pourquoi elle n'est pas la même dans tous les lieux de notre globe; enfin, nous verrons que ce n'est pas plus la terre qui attire les corps, que les corps qui attirent la terre, c'est-à-dire que nous démontrerons que la force de la pesanteur réside dans toutes les molécules matérielles.

SECTION II.

DU CENTRE DE GRAVITÉ ET DES BALANCES.

30. La direction de la chute des corps donne celle de l'action de la pesanteur, et nous avons vu que, dans chaque lieu, cette direction suit une *ligne aplomb* ou *verticale* (1) à la surface des eaux tranquilles; la terre étant une sphère, il en résulte que cette direction est différente pour chaque lieu, mais ce changement ne peut être sensible qu'à de grandes distances, les forces de la pesanteur peuvent être considérées comme parallèles; et, si elles s'appliquent à un corps d'une étendue appréciable, on conçoit que ses effets partiels pourront se combiner et se réunir en un seul et même point de la masse de ce corps; c'est ce point qu'on appelle *centre de gravité* d'un corps, et c'est pour l'étude des solides que la connaissance de ce point est bien importante.

31. Le centre de gravité est tantôt plus haut, tantôt plus bas que le point fixe : dans le premier cas, on dit que le corps est supporté; dans le second, qu'il est

---

(1) C'est-à-dire perpendiculaire à la surface, etc., etc. T. R.

soutenu. Le centre de gravité est toujours placé dans la direction de l'action de la pesanteur, c'est-à-dire la verticale; c'est pourquoi, un corps suspendu à un fil donne toujours cette direction en soutenant le centre de gravité. Tel est le fil aplomb, *fig.* 3, qui donne aussi le moyen de trouver le centre de gravité de tout autre corps, *fig.* 4. Le centre de gravité supporté ne coïncide pas toujours avec le centre de la figure du corps; car il dépend de la densité, et se rapproche toujours de la partie la plus dense (1). Toute situation d'un corps composé est donc d'autant moins assurée que la surface soutenue est plus petite, et que le centre de gravité s'éloigne davantage du lieu de cette surface.

La théorie du centre de gravité a mille applications dans les arts, tant pour la construction d'un grand nombre de machines, de meubles, que pour la position la plus convenable à leur donner. Elle explique plusieurs jeux physiques très curieux, tels que le cylindre montant sur un plan incliné, le petit sauteur, les tours des danseurs de corde; elle est même utile pour apprécier les mouvemens de l'homme et des animaux, et, dans ces dernières circonstances, la position du centre de gravité est variable. L'homme debout, ayant ses mains sur ses côtés, a son centre de gravité dans le bas-ventre, sur la prolongation des jambes; c'est donc la position la plus assurée; assis, s'il veut se relever, il est forcé de ramener en avant le centre de gravité en se penchant; chargé d'un fardeau sur le dos, il doit se tenir courbé en avant. Mais c'est pour la construction des balances que le centre de gravité est surtout important à connaître (2).

---

(1) Dans un corps d'une densité homogène, mais de figure irrégulière, le centre de gravité est du côté de la plus grande masse. Si la densité n'est pas homogène, on peut dire qu'il se trouve rapproché de la partie la plus dense, à moins pourtant que le poids de la partie la moins dense ne surpasse celui de la première partie. T. R.

(2) La pesanteur ou la gravité est la force qui sollicite chacune des parcelles de la matière.

Le poids d'un corps est la somme ou la résultante de toutes les actions, que la pesanteur exerce sur ce corps. Le poids d'un corps dé-

32. Il existe un grand nombre d'instrumens au moyen desquels on peut peser un corps, c'est-à-dire déterminer combien il faut de poids connus pour équilibrer celui de ce corps; mais, pour les opérations délicates de la physique et de la chimie, qui ont fréquemment besoin de ces instrumens, une précision extrême est indispensable; il est donc de toute nécessité qu'ils soient construits avec le plus grand soin, et qu'aucune partie n'y soit négligée. La balance de Fortin, que nous donnons, *fig.* 5, paraît celle qui mérite le mieux la confiance des physiciens. Cependant la méthode des doubles pesées de Borda doit toujours être

---

pend donc de sa *masse*, ou de la quantité absolue de matière dont il est composé.

Le centre de gravité d'un corps est le point par lequel passe la résultante de tous les efforts verticaux exercés sur chaque molécule par l'action de la pesanteur, quelle que soit la position de ce corps.

Pour trouver mécaniquement le centre de gravité d'un corps, il suffit de le suspendre successivement dans deux positions d'équilibre, à l'aide de fils verticaux appliqués tour à tour à deux points différens; le lieu d'intersection du prolongement de ces fils sera le centre cherché.

Le centre de gravité de tout corps homogène est à son centre de figure.

Le centre de gravité d'une droite est au milieu de sa longueur.

Celui de l'arc de cercle est sur le rayon qui passe par le milieu de l'arc, à une distance du centre qui est une quatrième proportionnelle à la longueur de l'arc, à sa corde et au rayon.

Celui du secteur circulaire, dont c est la corde, a l'arc et r le rayon, est à une distance du centre.

$$= \frac{2\,cr}{3\,a}$$

Celui de l'aire du segment de cercle, dont A est la surface et c la corde, est sur le rayon, à une distance du centre.

$$= \frac{1}{12}\,\frac{c^3}{A}$$

Celui d'une calotte sphérique est au milieu de l'axe.

Celui du secteur sphérique est sur son axe, à une distance du centre égale aux 3/4 du rayon, moins les 3/8 de la hauteur de la calotte.

Celui du paraboloïde est aux 2/3 de l'axe, à partir du sommet; et dans le paraboloïde tronqué dont h est la hauteur, R et r les

employée pour les opérations importantes ; elle consiste à équilibrer le corps dont on veut connaître le poids, avec des matières diverses, ensuite à retirer ce corps du plateau de la balance, et à le remplacer par des grammes et fractions de grammes; jusqu'à ce que la verticalité de l'aiguille indique de nouveau un équilibre parfait. Il est évident que le corps et les poids connus étant pesés du même côté, l'erreur qui pourrait provenir des vices de la balance sera détruite. Il est inutile d'entrer dans de plus grands détails pour la description de cet instrument, dont la figure donne une idée suffisante ; nous ferons seulement

---

rayons des bases, il est situé sur l'axe à une distance de la moindre section.

$$= \frac{1}{3} h \frac{2 R^2 + r^2}{R^2 + r^2}$$

Celui du *contour* ou de l'*aire* d'un *parallélogramme* est à l'intersection de ses diagonales ; celui de la circonférence ou de l'aire du *cercle*, de la surface ou du volume de la sphère, au centre.

Celui du contour d'un polygone s'obtient en divisant la somme des momens de ses côtés, par rapport à deux axes pris dans son plan, par le contour du polygone ; les quotiens sont les coordonnés du centre de gravité.

Celui d'un triangle est situé, à partir d'un de ses angles, aux deux tiers de la droite menée du sommet de cet angle, au milieu du côté opposé.

Celui de l'aire d'un polygone s'obtient en le décomposant en triangles.

Celui du cône et de la pyramide est situé aux 3/4 de la droite menée du sommet au centre de gravité de la base, à partir du sommet.

Le prisme et le cylindre ont leur centre de gravité au milieu de la droite qui joint le centre de gravité de leurs bases.

Celui du tronc de cône qui a pour hauteur h, et pour rayons des bases R et r, est situé sur l'axe, à une distance de la moindre base.

$$= \frac{1}{4} h \frac{3 R^2 + 2 Rr + r^2}{R^2 + Rr + r^2}$$

T. R.

observer que, dans toute balance, il est bien important que l'axe du fléau A A ne soit pas placé au-dessus (1) du centre de gravité ; car alors il changerait au moindre mouvement, et ne pourrait jamais être ramené à l'équilibre, la balance serait folle, elle trébucherait à chaque instant. Il faut donc que le centre de gravité G soit un peu au-dessous des points de suspension. La balance figurée est la plus complète de toutes ; on y a ajouté des fourchettes ou supports auxiliaires F F, que des vis font monter et descendre; leur destination est de soutenir le fléau dans l'état de repos, afin que le couteau d'acier, bien tranchant et bien poli, qui soutient le fléau dans l'opération, ne se déplace pas; deux petits plateaux secondaires *bb* servent, au contraire, à maintenir une même position pendant qu'on se sert de la balance; une vis de rappel V sert à replacer l'instrument de niveau ; l'aiguille D, au lieu d'être au-dessus du fléau, tombe jusqu'au pied du support où elle

(1) Il faut, au contraire, que l'axe du fléau soit placé *au-dessus* du centre de gravité. Voyez au surplus les observations suivantes :

Observations sur la construction de la balance.

Il faut que les bras du levier ou du fléau soient égaux en tout, que le frottement à l'axe de suspension soit le moindre possible ; c'est pour cette raison qu'on le construit en angle posant sur une surface plane d'acier poli ou d'agate Cette partie prend le nom de couteau

Le centre de gravité doit se trouver un peu au-dessous de l'axe de suspension ou du couteau; car s'il se trouvait au-dessus, comme le prescrit le texte, l'équilibre ne pourrait avoir lieu que dans un seul cas, lorsque ce centre de gravité se trouverait dans la normale de l'axe de suspension. Dans toute autre position, la balance trébucherait du côté où se trouverait le centre de gravité : elle serait folle.

Il faut de plus que les points d'attache des plateaux soient plus bas, ou sur la même ligne horizontale que l'axe de suspension, mais jamais plus hauts, car la balance serait encore folle.

Si le centre de gravité est beaucoup plus bas que l'axe de suspension, la balance sera paresseuse, c'est-à-dire qu'elle ne trébuchera qu'à des poids beaucoup plus forts que la première.

Nous joignons ici la description d'une balance construite par M Ritchie, qui est fort peu dispendieuse et fort exacte. Le fléau de cette balance est en bois; le couteau d'acier le traverse et repose sur deux fragmens du tube de verre, placés à la partie supérieure d'un pied

oscille sur une portion de cercle gradué; enfin, pour n'avoir à redouter l'influence d'aucune circonstance extérieure, on peut enfermer toute la machine dans une cage de verre qui s'ouvre par le bas.

Tous les tubes recourbés, où l'on met des liquides de densité différente, et les baromètres sont aussi des espèces de balances qui servent à mesurer le poids des liquides et des gaz : nous en parlerons ailleurs.

SECTION III.

DE LA CHUTE DES GRAVES.

33. Les corps, en tombant librement, acquièrent un mouvement uniformément accéléré, et Newton a prouvé que c'était la même loi, décroissant en raison inverse du carré de la distance, qui maintenait la lune dans son orbite. Cette force de la pesanteur à Paris fait parcourir à

---

en bois. Les couteaux des bassins sont fixés de même dans le fléau de bois. Ce fléau porte à son milieu une aiguille dont la pointe parcourt un arc de papier collé sur le pied de l'instrument. Le poids exact d'un objet s'obtient par la méthode de la double pesée, au moyen de cette balance que l'on peut avoir presque pour rien, avec autant de précision qu'en se servant d'une balance construite à grands frais. On peut au surplus obtenir le poids exact d'un corps avec une balance fausse ou dont les bras de levier sont inégaux.

Appelons l'un des bassins B, l'autre B', Q le corps dont on veut connaître le poids. 1° Placez ce corps dans le premier bassin B, et observez le poids p qui lui fait équilibre; 2° transposez le corps Q dans B', et observez le nouveau poids p' qui lui fait équilibre.

Le poids vrai du corps $= \sqrt{pp'}$.

En effet, puisque *deux puissances qui tendent à faire tourner un levier en sens contraire, et qui se font équilibre, sont en raison réciproque de leur distance au point d'appui*; si l'on appelle l, l' les longueurs des bras des bassins B', B, nous aurons les proportions suivantes :

$$Q : p :: l' : l \quad \text{1}^{\text{re}} \text{ pesée.}$$
$$Q : p' :: l : l' \quad \text{2}^{\text{e}} \text{ pesée.}$$

d'où l'on tire $Ql = pl'$ et $Ql' = p'l$; multipliant ses équations, on a $Q^2 ll' = pp' ll'$; divisant les deux membres par ll', il vient $Q^2 = pp'$, d'où enfin $Q = \sqrt{pp'}$.

T. B.

un corps abandonné à lui-même, d'un lieu élevé, quinze pieds dans la première seconde; cette vitesse croît ensuite successivement comme les carrés des temps, puisque la pesanteur continue d'agir toujours dans le même sens, ce qui explique pourquoi la chute d'une pierre d'un lieu élevé est si dangereuse; pourquoi on risque de se fracasser en tombant de haut. La même loi retarde le mouvement des corps lancés en l'air, c'est-à-dire que l'espace qu'ils parcourent décroît dans la même proportion, et il doit en être ainsi, puisque le projectile est sans cesse sollicité par la pesanteur dans une direction contraire à celle qui lui a été imprimée (1).

---

(1) Nous ne croyons pas qu'il soit inutile de donner la démonstration géométrique des lois des forces accélératrices.

On appelle force accélératrice toute force qui agit continuellement et d'une manière uniforme sur les corps; mais, pour notre démonstration, nous supposerons que son action a lieu à des intervalles égaux très rapprochés, par exemple, de 1" en 1". Cela posé, l'espace total parcouru par un corps soumis à cette action, pendant un certain temps, se composera de tous les espaces parcourus en vertu des différentes impulsions successives; ainsi, par exemple, si le temps est de 10", la première impulsion aura lieu à la fin de la première seconde, et l'espace qu'elle ferait parcourir au corps dans les 9" suivantes, serait le produit de la vitesse qu'elle lui imprime par 9", ce qui peut être représenté par le rectangle *a b c d* de la *fig.* 2 : *a b* désignant le temps, et *a d* la vitesse; la deuxième impulsion, qui a lieu au bout de la deuxième 1", ajoutera à l'espace le rectangle *e c f g* et ainsi de suite, on verra qu'au bout des 10" l'espace sera représenté par la somme des rectangles de la *fig.* 2. On s'approcherait plus de la nature en supposant que l'action se répète de 1/2" en 1/2", et on obtiendrait l'espace dans cette supposition en insérant dans les angles rentrans de *a c*, etc, de nouveaux petits rectangles; l'approximation serait plus grande en prenant pour intervalle des 1/4"; mais on voit qu'à mesure qu'on diminue l'intervalle, la figure se rapproche d'un triangle, et qu'enfin elle doit être un triangle lorsque l'action est continue. L'espace parcouru étant donc représenté par un triangle dont la base est le temps et la hauteur la somme de toutes les vitesses qui se sont ajoutées dans ce temps, ou ce qu'on appelle la vitesse acquise, sa mesure sera V $t/2$. Mais il est évident que V contient la vitesse communiquée par une impulsion autant de fois que le temps contient 1", nous aurons donc $V = v\,t$ et $E = v\ t\,t/2$. Si la force accélératrice cesse d'agir, le mobile ne s'arrêtera pas, mais il continuera à se mouvoir en vertu de la vitesse acquise, et en 10 secondes il parcourra le rectangle *b m n p* double du triangle *a b p*, donc, etc.

Z.

L'accélération de la vitesse dans la chute des corps n'est rigoureusement telle que nous venons de l'indiquer que dans un espace vide d'air; car la résistance est aussi une force qui agit constamment, et qui, par conséquent, balance en partie la force également constante de la pesanteur. Mais les espaces que nous pouvons observer sont trop limités pour que l'influence de cette résistance soit appréciable; le calcul donne d'ailleurs les moyens d'en tenir compte.

34. L'observation de la chute des corps d'un lieu élevé avait déjà fait découvrir à Galilée la loi d'accélération que nous venons de mentionner; mais il était difficile d'étudier les détails de cette loi, et de la rendre manifeste à tous les yeux. La machine d'Atwood, en ralentissant l'action de la pesanteur sans changer sa nature, a facilité cet examen. C'est une colonne, *fig.* 6, haute d'environ six pieds, qui supporte une poulie sur la gorge de laquelle est passé un fil de soie assez fin pour que sa pesanteur puisse être considérée comme nulle, et aux extrémités duquel sont deux poids parfaitement égaux D D; il est évident que, dans cet état, en quelque position qu'on les place, les deux poids se feront équilibre. A côté de la colonne est fixée une grande règle E, divisée en parties égales, et qui doit servir à mesurer les espaces parcourus. Si, dans cet état, nous plaçons sur le poids D un petit poids supplémentaire, l'équilibre sera rompu, les poids se mettront en mouvement, et celui surchargé, au bout d'une seconde, se trouvera au point 1 de la division; au bout de la deuxième seconde, il se trouvera au point 4; au bout de la troisième, au point 9, puis au point 16, etc.; enfin, en suivant la loi des carrés des temps. Dans la vraie machine d'Atwood, à l'instrument est ajouté une pendule à secondes, et la poulie est compliquée de plusieurs roues pour diminuer le frottement (1).

(1) Lorsqu'un corps non élastique en choque un autre, les deux continuent à se mouvoir ensemble; mais la vitesse se trouve diminuée dans le rapport de la masse du corps choquant à la somme des masses

La même machine sert à prouver qu'une force accélératrice, lorsqu'elle cesse d'agir, fait parcourir au corps qui lui était soumis, uniformément et dans le même temps un espace double de celui qu'il a parcouru; pour cela, il suffit d'ajouter à la règle un anneau *d* qui laissera passer le poids principal, mais arrêtera le poids supplémentaire; alors on verra que, si le corps a déjà parcouru quatre divisions, il en parcourra uniformément huit dans le même temps, jusqu'à ce qu'il soit arrivé sur le support.

35. La pesanteur n'est pas la même dans tous les lieux de la terre; elle est à son minimum à l'équateur, et à son maximum au pôle. Ce changement a deux causes; la première est l'effet de la force centrifuge, beaucoup plus puissante à l'équateur, et dont la comparaison de deux frondes de longueur différente donnera une idée fort exacte; la seconde, qui n'est que le résultat de la première, est l'aplatissement de la terre aux pôles; car nous avons vu que la pesanteur qui agit du centre de la terre diminue d'intensité à mesure qu'on s'éloigne de ce centre. Or, les pôles étant applatis sont rapprochés du centre; la pesanteur doit y être plus considérable, tandis que le contraire a lieu pour l'équateur. C'est de cette observation de la diminution de la pesanteur que Newton avait conclu avec beaucoup d'exactitude la quantité de l'aplatissement de notre globe. Il parait qu'on a trouvé l'intensité de la pesanteur un peu moindre sur les hautes

---

des deux, d'où on déduit que, lorsque le mouvement se transmet d'un corps dans un autre, le produit de la masse mise en mouvement par la vitesse qu'elle prend est une quantité constante; on l'a appelé quantité de mouvement. Ce principe est un des plus importans de la dynamique. Cela bien entendu, il sera facile de comprendre la machine d'Atwood : on a deux poids en équilibre qui forment, par conséquent, un système inerte : on ajoute à l'un des deux un autre petit poids qui rompt l'équilibre en communiquant son mouvement au système, et d'après le principe ci-dessus, la vitesse que celui-ci prend est à celle du corps additionnel, lorsqu'il tombe librement, dans le rapport inverse de la somme de toutes les masses à celle de ce dernier. Ainsi, par exemple, si le poids des deux corps en équilibre est 100, et celui du corps additionnel 1, la vitesse sera réduite à 1/101 de celle d'un corps tombant librement. Z.

montagues qu'au niveau de la mer. Cet effet tient à la même cause (1).

36. La force de l'attraction qui se manifeste et a pour

---

(1) Soit A, *fig.* 3, un corps lié au point C par une verge inextensible A C ; si on donne à A une impulsion perpendiculaire à A C, il est évident qu'il ne pourra prendre qu'un mouvement circulaire autour l'de C ; ainsi, au lieu d'arriver en un certain temps, par exemple 1'', en B, il se trouvera en D comme si la verge A C était un force qui rappelle à chaque instant le mobile vers C; réciproquement, le corps pendant le trajet de A en D a exercé un effort pour s'éloigner de C, effort qui en D est mesuré par la quantité B D ou par son égale A P ; car on prend A D toujours assez petit pour que cette égalité ait sensiblement lieu. La géométrie nous apprend que A G. 2 A C = A D2 d'où 2 $AG^2 = \frac{AD^2}{AC}$; or, les forces accélératrices se mesurent par le double de l'espace qu'elles font parcourir dans la première seconde : donc, en désignant par J la force centrifuge, nous aurons $J = \frac{AD^2}{AC}$; A D est l'espace parcouru par le corps dans une seconde, c'est donc sa vitesse qu'on désigne par V, A C : c'est le rayon du cercle qu'il décrit, nous l'exprimerons par R, la mesure de la force centrifuge est donc $\frac{V^2}{R}$

A la surface de la terre, la vitesse, sous les différens parallèles, est proportionnelle aux rayons de ceux-ci, ou $V = v R$, en désignant par v la vitesse à l'unité de distance de l'axe de la terre, cela transforme la formule générale en $J = \frac{v^2 R2}{R} = v2 R$, ce qui nous apprend que la force centrifuge de la terre est nulle aux pôles et va graduellement en augmentant vers l'équateur où elle atteint sa plus grande valeur.

Dans une sphère dont toutes les molécules s'attirent également, une quelconque de celles-ci éprouve, de la part des autres, des actions dont la résultante passe par le centre : mais si la sphère tourne rapidement autour d'un axe, ainsi que le font la terre et les autres planètes, les parties sous l'équateur éprouvent une force en sens contraire de celle qui les attire vers le centre, et l'équilibre ne peut exister qu'autant que la sphère s'aplatit à ses pôles. Or, comme tout porte à croire que la terre a été une fois dans un état de fusion ignée, ce que nous venons de dire nous explique la cause de son aplatissement. Cet aplatissement se trouvant justement aux pôles actuels de la terre, nous pouvons en déduire qu'elle a toujours tourné autour du même axe.

Z.

résultat la pesanteur, ne réside pas seulement dans notre globe, elle appartient à toutes les molécules des corps; et c'est le résultat commun de l'attraction de toutes ces molécules qui dirige constamment la pesanteur vers le centre de la terre. Déjà nos astronomes, dans la mesure du méridien, en Amérique, avaient cru s'apercevoir que les hautes montagnes faisaient dévier leurs instrumens de la verticale : depuis, Maskelyne, en Ecosse, et M. de Humboldt, en Amérique, ont reconnu cette influence d'une manière évidente.

37. Mais une preuve directe de l'attraction de tous les corps est fournie par la balance de torsion, inventée par Colomb : cet instrument, *fig.* 7, est essentiellement composé d'un fil métallique vertical D, plus ou moins long, dont le bout supérieur est attaché à un point fixe, et dont le bout inférieur, tendu par un petit poids C, porte une aiguille horizontale A B, terminée par deux petites boules; le tout est enveloppé d'une cage de verre, et la mesure des forces est facilitée au moyen de deux cadrans divisés. Pour appliquer cet instrument à la mesure de l'attraction que tous les corps de la nature exercent les uns sur les autres, proportionnellement à leur masse, et réciproquement au carré de leur distance, il suffit de descendre devant les extrémités de l'aiguille, et en sens opposés deux boules d'une matière quelconque; aussitôt ces boules et l'aiguille s'attireront mutuellement; et, comme les premières sont supposées immobiles, on verra l'aiguille s'en approcher jusqu'à ce que la force de torsion du fil fasse équilibre à celle de l'attraction, et le fixe en ce point après une suite d'oscillations. C'est au moyen de cet instrument, et en comparant la durée des oscillations de l'aiguille avec celle du pendule, que Cavendish a trouvé que la densité moyenne du globe était cinq fois et demie plus considérable que celle de l'eau (1).

(1) Les cinq élémens qui entrent dans les lois du mouvement sont la force motrice F, la masse M, l'espace E, le temps T et la vitesse V.

SECTION IV.

DE LA CAPILLARITÉ.

38. Les physiciens désignent sous le nom de *phénomènes capillaires*, parce qu'ils ont été d'abord remarqués

---

La force motrice s'estime en multipliant la masse du corps par la vitesse imprimée à ce corps; c'est ce qu'on appelle sa quantité de mouvement, ou Q, d'où

$$Q = M V,$$

La masse d'un corps est la quantité de matière qui le compose. Les masses M, M' des corps sont proportionnelles à leur poids p, p'

$$\text{ou } \frac{M}{M'} = \frac{p}{p'}$$

La vitesse d'un corps est l'espace que ce corps parcourt uniformément pendant un temps quelconque pris pour unité (*Voyez* plus bas ce qu'on entend par *mouvement uniforme.*)

Quand une même force agit sur des mobiles différens, elle leur imprime des vitesses qui sont en raison inverse de leurs masses.

Les forces motrices sont entre elles comme les *quantités* de mouvement qu'elles produisent.

Ces forces, pour des masses égales, sont entre elles comme les vitesses qu'elles impriment.

Et pour des vitesses égales, elles sont entre elles comme les masses sur lesquelles elles agissent.

La densité d'un corps, ou son poids sous un volume donné, est égale au rapport de son poids à son volume; donc,

A volume égale, les densités des corps sont proportionnelles à leur poids;

A poids égal, les densités sont en raison inverse des volumes.

En général, les densités sont comme le rapport direct des poids, multipliés par le rapport inverse des volumes.

Le poids d'un corps est égal à son volume, multiplié par sa densité.

Le volume d'un corps est égal à son poids, divisé par sa densité.

On distingue les mouvemens d'un corps en uniforme, accéléré ou retardé.

Le mouvement uniforme est celui d'un point matériel qui parcourt des espaces égaux en temps égaux; on a alors la relation.

$$E = VT.$$

Les mouvemens, uniformément accélérés ou uniformément retardés, sont ceux qui croissent ou décroissent par degrés égaux, ou bien encore ceux dans lesquels les espaces parcourus croissent ou décroissent à chaque instant successif d'une même quantité.

dans des tubes d'un diamètre très étroit, et qu'on a pour cette raison comparés à un cheveu, certains effets que nous avons déjà annoncés avoir pour cause l'attraction molécu-

---

Les relations suivantes s'appliquent à tous les cas du mouvement, uniformément accéléré par l'action d'une force constante f (g désigne la gravité, dont nous donnerons la valeur); t est le temps qui s'est écoulé depuis le départ du mobile, v la vitesse qu'il a acquise après le temps t, et e l'espace qu'il a parcouru dans le même temps.

$$e = \frac{1}{2} t v = g f t^2 = \frac{2 g f}{v^2}$$

$$v = \frac{2e}{t} = g f t = \sqrt{2 g f e}$$

$$t = \frac{2e}{v} = \frac{v}{g f} = \sqrt{\frac{e}{1/2\, g f}}$$

$$f = \frac{v}{g t} = \frac{2e}{g t^2} = \frac{v^2}{2 g e}$$

Dans les mouvemens de cette nature, il suffit de connaître le rapport de la force f à la gravité pour calculer ensuite l'espace, le temps ou la vitesse, et, réciproquement, connaissant l'espace parcouru dans un temps donné ou la vitesse acquise à la fin de ce temps, on obtient les valeurs de f.

Quand la gravité agit librement, comme, par exemple, lorsqu'un corps tombe suivant une verticale dans le vide, les relations deviennent.

$$e = \frac{1}{2} g t^2 = \frac{v^2}{2g} = \frac{1}{2} t v$$

$$v = g t = \frac{2e}{t} = \sqrt{2 g e}$$

$$t = \frac{v}{g} = \frac{2e}{v} = \sqrt{\frac{2e}{g}} - \sqrt{\frac{e}{1/2\, g}}$$

$$g = \frac{v}{t} = \frac{2e}{t^2} = \frac{2^2}{2e}$$

g, ou ce qu'on appelle la gravité, représente les vitesses que la force céélératrice imprime au mobile pendant l'unité de temps; g est donc

laire, ou force de cohésion des particules matérielles ; phénomènes bien curieux, puisqu'ils nous donnent quelques notions sur la constitution des corps et les actions de de leurs molécules, et nous conduisent à des déductions auxquelles on peut ajouter toute confiance, puisque, malgré leur infinie variété, ces phénomènes ont été soumis à un calcul rigoureux. Exposons d'abord les plus remarquables des faits observés, nous essaierons ensuite de donner une idée de la théorie à laquelle M. de Laplace est parvenu à les rapporter.

39. Si l'on applique un corps à surface plane sur un autre corps poli ou sur un liquide, on sentira qu'un certain effort est nécessaire pour l'en séparer, et cette force de cohésion a lieu non-seulement entre deux corps solides, et entre les solides et les liquides, mais aussi entre les molécules des liquides eux-mêmes; car si l'on suspend, par exemple, un disque de verre à une balance pour mesurer sa force d'adhésion avec l'eau, ce corps étant susceptible de se mouiller, on reconnaîtra, outre l'adhésion

---

un espace, une longueur. Des expériences faites à Paris, au moyen des oscillations du pendule, ont donné

$$g = 9^{m}, 808672 \text{ ou en pieds } 30,19546$$

log. g... 0 9916103. . . . 1.4799416

pour la vitesse que la pesanteur donne à un corps pendant la première seconde de sa chute dans le vide; mais cette valeur, dépendant de l'attraction terrestre et de la force centrifuge, varie avec elles:

elle est au pôle. . . . $= 9^{m} 805472 \ (1 + 0,002837)$

à l'équateur. $= 9^{m}.805472 \ (1 - 0.002837)$

et en un lieu quelconque, au niveau des mers, à la latitude, on a λ, en la désignant par g'

$$g' = 9^{m}. 805472 \ (1 - 0.002837 \cos 2 \lambda)$$

l'aplatissement de la terre étant $\frac{1}{290}$

Enfin, si le corps, au lieu d'être simplement soumis à la pesanteur, était projeté verticalement de haut en bas, ou de bas en haut, avec une vitesse donnée a, on aurait

$$c = t a \pm 1/2 \, g \, t^2$$

Le signe — s'emploie pour la projection ascendante, et le signe + pour la projection descendante.

Dans les questions où une bien grande exactitude n'est point nécessaire, on fait la gravité = 10 au lieu de 9,81 : alors *la vitesse acquise es en mètres* dix fois le nombre de secondes.

du liquide et du solide, prouvée par cela même que le premier mouille le second, une certaine cohésion entre les particules du liquide : en effet, il faudra plus de poids pour opérer la séparation que pour faire équilibre à la légère couche de liquide demeurée adhérente au disque. D'un autre côté, si l'on plonge dans l'eau un tube très étroit, on verra le liquide s'y élever au-dessus de son niveau, et y former un ménisque concave, *fig.* 8, tandis que, si on a induit l'intérieur de ce tube d'une substance grasse, le

Table de la chute des corps dans le vide.

TEMPS en secondes	ESPACES PARCOURUS		VITESSES ACQUISES	
	en mètres.	en pieds.	en mètres.	en pieds.
1/2	1.226	3.78	4.904	15.1
1	4.904	15.10	9.809	30.2
1 1/2	11.035	33.97	14.713	45.3
2	19.618	60.39	19 618	60.4
2 1/2	30.662	94.36	24.522	75.5
3	44.140	135.88	29.426	90.6
3 1/2	60.079	184.94	34.331	105.7
4	78.470	241.57	39.235	120.8
4 1/2	99.314	305.73	44.140	135.9
5	122.610	377.45	49.044	151.0
5 1/2	148.358	456.71	53.948	166.1
		toises. pieds.		pieds.
6	176.558	90—3.5	58.853	181.2
6 1/2	207.211	106—1.9	63.767	196.3
7	240.316	123—1.8	68.662	211.4
7 1/2	275.873	141—3.3	73.566	226.5
8	313.882	161—0.3	78 470	241.6

Afin de compléter la théorie du mouvement de projection rectiligne, nous ajouterons à l'équation

$$e = at - \frac{1}{2} g t^2 \quad \text{celle } v = a - gt,$$

dans laquelle v exprime la vitesse après le temps t. Elle montre que gt

liquide restera au-dessous de son niveau, et prendra la forme d'un ménisque convexe, *fig.* 9. De même, si l'on plonge un tube dans le mercure, on verra ce liquide s'y tenir au-dessous du niveau, tandis qu'il s'élèvera au-dessus si on purge entièrement le tube de l'eau qui est toujours attachée à ses parois; c'est donc la propriété d'être ou non mouillé par le liquide qui détermine la forme que celui-ci affecte à sa surface. La même chose s'observe de la même manière, soit dans les tubes de forme conique, soit autour des corps, ou entre des plans plongés dans les liquides, *fig.* 10 et 11. L'ascension de l'eau dans le bois, le sucre, le sable; de l'huile dans les mèches, et en général des liquides dans les corps poreux; la végétation des sels, c'est-à-dire les cristallisations qui dépassent la surface des liquides; la forme sphérique des gouttes de fluide suspendues; la force qui pousse les uns vers les autres, ou quelquefois éloigne les corps flottans à la surface de l'eau ou suspendus dans son sein, et plusieurs autres faits, sont des phénomènes capillaires qui ont la même cause, et s'expliquent par la même théorie (1).

---

croissant avec le temps t, la vitesse v décroît sans cesse; elle sera nulle, c'est-à-dire le corps cessera de monter quand on aura

$$a = gt,$$

et alors il se sera écoulé un temps $= \frac{a}{g}$, le mobile ayant parcouru un espace ou ayant atteint une hauteur

$$e = \frac{a^2}{2g}$$

Arrivé là, il retombe avec des vitesses toujours croissantes; ainsi, *un mobile pesant tombant verticalement, ne met pas plus de temps à monter qu'à descendre, et la vitesse qu'il acquiert en revenant est celle qu'il avait en allant.*

On peut consulter, pour l'application de ces diverses formules, *le Manuel d'applications mathématiques.* T. R.

(1) Dans les expériences de ce genre il faut toujours avoir égard à deux circonstances, 1° à la cohésion du liquide; 2° à l'adhésion entre celui-ci et le corps solide. Toutes les fois que la première force est plus grande que la seconde, le solide se détache net du liquide sans en rester mouillé, et la force employée pour produire cette séparation mesure l'adhésion des deux corps. Dans le cas contraire, le liquide reste adhérent au solide, et on n'a fait que séparer les molécules du

40. Toutes les actions dont nous venons de parler ont lieu dans le vide aussi bien que dans l'air; elles sont indépendantes de la nature comme de la quantité de matière des corps qu'on y soumet; ainsi, quelle que soit l'épaisseur d'un tube, le liquide s'y tiendra à la même élévation; son diamètre seul agit sur cette hauteur; d'où nous devons conclure que la force qui produit ces phénomènes ne se manifeste qu'à de très petites distances, qu'à des distances que nous pouvons à peine apprécier; enfin, qu'à des distances qui sont moindres que la légère couche d'humidité qui s'attache aux surfaces de beaucoup de corps. On reconnait à cette description l'action de l'attraction moléculaire; attraction de laquelle dérivent les affinités chimiques, lorsqu'elle est plus intime, plus directe, lorsqu'elle s'exerce de molécule à molécule.

En effet, M. de Laplace a prouvé qu'en admettant cette attraction à petite distance, on rend raison de tous les phénomènes que nous avons mentionnés plus haut; car il démontre, par le calcul, que si une action quelconque a le pouvoir de changer la forme extérieure d'une surface, de la rendre concave ou convexe, comme dans les phénomènes que nous étudions, elle rompt l'équilibre avec les parties voisines, et doit alors déterminer dans cet endroit, si

---

liquide les unes des autres; la force employée mesure donc la cohésion de ces dernières. La résine molle, mise entre deux plaques de verre, produit le second phénomène; après la solidification, elle produit le premier.

Il est un phénomène curieux qui peut s'expliquer par la capillarité: un petit bâton de camphre fixé verticalement dans une soucoupe contenant un peu d'eau est peu-à-peu coupé, on le dirait scié au niveau de la surface du liquide. On remarque que l'eau prend un mouvement ondulatoire contre les faces du bâton qu'il touche. Or, le camphre est un corps très-peu soluble; mais il l'est pourtant un peu, et il présente cette particularité qu'il est mouillé par l'eau pure; mais il ne l'est pas par sa solution aqueuse; cela posé, le liquide pur montera le long du camphre, s'en saturera et en sera repoussé; une autre quantité de liquide pur prendra sa place, et sera à son tour repoussé, et ainsi de suite; le camphre devra donc être peu-à-peu dissous seulement à la surface de l'eau; car la partie qui plonge sature bientôt le liquide qu'il touche et qui ne peut pas être renouvelé. C'est par la même raison que des parcelles de camphre se meuvent très rapidement à la surface de l'eau.

Z.

les molécules sont susceptibles de se mouvoir, une élévation ou un abaissement. Or, nous voyons ici une attraction moléculaire, pour les corps qui peuvent se mouiller, déterminer la formation d'un ménisque concave; et pour ceux qui sont enduits d'une matière grasse, ou, en général, qui ne peuvent se mouiller, un frottement produire un ménisque convexe: le liquide doit donc s'élever dans le premier cas, et s'abaisser dans le second. Le même savant démontre aussi que toutes ces actions sont d'autant plus fortes que le diamètre des tubes est plus petit (1) (2).

SECTION V.

DU FROTTEMENT.

41. Le frottement offre encore une multitude de phénomènes produits par la même cause que ceux que nous venons de faire connaître, et qui en sont une dépendance. On reconnaît l'effet de l'attraction moléculaire en voyant un corps à surface parfaitement unie et polie glisser sur un plan incliné également bien uni, avec une vitesse incomparablement moins grande que celle qu'il devrait acquérir en vertu de l'action de la pesanteur, vitesse que donne la décomposition des forces p et p' *fig.* 12 Il est évident que chacune des molécules de la surface des deux corps en contact ayant une tendance à se fixer l'une à l'autre, il doit en résulter une force totale qui contrebalance en partie l'effort de la pesanteur universelle; et ce qui démontre que cette cause a beaucoup d'influence sur les effets du frottement, c'est que l'on reconnaît que son énergie

---

(1) *Voyez*, pour plus de détails, les Mémoires de M. de Laplace, et, pour les mouvemens des corps flottans, un Mémoire de Monge, dans la Collection de l'Académie. *Voyez* aussi le *Traité de Physique* de M. Biot, 4 vol. in-8°.

(2) La capillarité joue un rôle très-important dans la nature, et surtout dans la nature organique. On avait même pensé que l'ascension de la sève dans les végétaux était uniquement due à cette propriété; mais la découverte de sa circulation et le fait qu'elle jaillit d'une incision faite dans une tige, nous prouvent qu'outre la capillarité, il faut admettre dans les végétaux une force analogue à celle du cœur dans les animaux, c'est-à-dire une force vitale proprement dite. Z.

est proportionnelle à la pression; dans ce cas, en effet, le contact doit être plus intime. On reconnaît aussi que cette énergie a plus de force entre des corps de même nature et qui sont demeurés en contact pendant quelque temps, comme si alors les rapports de sympathie avaient eu plus le temps de s'établir.

42. Mais nous avons vu que l'action de la force de cohésion (1) ne s'étend que dans une sphère très-bornée, n'a lieu qu'à très petite distance; toutes les résistances que nous présentent les corps par leur frottement, lorsqu'on les fait glisser l'un contre l'autre, ne peuvent donc s'expliquer par cette seule cause; mais alors ils dépendent d'une autre propriété générale que nous avons reconnue dans les corps, c'est-à-dire de l'arrangement même de leurs molécules, de la porosité; et il est facile de sentir qu'il ne peut en être autrement. Tous les corps, même les plus polis, sont hérissés d'aspérités, parsemés d'une multitude de trous; ils doivent donc, lorsqu'ils sont en contact, s'enchevêtrer plus ou moins les uns dans les autres; ce qui produit nécessairement une résistance plus ou moins forte au mouvement qu'on veut imprimer à l'un des deux corps : il est facile, d'après cette explication, de concevoir tous les effets les plus compliqués du frottement, de les prévoir et de les mesurer dans beaucoup de cas; ce qui est d'une bien grande utilité pour apprécier la force réelle d'une multitude de machines de tout genre. Cet enchevêtrement mutuel des aspérités de la surface des corps est d'ailleurs prouvé d'une manière irrécusable par ce qui se passe chaque jour sous nos yeux; nous voyons, dans mille circonstances, que l'on diminue le frottement en interposant entre les deux corps une substance grasse, susceptible de niveler en partie les aspérités qui existent à leurs surfaces. Nous voyons tous les corps de la nature s'user, se polir par le frottement répété même des plus doux contre les plus durs; nous voyons l'eau sillonner les roches les

---

(1) C'est à regret que je signale encore une fois la même erreur. C'est *affinité* qu'il faut lire. T. R.

plus résistantes de traces qui augmentent sans cesse. On reconnaît à ces effets la résistance qu'oppose un corps au glissement d'un autre qui est en contact avec lui, et la violence nécessaire pour opérer leur séparation.

CHAPITRE VII.

DU MOUVEMENT ET DU REPOS. (1)

43. Nous avons reconnu, dans le chapitre second, que les molécules matérielles occupent nécessairement quelque place dans l'espace absolu, c'est-à-dire dans une étendue immuable, immense, qui se prolonge en tous sens; ces molécules, si elles ne sont sollicitées par aucune force, si aucune puissance intérieure ou extérieure ne vient les modifier, devront persister dans leur premier état et demeurer dans l'*inertie*, c'est-à-dire garder un état constant de repos ou un état constant de mouvement. L'inertie est donc une propriété générale de la matière, ainsi que le repos et le mouvement, qui en sont les conséquences; car les physiciens-géomètres ont déduit toutes les lois générales de l'équilibre du mouvement des corps, ont ramené à ces lois tous les effets infiniment variés des nombreuses forces qui agissent autour de nous, de la seule considération mathématique des propriétés de l'inertie. On voit, par conséquent, que l'étude de ces lois appartient plus spécialement aux sciences physico-mathématiques, à la géométrie et à la mécanique; mais leur influence constante sur tous les phénomènes naturels nous fait un devoir d'en indiquer ici les résultats principaux.

44. La cause qui fait passer un corps de l'inertie au

(1) Ce chapitre aurait dû être placé avant celui qui traite de la pesanteur. Z.

mouvement ou au repos nous est inconnue; cependant, il est évident qu'une molécule de matière qui est en mouvement dans l'espace ne peut s'arrêter ou changer de direction et de vitesse, qu'une molécule en repos ne peut se mouvoir sans l'action d'une cause agissante. Mais cette cause est-elle extérieure, et alors dans quel agent réside-t-elle, ou bien est-elle inhérente à la matière? Un grand nombre de philosophes, sans trop s'arrêter à ces questions, qui étaient cependant les premières à éclaircir, mais, considérant que le mouvement paraissait, par une succession non interrompue, par une rotation perpétuelle, produire, changer, détruire toutes choses, voulurent le ramener à un type unique, et alors commencèrent par le personnifier. Nous n'avons pas besoin de dire que le physicien qui ne suit pas cette marche ne peut se contenter d'aussi vagues théories; il ignore les causes primitives du mouvement; sans l'expliquer, il se contente donc de nommer *force motrice* le principe, quel qu'il soit, qui paraît être la cause immédiate d'un changement dans l'état de repos ou de mouvement d'un corps.

La nature nous offre un grand nombre de ces forces motrices, qui se compliquent ensuite à l'infini dans leurs actions, par leur mélange, leur manière d'agir, le corps auquel elles s'appliquent, etc. Les arts, qui n'ont fait que mettre à profit les forces motrices de la nature, y ont encore ajouté une foule de combinaisons et de complications. Toutefois on peut ramener à trois types principaux toutes les forces motrices. Les unes sont la conséquence de certaines propriétés générales que nous avons reconnues dans les corps matériels. Ainsi l'impénétrabilité, la porosité, l'élasticité, l'expansibilité, la dureté, la fluidité, etc., qui produisent les chocs et les résistances, doivent, dans certaines circonstances, donner lieu à des mouvemens: ce sont les plus faciles à concevoir. D'autres forces sont le résultat de l'action des muscles et des organes des animaux, et probablement aussi des végétaux; leur cause est absolument ignorée. D'autres enfin, sur lesquelles nos connaissances sont aussi incomplètes, dépendent de l'action d'agens tels que la chaleur, la lumière, l'électricité, le magnétisme, ou produisent tous les phénomènes de la pesanteur, de l'attraction, de l'affinité.

45. Le mouvement et le repos, considérés dans leurs rapports avec l'étendue infinie ou avec un espace limité, sont *absolus* ou *relatifs*. Nous n'en connaissons que de cette dernière sorte. Ainsi, des objets placés dans un bateau, les corps immobiles qui sont à la surface de notre globe sont en repos relativement les uns aux autres; cependant ils sont entraînés avec le bateau, ils tournent avec la terre autour du soleil. De même, quand nous reportons à la terre, et même au soleil, le mouvement des astres que nous observons, nous n'avons la connaissance que de mouvemens relatifs; car la terre circule autour du soleil, et celui-ci, sans doute, accompagné de toutes les planètes, se transporte vers quelque constellation éloignée.

Lorsqu'on étudie l'action des forces motrices d'un corps, plusieurs circonstances sont à considérer; ce sont : 1° leur intensité, c'est-à-dire l'énergie avec laquelle elles agissent, d'où résulte la vitesse de translation du corps. 2° Ces forces peuvent agir d'une manière instantanée, comme un choc, ou constante, comme la pesanteur; il en résulte des mouvemens uniformes, accélérés, retardés, variés dans leur vitesse. 3° Leur direction, d'où résulte le mouvement du corps, soit en ligne droite, soit suivant diverses courbes. 4° Ces forces peuvent agir librement ou rencontrer des obstacles quelconques. Il en résulte alors des mouvemens composés; tel est celui du pendule, l'un des plus importans à étudier, et qui fournit un moyen sûr et facile de mesurer le temps. 5° Enfin, ces forces peuvent tellement se combiner dans leur action sur un corps, qu'elles se détruisent mutuellement; alors il en résultera l'équilibre de ce corps. C'est dans cet ordre que nous examinerons les phénomènes du mouvement.

SECTION PREMIÈRE.

DE LA VITESSE.

46. Le repos et le mouvement sont indifférens aux

corps, puisque l'inertie est une propriété générale de la matière. Tout corps mis en mouvement par une force quelconque doit donc le continuer indéfiniment s'il ne rencontre aucune force opposée, et la vitesse de son transport d'un lieu à l'autre dépendra uniquement de l'énergie de cette force. C'est ce qu'exprime la première loi de Newton sur la théorie du mouvement ; savoir, *que le corps immobile persiste à l'état de repos, et le corps rendu mobile à l'état du mouvement uniforme et en ligne droite, jusqu'à ce qu'une force motrice change leur état de repos ou de mouvement.*

47. La translation d'un corps d'un lieu de l'espace dans un autre ne peut s'apprécier exactement que par la mesure de sa vitesse. Cette mesure nous est fournie par celle du temps (1), dont la comparaison de la position successive du même corps dans des lieux différens nous donne l'idée. Tout mouvement uniforme, semblable, composé d'une série de phénomènes appréciables, dont nous pouvons voir le commencement et la fin, est propre à nous donner une mesure du temps, et par suite de la vitesse. Tel était l'objet des clepsydres, *fig.* 13, instrumens qui étaient la mesure ordinaire du temps chez les Romains, et qui consistaient ordinairement en deux vases coniques opposés et communiquant par un petit trou; un des deux était rempli d'eau ou de sable, et, lorsqu'il s'était vidé dans l'autre, on retournait l'instrument pour obtenir la même suite de phénomènes. Tel est aussi l'objet des montres à ressorts et des horloges à pendules, par lesquelles nous avons remplacé le moyen imparfait des clepsydres ; car, tandis que ceux-ci exigeaient continuellement la présence d'un observateur, les autres nous fournissent d'elles-mêmes, et sans soins, les plus longs et les plus courts intervalles de temps. Celui qui s'écoule entre deux retours

(1) Et aussi par celle de l'*espace*. On peut dire en général que la vitesse d'un corps est le rapport entre l'espace qu'il parcourt et le temps qu'il emploie à le parcourir Qu'un corps parcourt, par exemple, 60 pieds par minute, sa vitesse uniforme sera de 1 pied par seconde.

consécutifs du soleil au méridien a été choisi pour base ; on l'a divisé en vingt-quatre parties ou heures, qui sont partagées en soixante intervalles nommés minutes. Ces dernières sont également divisées en soixante secondes : certaines corrections sont nécessitées par l'inégalité du mouvement diurne (1) qui fixe la durée des jours ; mais ceci est du domaine de l'astronomie.

48. La mesure du temps nous permet d'acquérir une notion exacte de la vitesse ; elle nous fera reconnaître qu'il y a des vitesses égales ou inégales, des mouvemens rapides et lents, uniformes ou variés ; elle nous fera reconnaître que la quantité de mouvement donné à un corps par une force motrice quelconque dépend de la vitesse dont cette force était animée et de la masse de ce corps ; ce qui nous conduira à la découverte de la seconde loi du mouvement de Newton ; savoir, *que la mesure d'une force est donnée par le produit de la masse et de la vitesse du corps mis en mouvement.* En effet, l'intensité de ce mouvement pour des masses égales est peoportionnelle à la vitesse ; pour des vitesses égales est proportionnelle à la masse, La troisième loi du mouvement de Newton, *que quand deux corps agissent l'un sur l'autre, leurs actions et leurs réactions sont toujours égales à la somme des mouvemens dont ils étaient doués*, se déduit encore de ce que nous venons de voir ; car, si deux corps inertes, de masse et de vitesse différentes, se rencontrent, leurs actions se combineront ; chacun d'eux devra acquérir un mouvement nouveau, et ce que l'on perdra profitera à l'autre. Il pourra même se trouver telles circonstances où, les réactions étant égales aux actions, le mouvement sera détruit de part et d'autre.

---

(1) Le mouvement *diurne* est celui par lequel tous les corps célestes paraissent tourner autour de la terre d'orient en occident ; il est occasioné par le mouvement de rotation de la terre sur son axe d'occident en orient, mouvement dont la durée est parfaitement *égale* ou constante ; c'est la durée qui s'écoule entre deux retours du soleil au même méridien, qui ne l'est point. *Voyez* le Manuel d'astronomie.
T. R.

SECTION II.

DES DIVERSES SORTES DE MOUVEMENS.

49. Les forces peuvent imprimer aux corps des mouvemens uniformes et variés. Celui qui est produit par l'action instantanée d'un choc sur un corps inerte serait nécessairement uniforme, c'est-à-dire ferait parcourir au corps des espaces égaux dans des temps égaux, s'il ne rencontrait aucune résistance. Dans la mesure de ce mouvement, on commence toujours par le dépouiller de cette résistance, et on reconnaît alors, ainsi que nous l'avons indiqué ci-dessus, que la quantité du mouvement imprimé est proportionnelle à la vitesse du corps choqué; mais ceci n'est vrai qu'en général; car une foule de circonstances particulières viennent atténuer ou modifier l'application de la troisième loi de Newton. Parmi ces circonstances, celles dont l'influence est la plus difficile à mesurer sont la force de cohésion, qui produit les divers état de mollesse et de dureté; et l'élassicité, qui renferme la compressibilité et la flexibilité. Dans le premier cas, on voit sur-le-champ que, tant que le choc ne sera pas assez considérable pour rompre le corps en fragmens, son effet sera d'autant plus grand que ce corps choqué sera plus dur, et d'autant moindre qu'il sera plus mou. En effet, dans un corps dur, il se communiquera de molécule à molécule très promptement, et son effet ne sera pas atténué comme dans un corps mou, qui, en cédant et changeant de forme, rend le choc presque nul. Dans l'élasticité, on voit également que le choc aura d'autant plus de puissance que le corps sera moins élastique; car la réaction, et par suite le partage du mouvement, seront alors d'autant plus faibles. On conçoit combien ces propriétés, tantôt réunies, tantôt séparées, modifient le mouvement produit par un choc; et, si on y ajoute les variations causées par la forme des corps choqués et choquans, par leur état d'agrégation, par leur masse, leur vitesse, la direction suivant laquelle ils se frappent, on reconnaî-

tra que rien n'est plus compliqué que l'étude de cette sorte de mouvement.

50. De plus, nous avons supposé qu'il était toujours uniforme, tandis que nous n'en rencontrons réellement pas de semblable dans la nature. Nous avons toujours à tenir compte des résistances occasionées par le frottement et par le déplacement des corps environnans; nous avons toujours au moins à apprécier la résistance de l'air, qui, malgré sa faiblesse, ne peut être négligée dans les recherches exactes. Mais ce n'est pas tout : la pesanteur est une force motrice universelle, à l'influence de laquelle nous ne pouvons nous soustraire; les mouvemens variés qui résultent de son action viennent donc toujours compliquer les autres mouvemens.

51 Lorsque le mobile est sollicité sans cesse par l'impulsion d'une force motrice qui continue d'agir sur lui après son départ, il en résulte un mouvement varié que, pour plus de simplicité, on considère comme le résultat d'une multitude de chocs répétés. Il est facile de concevoir des forces dont l'intensité ne serait pas toujours la même; mais la nature ne nous offre guère que des forces accélératrices constantes; ce sont aussi les plus importantes et les seules sur lesquelles nous nous arrêterons.

Toute force qui agit constamment produit un mouvement accéléré ou retardé, selon que le corps se meut dans sa direction, ou dans une direction opposée. Tel est le cas de la pesanteur, ainsi que nous l'avons vu dans le chapitre précédent; malgré que son intensité diminue à mesure qu'on s'éloigne de la terre, on peut en effet, dans les expériences ordinaires, négliger cette variation, et considérer la pesanteur comme une force d'une intensité constante. Une force de cette nature n'en agit pas moins sur un corps, qu'il soit en repos ou déjà en mouvement. Dans le premier cas, cette force sera la seule à apprécier; dans le second, elle modifiera le mouvement selon sa direction; elle s'y ajoutera, s'il a lieu dans le même sens; elle s'en retranchera, s'il a lieu dans un sens opposé, et alors elle détruira peu-à peu la vitesse limitée de l'impulsion, l'anéantira tout-à-fait, bientôt entraînera le mobile dans la direction qui lui est propre. C'est par la considération de cette action qu'on reconnaît que, pour lancer un corps à une hauteur déterminée, il faut lui imprimer une vitesse d'impulsion égale à celle qu'il acquerrait en tombant de cette hauteur.

SECTION III.

DIRECTION DES FORCES ET DES MOUVEMENS.

52. La direction suivant laquelle agit la force motrice détermine celle du mouvement des corps. Il résulte de tout ce qui précède, que cette direction ne peut être que rectiligne quand la force agissante est unique, qu'elle soit instantanée ou accélératrice: car le corps inerte qui lui est soumis ne peut de lui-même se dévier de la route dans laquelle il a été lancé. Mais, quand plusieurs forces combinent leur action sur un corps, la direction du mouvement devient la résultante de l'action de ces diverses forces; et si l'une d'elles agit constamment, la direction du mouvement sera curviligne. Dans tous les cas, la géométrie fournit graphiquement la direction du mouvement et la vitesse. Il suffit de prendre, sur chacune des directions, la longueur parcourue pendant l'unité de temps choisie, et d'achever le parallélogramme dont elle fournit deux côtés; la diagonale exprimera la grandeur et la direction de la vitesse. (*Voy* fig. 14 et 15) (1).

53. Il est facile de comprendre qu'en combinant convenablement la direction et le mode d'action de ces forces, on pourra faire décrire à un point matériel toutes sortes

(1) On a imaginé beaucoup de démonstrations de ce théorème sur lequel repose toute la mécanique. La plus élégante est sans contredit celle que M. Poisson a donnée dans son traité.

Si on admet comme principe que, dans l'action simultanée de plusieurs forces, chacune conserve son effet comme si elle était seule, le théorème en question en sera une conséquence immédiate; en effet, soit A, *fig.* 1, un corps soumis à l'action simultanée des deux forces P et Q; si la première agissait seule, le corps parviendrait dans un certain temps, par exemple, 1", en B; mais à cause de la seconde, il se

de courbes, et avec toutes sortes de vitesses. Il serait inutile d'étudier tous ces différens mouvemens; mais nous devons nous arrêter sur celui qui est le résultat d'une première impulsion instantanée, combinée avec une force constante, dirigée vers un certain centre. Ces combinaisons de forces, désignées sous le nom de *forces centrales*, fournissent, par leur décomposition, les forces *centrifuges* et les forces *centripètes*, du jeu desquelles dépend le cours admirable de tous les corps célestes, ainsi que le mouvement des pendules.

Le corps soumis à ces deux forces est sans cesse sollicité dans deux directions différentes, qu'il faut décomposer afin de reconnaître leur puissance : en vertu de la force centripète, il tend constamment à tomber vers le centre d'attraction, et il l'eût fait avec une vitesse accélérée, s'il eût été en repos lorsque la force a commencé son action ; en vertu de la force d'impulsion, le corps tend perpétuellement à suivre la ligne droite, et il prendrait en effet cette direction dès l'instant où la force centrale cesserait d'agir. Il est maintenant facile de voir quelle route suivra le corps soumis à ces deux forces; ce sera évidemment la courbe que fourniront les diagonales de tous les petits parallélogrammes construits d'après la direction et la vitesse de chaque force, d'instans en instans, ainsi qu'on le voit dans la *fig.* 15, et que nous l'avons expliqué plus haut. Cette direction et cette vitesse de chacune des deux forces latérale et centrale pouvant se combiner de mille manières, il est évident que la forme de cette courbe pourra varier à l'infini, depuis le cercle jusqu'à l'ellipse la plus alongée, et même la parabole et l'hyperbole (1). Les corps célestes qui composent notre système planétaire

---

trouvera dévié de cette position parallèlement à A Q, il sera quelque part sur B R; le même raisonnement répété en commençant par la force Q fait voir que le corps devra se trouver en même temps sur la ligne C R parallèle à A B, donc il se trouvera en R, donc il aura décrit la diagonale du parallélogramme, etc. Z.

(1) Toutes comprises au nombre des sections coniques.

nous fournissent en effet des exemples de mouvemens exécutés suivant toutes ces courbes.

On peut de plus les rendre sensibles aux yeux en faisant mouvoir une boule suspendue à un fil. La pesanteur, qui sollicite la boule à chercher la verticale, remplace la force centrale, et l'impulsion qu'on lui donne, la force latérale; en faisant varier celle-ci d'intensité et de direction, on fera décrire à la boule ou un cercle ou différens ovales. La tension de la corde d'une fronde, l'eau qui jaillit au-dessus des bords d'un vase qu'on fait tourner, nous donnent aussi des exemples de la force centrifuge ou tangentielle. Ce renflement des planètes, en général, et du globe terrestre en particulier à l'équateur, en sont aussi un effet et une preuve.

SECTION IV.

DU PENDULE.

54. Les corps ne peuvent toujours obéir simplement à l'action des forces qui les sollicitent, c'est ce qui fait distinguer des mouvemens libres et des mouvemens dans des lignes données; ainsi le corps solide mis en mouvement par une impulsion qui ne passe point par son centre de gravité prend un mouvement composé 1° d'un mouvement de translation; 2° d'un mouvement de rotation autour d'un axe qui passe par le centre de gravité; la plupart des corps célestes nous offrent encore l'exemple de ces mouvemens complexes. Le mouvement du *pendule* est aussi du même genre.

55. Un corps pesant attaché à un axe fixe ne peut être en équilibre que lorsque son centre de gravité se trouve sur le prolongement de la verticale du point de suspension : si on écarte ce corps de cette position, il tendra à y revenir par la seule force de la pesanteur, et il s'en rapprochera en augmentant toujours de vitesse jusqu'à ce qu'il y soit arrivé. La pesanteur sera alors de nouveau détruite par la résistance de la suspension, mais la force d'impulsion contraindra le corps à continuer de se mou-

voir en s'écartant de la verticale : la pesanteur, agissant donc d'une manière contraire, détruira bientôt l'effet de l'impulsion, et prendra le dessus. Il en résultera un mouvement oscillatoire qui serait toujours égal, puisque l'action de la pesanteur croît et décroît alternativement dans la même proportion, si aucun obstacle ne venait le modifier; mais la résistance du point de suspension, celle de l'air, la pesanteur du fil, sont des obstacles qu'il est impossible de détruire tout-à-fait.

56. Cependant les oscillations du pendule n'en ont pas moins des applications de la plus haute importance, et on voit que, pour diminuer l'énergie des obstacles, il faut suspendre à un fil très fin des corps pesans et compactes, *fig.* 16. D'ailleurs, dans les recherches de physique, on n'attache pas une très grande importance à obtenir dans les arcs que le pendule décrit une amplitude égale; on a principalement en vue d'observer la durée des oscillations et on sait qu'elle est la même, soit que le pendule parcoure tout le demi-cercle, comme au moment où on le met en mouvement, soit que son mouvement ne soit plus sensible qu'au microscope (1), comme cela arrive encore quelqu fois au bout de vingt-quatre heures. Cette propriété, conséquence de l'action de la pesanteur, est ce qu'on appelle l'*isochronisme* des oscillations; une autre propriété du pendule, qui dépend de la même cause, est que la durée des oscillations varie en raison de la longueur du pendule.

57. C'est après avoir reconnu ces propriétés du pendule qu'on est parvenu à en tirer de hautes conséquences. Ainsi le nombre égal d'oscillations pendant un temps donné dans le même lieu prouve l'invariabilité de la pesanteur; l'augmentation de ce nombre, quand on approche des pôles, la diminution, quand on va vers l'équateur, prouvent l'affaiblissement de la pesanteur et fournissent la mesure de l'aplatissement du globe : l'affaiblissement de la

(1) On sait, au contraire, que les oscillations du pendule ne sont isochrones qu'autant qu'elles ont lieu dans de *très petits* arcs. T. R.

pesanteur est aussi prouvé par les légères différences qu'on reconnaît dans la marche du pendule sur de hautes montagnes; enfin, il prouve que tous les corps acquièrent par la pesanteur la même vitesse dans leur chute, puisque la durée des oscillations est indépendante de la nature du pendule.

58. La durée des oscillations étant différente, selon la longueur du pendule, il était naturel d'employer ce moyen pour la mesure du temps, puisqu'il offrait l'avantage de donner à chaque instant la durée voulue, et ensuite la conservait invariablement; c'est ce qu'on a fait, et maintenant toutes les horloges sont mises en mouvement par un pendule, nommé *balancier;* mais, dans leur construction, il s'est présenté une difficulté à vaincre; la chaleur dilate les corps, le froid les resserre, ainsi que nous le verrons plus tard, le pendule soumis aux variations de température change donc de longueur et par suite de vitesse dans ses oscillations, et malgré la petitesse de cet alongement, il était important de ne pas le négliger. C'est au moyen des *compensateurs* qu'on est parvenu à remédier à cet inconvénient. Nous ne pouvons entrer dans le détail de leur construction; nous dirons seulement que la chaleur ne dilatant pas d'une manière égale tous les métaux, par exemple, le fer et le cuivre, dans tous les compensateurs, on a tiré parti de cette propriété pour conserver une longueur uniforme, malgré les variations de température, entre le point de suspension et le centre de la lentille, appelé centre d'oscillation; dans la plupart on obtient cet effet au moyen d'un système de tringles dans lequel celles qui soutiennent le pendule A B. *fig.* 17, sont d'un métal plus dilatable, et sont forcées de se dilater de bas en haut, tandis que celles qui tiennent au point de suspension C D, et qui doivent se dilater de haut en bas, s'alongent d'une moindre quantité; pour compenser exactement l'alongement de la verge du pendule, il ne s'agit donc que de combiner la longueur des tringles, de manière que l'alongement du cuivre de bas en haut compense celui de haut en bas de l'acier: on peut augmenter l'effet en réunissant plusieurs châssis de

divers métaux, au lieu d'un seul, ainsi qu'on le voit dans la *fig.* 18 (1).

SECTION V.

DE L'ÉQUILIBRE DES CORPS.

59. Nous venons de voir que la combinaison de plusieurs forces agissant en même temps sur un corps déter-

---

(1) Nous donnerons ici la théorie mathématique du pendule en résumant ses diverses propriétés.

On appelle pendule tout corps suspendu à un point fixe autour duquel il peut tourner; le pendule serait *simple* s'il se composait d'un fil inextensible et sans pesanteur, à l'extrémité duquel on imaginerait *une seule* molécule de matière pesante. Ce pendule idéal est facile à concevoir, mais impossible à construire; tout pendule qui n'est point simple; ou semblable au précédent, s'appelle pendule composé. Les propriétés fondamentales du pendule sont, 1° de marquer la direction de la pesanteur : 2° de faire des oscillations planes et sensiblement isochrones, quand on l'écarte de cette direction et qu'on l'abandonne à lui-même sans lui donner aucune impulsion.

Soit l la longueur du pendule simple, g la gravité en un lieu donné t la durée d'une oscillation en secondes sexagésimales, le rapport ϖ 3,141593.... du diamètre à la circonférence, on a pour de très petits arcs

$$t = \varpi \sqrt{\frac{l}{g}} \text{ d'où } g = \frac{\varpi^2 l}{t^2}$$

Si l' est la longueur d'un autre pendule situé en un lieu où la gravité soit g', et le temps d'une oscillation t', on a entre ces deux pendules la relation

$$t : t' :: \sqrt{\frac{l}{g}} : \sqrt{\frac{l'}{g'}}$$

Si la gravité est la même, c'est-à-dire pour le même lieu, ce rapport devient

$$\frac{t}{t'} = \frac{\sqrt{l}}{\sqrt{l'}}$$

n et n' étant les nombres d'oscillations faites dans la même durée, on a

$$t : t' :: n' : n \text{ et } n' : n :: \sqrt{l} : \sqrt{l'}$$

mine des mouvemens composés, et nous avons donné l'exemple de quelques-uns de ces mouvemens ; les forces peuvent aussi se combiner de telle sorte qu'un corps, sollicité dans différentes directions, demeure en repos ; c'est ce qu'on appelle son *équilibre*. Le centre de gravité, soutenu en partageant en deux l'action unique de la pe-

---

Si un même pendule est placé dans deux lieux différens, dont la gravité soit g, g', on a

$$t : t' :: \sqrt{\frac{1}{g}} : \sqrt{\frac{1}{g'}} :: \sqrt{g'} : \sqrt{g}$$

Enfin, si les oscillations de deux pendules sont égales dans les lieux g, g'

$$g : g' :: l : l'$$

Si les arcs ne sont pas infiniment petits, et que v désigne le sinus verse de l'angle d'une demi-oscillation, la relation suivante remplace la première formule

$$t = \varpi \sqrt{\frac{l}{g}} \left(1 + \frac{1}{8} v + \frac{9}{256} v^2 + \dots \right)$$

On peut négliger le troisième terme de la série lorsque l'amplitude de la demi-oscillation n'excède pas 4 à 5 degrés.

On déduit de la formule précédente que, si le temps d'une oscillation dans un arc infiniment petit est de 1'', l'accroissement de temps pour

un demi-arc de	30° sera de. .	0.01675
	de 15°. . . .	0.00426
	de 10°. . . .	0.00190
	de 5°	0.00012
	de 2° 1/2. . .	0.00003

de sorte que, pour des oscillations de 2° 1/2 de chaque côté de la verticale, l'augmentation ne donnerait pas plus de 9'' en un jour.

A Paris, dans le vide, l ou la longueur du pendule simple qui bat la seconde sexagésimale du temps moyen à l'Observatoire, c'est-à-dire à 70 mètres au-dessus du niveau des mers, est

			logarithmes correspondans.
l =	0.9938267	mètres.	log. = 1.9973106
	3.059439	pieds.	0.4856419. . .
	36.71327	pouces.	. . . 1.5648232. . .
	440.5593	lignes.	2.6440044

N étant le nombre d'oscillations que fait dans le vide à Paris et en une *heure* de temps moyen, un pendule, dont la longueur en mètres est l, on a

$$\log. l + 2 \log. N = 7.1099156.$$

santeur, est aussi une sorte d'équilibre : nous avons vu que c'était le cas des balances. Il est facile de trouver quelles seront les conditions de l'équilibre d'un corps, en lui appliquant les lois du mouvement que nous avons étudiées dans ce chapitre ; or, on voit en général qu'il faut que les forces soient opposées et égales, afin de se contre-

---

La gravité diminue lorsqu'on s'élève sur les montagnes, parce qu'on s'éloigne du centre d'attraction. Soient donc R le rayon terrestre en un lieu proposé, h la hauteur d'une sommité au-dessus du niveau de la mer (R et h sont rapportés à la même unité), g la gravité, l la longueur du pendule à secondes à ce même niveau, g' et l' les mêmes choses au sommet, on a

$$g = g'\left(1 + \frac{2h}{R}\right) = g' + \frac{2g h}{R} \text{ et } g' = g - \frac{2gh}{R}$$

$$l = l'\left(1 + \frac{2h}{R}\right) = l' + \frac{2l' h}{R} \text{ et } l' = l - \frac{2lh}{R}$$

La longueur du pendule varie enfin avec la latitude (*). Si A désigne l'aplatissement de la terre, ou la différence des deux axes, celui de l'équateur étant pris pour unité, L la longueur du pendule à l'équateur, D l'excès de la longueur du pendule au pôle sur sa longueur à l'équateur, on a

$$A = 0{,}00865 - \frac{D}{L}$$

ou λ étant la latitude d'un lieu quelconque et l la longueur du pendule à cette latitude

$$l = L + D \sin^2 \lambda$$

(*) M. Biot, dans un Mémoire lu à l'Académie des Sciences, a montré que la pesanteur, et par conséquent la longueur du pendule, n'était point la même sur tous les points d'un même parallèle, que même elle pouvait varier avec le temps pour un même lieu. Les Anglais, qui ont pris pour base de leur système métrique la longueur du pendule, n'ont donc point atteint le but qu'ils se proposaient, cette base n'étant point invariable.

Cette longueur l, calculée par l'ensemble de toutes les observations de MM. Biot, Bouvard, Mathieu, Arago, Chaix, Kater, Freycinet, Sabine et Duperey, combinées par la méthode des moindres carrés, donne

$$l = 0.99102557 + 0.00507188 \sin^2 \lambda$$

balancer; mais, comme l'état d'agrégation des corps, que nous allons étudier dans le second Livre, apporte de grandes modifications dans les particularités des conditions nécessaires à l'équilibre, nous nous bornerons ici à ces considérations générales, et nous renverrons les détails aux chapitres suivans.

Il ne nous reste plus, pour compléter ce que nous avons à dire du pendule, qu'à donner le rapport entre le pendule simple et le pendule composé. Or, l étant la longueur du pendule simple correspondant à un pendule composé, d la distance du centre de gravité du pendule composé au centre de suspension, m le moment d'inertie de la masse de ce pendule composé rapporté à un axe parallèle à l'axe de suspension, et, passant par le centre de gravité, divisé par la masse totale (*) on a

$$l = \frac{d^2 + m^2}{d}$$

(*) On appelle moment d'inertie la somme des produits des masses des molécules d'un corps par les carrés de leur distance à l'axe (qui est ici parallèle à l'axe de suspension.) T. H.

LIVRE SECOND.

DES PROPRIÉTÉS PARTICULIÈRES DES CORPS.

60. Les propriétés générales que l'observation et l'expérience ont fait reconnaître dans les corps ont jusqu'ici fait l'objet de nos études ; la liaison des idées, les rapports des choses, nous ont quelquefois obligé de jeter d'avance un premier coup-d'œil sur ce que nous étudierons tout-à-l'heure d'une manière plus approfondie, nous ont forcé d'étendre nos recherches sur des propriétés particulières à certains corps, mais dépendantes de celles plus générales qui nous occupaient, enfin d'ajouter à l'ensemble des phénomènes, afin d'en compléter la connaissance, l'énoncé des lois que le raisonnement ou le calcul ont déduites de ces mêmes phénomènes.

C'est ainsi que nous avons successivement reconnu que tous les corps sont matériels, étendus, divisibles, impénétrables dans leurs molécules constituantes, mais poreux dans leurs assemblages ; qu'ils sont tous plus ou moins élastiques ; que tous sont soumis à l'action de la pesanteur ; enfin, que tous, étant inertes, doivent nécessairement obéir aux forces motrices, ce qui détermine les conditions et les lois de leur mouvement ou de leur repos.

Après avoir parcouru de la sorte les propriétés communes à tous les corps, nous devons maintenant acquérir sur eux des notions plus précises, plus spéciales; nous devons étudier toutes leurs qualités, tous les changemens dont ils sont susceptibles, toutes les actions qu'ils peuvent exercer ; mais étendre de la sorte l'étude de la physique, ce serait y comprendre celle de tous les corps de la nature dans tous leurs états, sous toutes leurs formes, toutes leurs combinaisons. Voyons donc quelles limites circonscrivent le domaine de la science qui nous occupe,

61. L'étude de la composition intime des corps, des changemens de combinaison qu'ils éprouvent, est l'objet de la *chimie*; celle des corps célestes, de leur marche, leurs révolutions, leur constitution, est l'objet de l'*astronomie*; celle des différens phénomènes qui se passent dans l'atmosphère, des changemens qui y surviennent, est l'objet de la *météorologie*; la *géographie* et l'*hydrographie* s'occupent de l'état de la surface du globe que nous habitons, de sa forme, de sa mesure, des révolutions qui peuvent en modifier quelque partie; enfin, l'étude des corps organisés et inorganisés, de leur formation, leur développement, leurs caractères spécifiques, est l'objet de la *minéralogie*, de la *zoologie* et de la *botanique*, qui se subdivisent elles-mêmes en plusieurs autres sciences. La *physique spéciale* n'a donc plus à considérer les corps que comme des assemblages de matière, susceptibles par conséquent de prendre divers états d'agrégation, et de subir dans ces états, par l'action de diverses forces ou de divers agens, des modifications qui pourront en tout ou en partie changer leurs propriétés.

62. L'état d'agrégation des corps, et tous les changemens et modifications dont ils sont susceptibles, sont donc l'objet que la physique a principalement en vue : or, nous avons déjà eu occasion de dire que, sous ce rapport, on doit ranger les corps en solides, liquides et gazeux; viennent ensuite les fluides impondérables, qui forment une classe d'êtres et d'agens tout-à-fait à part. Les divisions que nous devons adopter dans le reste de cet ouvrage sont donc déterminées.

CHAPITRE PREMIER.

DES CORPS SOLIDES.

63. Déjà, en traitant de l'étendue et de la figure des corps, nous avons vu ce qui distingue les solides des autres corps : tout assemblage de molécules réunies par une force de cohésion ou d'affinité, et qui ne peut être séparé que par l'emploi d'une force quelconque, est un corps solide : tantôt la forme de ce corps et des parties qui le composent est régulière ; c'est un *cristal*, et une autre science s'occupe de leur étude ; tantôt elle est irrégulière, et on conçoit qu'il ne peut en être autrement, puisque la force de cohésion retient unies ensemble aussi bien deux molécules d'un tel corps que l'assemblage le plus considérable, c'est ce que nous avons vu également.

Déjà, au commencement du chapitre qui traite de l'élasticité, nous avons dit que l'état des solides devait être considéré comme celui dans lequel la force d'attraction l'emportait sur le principe répulsif, sans cependant détruire complètement son action ; que les corps réguliers étaient le résultat d'une solidification libre, et les corps irréguliers d'une solidification précipitée, ou, en quelque sorte, forcée, gênée. La présence du principe répulsif dans les corps solides, que nous allons reconnaître tout-à-l'heure d'une manière évidente, nous a fait concevoir sans difficulté la porosité de ces corps, leur élasticité, leur flexibilité, et plusieurs autres propriétés sur lesquelles nous n'avons pas dû nous arrêter, parce qu'elles sont généralement connues par l'usage de la vie commune.

Déjà nous avons suffisamment étudié la tenacité des corps solides, en parlant de leur ductilité et de la divisibilité dont leurs molécules sont susceptibles, tout en demeurant agrégées; plusieurs exemples remarquables ont été cités; nous nous sommes également occupés de la comparaison de la dureté des solides avec leur élasticité, leur malléabilité, en disant quelques mots des modifications que font subir à ces corps les opérations artificielles de la trempe, du recuit, de l'écrouissage.

64. Ces notions, qu'il était indispensable de présenter d'avance dans l'ordre que nous avons adopté, puisqu'elles étaient le développement et formaient le complément de l'objet de notre étude, qui d'ailleurs ne supposaient, pour être entendues, que la connaissance ordinaire qu'on a des corps solides, ne font pas moins partie des propriétés de ces corps que le physicien doit connaître; mais il serait inutile d'y revenir maintenant. D'un autre côté, l'étude des lois de la pesanteur, de son action, de la chute des graves, du centre de gravité et des balances; celle des lois et des conditions du mouvement, surtout en ce qui concerne la résistance, le choc, la masse des corps, renferment un grand nombre de notions entièrement, et quelquefois spécialement applicables aux solides. L'objet de nos recherches sur ces corps se trouve donc déjà rempli en partie, et notre tâche, pour l'exposition des propriétés qui leur sont particulières, se trouve par là bien réduite : il ne nous reste plus, pour la compléter, qu'à étudier les conditions de l'équilibre des corps solides, leur densité ou pesanteur spécifique, et les moyens de la mesurer; enfin, les lois de leur dilatation lorsqu'ils sont soumis à des variations de température, et la mesure de cette dilatation, ce qui comprendra les pyromètres.

SECTION PREMIÈRE.

ÉQUILIBRE DES CORPS SOLIDES.

65. L'équilibre d'un point matériel, sollicité par une seule force ou par des forces composées, ne présente aucune difficulté : il est évident que si la force est unique, il suffira, pour faire rester le corps en repos, de lui op-

poser directement une force précisément égale; c'est le seul cas où l'équilibre de ce corps soit possible. Si les forces sont composées, il faudra, par le parallélogramme des forces, en chercher la *résultante*, et appliquer à la direction de cette résultante une force qui puisse lui faire équilibre : quel que soit le nombre, la direction et la vitesse des forces, il sera toujours possible d'en trouver par là la valeur, comme de les ramener à une résultante unique, en les combinant successivement, et par conséquent d'établir l'équilibre en détruisant la puissance de cette résultante. Ainsi, dans la *fig.* 19, on voit que la résultante des forces F F est dans la direction M C, et que son intensité est fournie par la diagonale du parallélogramme *a b c d*. On lui fera équilibre au moyen d'une force égale appliquée en sens contraire au point C.

66. Si nous cherchons maintenant les conditions d'équilibre des corps solides, c'est-à-dire de l'assemblage d'un certain nombre de molécules réunies entre elles invariablement, la question sera plus compliquée. Nous pouvons d'abord supposer le cas où un tel corps est attaché à un point fixe, autour duquel il peut seulement tourner; le corps sera en équilibre si les forces se dirigent vers le centre de ce point fixe; dans tous les autres cas, le corps prendra un mouvement de rotation dont la construction des parallélogrammes donnera également la direction et l'intensité, et qu'on pourra détruire par une force contraire.

Si nous supposons le corps solide libre, nous verrons que, toutes les fois que les forces agiront dans un même plan, on pourra les réduire à une résultante commune, puisqu'on pourra les ramener à un même point d'application; et il en sera toujours ainsi, puisqu'on peut supposer ce point uni aux autres à cause de la rigidité du système. On peut regarder la ligne d'application des forces comme une verge inflexible qui transmet l'impression à tout le système, et le soutient lorsqu'elle est soutenue. Les forces égales ou inégales en intensité, qu'elles agissent sur des corps réguliers ou irréguliers, s'équilibrent de même; celles parallèles, comme la pesanteur, se ramènent au centre de gravité; mais toutes les fois que les forces qui agissent sur un corps solide étendu ne le font pas dans un même plan, il est facile de concevoir qu'on ne peut les ramener à une résultante unique, et alors, pour obtenir l'équilibre d'un tel corps, il faut détruire directement chacune de ces forces. On voit l'explication de ces différens cas dans les *fig.* 20, 21, 22 (1).

67. Toute la théorie des leviers, des poulies, des roues, des treuils, du plan incliné, des vis, qui ne sont autre chose qu'un plan incliné contourné en spirale, résulte du développement et de l'application des lois de l'équilibre et de l'action des forces; mais leur étude appartient à la mécanique.

SECTION II.

PESANTEUR SPÉCIFIQUE DES SOLIDES.

68. Nous avons déjà dit que la pesanteur *spécifique* ou *densité* d'un corps est la comparaison de son poids absolu avec le poids absolu d'un corps pris pour unité (2). L'eau distillée, et à son maximum de densité, est celui qu'on a adopté généralement comme terme de comparaison de la densité des corps solides et liquides; ainsi on dit qu'un corps pèse une fois, deux fois, etc., ou un nombre fractionnaire, plus ou moins que l'eau.

Il est évident que, si l'on pouvait donner au corps dont on veut connaître la densité un volume exactement semblable à un volume d'eau convenu, par exemple, un centimètre cube, rien ne serait plus facile que de connaître cette densité par le procédé ordinaire des balances; mais, pour beaucoup de corps, il est très difficile, et même impossible d'obtenir une telle égalité : on cherche donc la pesanteur spécifique par un procédé indirect.

---

(1) Ces notions de statique sont tout-à-fait insuffisantes. *Voyez*, pour suppléer à la lacune, le *Manuel de Mécanique* de M. Terquem. T. R.

(2) Pris pour unité et sous le même volume. Z.

69. Nous savons déjà qu'un corps plus lourd que l'eau perd de son poids la valeur exacte de celui du volume d'eau qu'il déplace, et le grand Archimède, connaissant les rapports de densité de l'eau et de l'or, a pu par là déterminer la quantité d'argent renfermée dans une couronne qui passait pour être d'or pur. Ainsi, la différence seule du poids de l'eau et du corps qu'on y plonge est fournie par cette opération, c'est ce que nous cherchions : mais il est évident que, si on force de se tenir immergé dans l'eau un corps plus léger qu'elle, la différence de leur poids en moins sera encore fournie par ce moyen. Rien n'est donc plus facile que de connaître la densité d'un corps qui ne se dissout pas dans l'eau, qu'il soit d'un seul morceau ou en poussière, car cette circonstance ne change en rien sa pesanteur (1). Il suffit de peser exactement le corps dont on veut avoir la densité d'abord dans l'air; on pèse ensuite un flacon, ou tout autre vase, qu'on a rempli d'eau distillée; après ces deux opérations préliminaires, on introduit le corps dans le flacon, il chasse une partie de l'eau; on pèse le flacon de nouveau dans cet état, et la différence donne la densité du corps en plus ou en moins. Si le solide se dissolvait dans l'eau, comme beaucoup de sels, on choisirait un autre liquide, comme l'huile, l'alcool, où il ne se dissolve pas : cela nécessite seulement une opération de plus pour connaître les rapports des densités des deux liquides (2).

70. Pour obtenir une grande précision dans les mesures de ce genre, il faut éloigner une grande cause d'erreur, c'est la présence de l'air ou de l'humidité autour du corps ou dans ses interstices. Plusieurs corrections

---

(1) C'est-à-dire son poids. T. R.

(2) Le moyen le plus simple est fourni directement par le principe : pesez dans l'air, puis dans l'eau. le poids dans l'air, comparé à la perte dans l'eau, donne la pesanteur spécifique du corps.

Le même principe sert à évaluer le volume d'un corps irrégulier, il suffit, pour cela, de se rappeler que chaque gramme qu'il perd lorsqu'on le pese dans l'eau représente un centimetre cube d'eau déplacée, ains le volume d'un corps qui perd dans l'eau 137 grammes sera de de 137 centimètres cubes. Z.

sont encore à faire ; on doit tenir compte de la dilatation des corps, ramener le poids de l'eau à celui de son maximum de condensation, et déduire la pesanteur de l'air.

La pesanteur spécifique peut encore se trouver en suspendant le corps à un fil attaché au plateau d'une balance, à la place du ballon de verre, dans la *fig.* 1, et le pesant d'abord dans l'air, puis plongé dans l'eau. On le peut encore au moyen de l'*aréomètre de Nicholson*, que nous décrirons en parlant des autres aréomètres (1).

SECTION III.

DILATATION DES SOLIDES.

71. Nous avons déjà annoncé que la chaleur avait la propriété d'étendre, de dilater tous les corps, et le froid de les resserrer, de les condenser ; la chaleur et le froid que nous connaissons ne sont pas absolus, mais relatifs : on ne doit donc pas être étonné que les effets dont nous venons de parler n'aient pas de limites connues. Le corps peut changer d'état d'agrégation ; mais, dans ce nouvel état, la chaleur continue à augmenter son volume, le froid à le diminuer.

On conçoit combien il est important de connaître un effet aussi général, puisqu'il modifie la forme de tous les corps, et qu'on doit par conséquent en tenir compte, non-seulement dans toutes les expériences de physique et de chimie, mais encore dans une infinité de circonstances qui intéressent les arts. Malheureusement la dilatation des corps ne suit pas une loi générale ; le même changement de température ne dilate pas également tous les corps, et chaque corps ne se dilate pas également à tous les degrés de chaleur, ne se contracte pas également à

---

(1) Nous donnerons un peu plus loin la théorie mathématique des *poids spécifiques*, ainsi que celles des *dilatations* et les tables relatives.
T. R.

tous les degrés de froid. C'est pour remédier à cet inconvénient que les physiciens modernes se sont livrés à des expériences très délicates pour dresser des tables de dilatation de presque tous les corps connus (1), et à toutes les températures naturelles et artificielles, que nous sommes à même d'observer et de produire. Il paraît cependant, pour les corps solides, que c'est la force de cohésion qui s'oppose à l'action de la chaleur ; en conséquence, plus elle est considérable, plus la dilatation devra être faible : en effet, on remarque assez généralement que les corps les plus durs sont les moins dilatables ; et MM. Dulong et Petit ont prouvé que cette dilatation augmente avec la température, et surtout en approchant du terme de la fusion.

72. C'est au moyen des *pyromètres* que l'on cherche à déterminer la mesure de ces dilatations et de ces contractions. Il en existe un grand nombre, mais qui tous ont le grave inconvénient, tout en prouvant l'effet de la chaleur, de ne pas en donner la mesure exacte, et de ne pas être comparables comme le thermomètre, selon les degrés de température. Celui qui paraît le plus susceptible dexactitude est simplement composé d'une barre de métal dilatable A B, *fig.* 23, contre laquelle est appuyée une aiguille qui tourne sur un cercle gradué, et donne ainsi la mesure de la dilatation de la barre ; mais une grande cause d'erreur est la dilatation du support de la barre, dont l'effet s'ajoute au sien : il faut donc le rendre aussi invariable que possible, et le faire participer aux changemens de températures aussi le moins possible. Pour les hautes températures, on se sert du pyromètre de Wedgwood, dont le zéro correspond à la chaleur rouge du fer, chaleur estimée équivaloir à 580° du thermomètre (2).

---

(1) *Voyez* ces tables dans les Traités détaillés de physique et de chimie.

(2) A proprement parler, ce ne sont pas les instrumens qui servent à mesurer les dilatations des corps qu'on appelle pyromètres; mais on désigne, par ce nom, tous les appareils qui ont pour but la mesure

73. Nous avons vu ci-dessus comment on contrebalançait la dilatation des pendules au moyen des compensateurs. M Breguet a profité de la propriété qu'ont les métaux de se dilater inégalement pour construire un thermomètre très sensible et très exact : c'est un assemblage de petites lames d'argent, d'or et de platine, contournées en spirale, et portant à leur extrémité une aiguille : le moindre changement de température fait tordre ou détordre la spirale, et tourner l'aiguille qui indique ce changement sur un cercle gradué. Cet instrument est représenté *fig.* 24.

74. Les effets de la dilatation des métaux sont d'une puissance énorme ; on ne connaît pas de force capable de leur résister : on en a tiré parti dans les arts pour renverser des obstacles, rapprocher des voûtes fendues, redresser des murailles, etc.

---

des hautes températures, ordinairement ils sont fondés sur la dilatation des corps; mais il y en a un qui, au contraire, l'est sur la contraction permanente qu'acquiert l'argile exposée à une grande chaleur, c'est le pyromètre de Wedgwood. Il est formé de deux règles métalliques légèrement convergentes entre lesquelles on engage de petits cylindres d'argile dont la longueur, après avoir été long-temps séchés à 100°, doit être égale à la plus grande distance des deux règles. Plus la chaleur qu'on veut mesurer est forte, plus le cylindre qu'on y expose se rétrécit, et, par conséquent, plus il entrera avant entre les deux règles. Sur celles-ci se trouvent marqués des degrés dont la valeur à la vérité est à-peu-près déterminée, de manière que cet appareil n'est pas d'une grande utilité au physicien, mais il peut être employé avec avantage dans les arts. On suppose qu'un degré de Wedgwood en vaut 72 de notre thermomètre centigrade.

Une lame composée de deux métaux différens, soudés l'un sur l'autre, se ploie par les changemens de température. Si les deux métaux sont le cuivre et le fer, une augmentation de température produira une courbure telle que le cuivre sera en dehors, un abaissement produira le contraire. Z.

CHAPITRE II.

DES CORPS SOLIDES.

75. Les corps que nous venons d'étudier ne présentent pas tous le même degré de solidité : les uns résistent à tous les chocs, font feu sous le briquet; les autres, comme les graisses cèdent au moindre effort, ou paraissent prêts à se transformer en liquides, et en effet il en est ainsi; enfin, une multitude de corps offrent tous les points intermédiaires entre ces extrêmes. Nous avons vu que la présence de la chaleur en plus ou en moins grande abondance dans les interstices des corps est la cause de ces différens degrés de mollesse et de dureté, comme des changemens d'état des corps ; c'est ce que prouve le passage des solides en liquides : car, élevons la température de quelques degrés, et nous verrons ces graisses se fondre, se transformer en liquide; continuons à l'élever, nous verrons d'abord le plomb, l'étain, puis l'argent, l'or, le fer, passer également à l'état liquide, après s'être successivement dilatés et ramollis de plus en plus; employons des moyens plus énergiques, comme les rayons solaires concentrés au foyer d'un miroir, ou la lampe à courant d'oxigène, et nous pourrons liquéfier des métaux, des pierres, une multitude de corps qui paraissent totalement infusibles.

76. Mais, d'un autre côté, l'abaissement de la température présentera des phénomènes opposés ; déjà les variations qui ont lieu naturellement autour de nous sont assez fortes pour transformer l'eau en glace; mais abaissons la température artificiellement, ou même transportons-nous dans les régions septentrionales du globe, et nous verrons aussi le mercure devenir solide; en sorte qu'on peut considérer comme démontré non-seulement que la chaleur est la cause des changemens d'état des

corps, mais encore que tous passeraient successivement d'un de ces états à l'autre, si nous les exposions à des variations de température assez fortes.

77. Nous avons vu qu'on devait regarder la liquidité comme un état dans lequel l'attraction moléculaire et la chaleur se faisaient exactement équilibre, et qu'un tel état devait se rencontrer bien rarement, puisque la température varie sans cesse : à la rigueur, il ne se rencontre même presque jamais. Cependant, les liquides conservent cet état pendant des variations plus ou moins considérables; c'est la pression de l'atmosphère, et aussi du liquide sur lui-même, qui paraît être la cause de cette prolongation d'équilibre; car nous voyons l'évaporation, c'est-à-dire la transformation des liquides en vapeurs, augmenter à mesure que cette pression diminue. Nous verrons aussi que, dès l'instant qu'un corps est à l'état de liquidité, il a une tendance à se transformer en vapeurs d'autant plus grande, qu'il s'approche davantage du point d'ébullition; on reconnaît bien là l'effet du calorique, qui devient de plus en plus prépondérant sur l'attraction moléculaire : nous voyons aussi les corps les plus liquides, si l'on peut s'exprimer ainsi, où le calorique est plus puissant, avoir beaucoup plus de tendance à se réduire en vapeurs que les liquides gras ou visqueux, où la force de cohésion paraît un peu prépondérante : ainsi, tandis que le terme de l'ébullition pour l'éther est à 36°, pour l'eau à 100°, celui des huiles grasses est d'environ 300°, et celui du mercure 350°.

78. Les liquides que la nature nous offre à l'état pur sont en petit nombre; à peine pouvons-nous ranger dans cette classe l'eau, le mercure, et quelques huiles grasses et essentielles. Mais, si nous regardions comme des liquides différens tous ceux qui renferment des corps dissous ou mélangés intimement; si nous comptions parmi eux les humeurs animales, telles que le sang, la lymphe, et végétales, telles que la sève, les sucs propres, nous trouverions une quantité infinie de corps dans l'état de liquidité. Nous ne nous occuperons ici d'une manière spéciale que de l'eau, ce que nous en dirons s'appliquant

d'une manière générale à tous les liquides, et aussi de quelques-uns de ceux dont l'usage est le plus fréquent en physique. L'étude de tous les liquides composés appartient à la chimie et à la physiologie.

79. Nous ne reviendrons point sur ce que nous avons dit de la porosité et de l'impénétrabilité, de l'élasticité, de la compressibilité de l'eau, des phénomènes qu'elle présente dans les tubes capillaires; on se rappelle en effet que, si l'eau et les liquides en général semblent si pénétrables, cela tient à l'extrême mobilité et au facile déplacement de leurs molécules; que si, d'un autre côté, ils n'offrent presque aucune apparence de porosité, de compressibilité et d'élasticité (1), ces propriétés sont suffisamment prouvées par certaines combinaisons intimes, par les vibrations que ces corps communiquent, par la réflexion qu'ils éprouvent dans leur chute; que, d'après l'extrême mobilité des molécules d'un liquide, il ne peut être en repos que lorsqu'il est de niveau par rapport à l'action de la pesanteur, et qu'aucune autre force ne vient troubler cet état; d'où il résulte aussi qu'il ne peut prendre d'autre figure que celle déterminée par les corps qui le contiennent: enfin, on se rappelle que les phénomènes capillaires que présentent les liquides, aussi bien que les solides, viennent tous se montrer comme les effets d'une attraction à très petite distance.

Pour compléter l'étude des liquides, nous devons donc maintenant nous occuper 1° de leur dilatation, qui a donné lieu à l'invention des *thermomètres*, l'un des instrumens les plus importans et les plus utiles en physique; 2° de leurs mouvemens et des conditions de leur équilibre, ou de l'*hydrodynamique* et de l'*hydrostatique*, sciences dans lesquelles on rencontre l'explication d'une multitude de phénomènes intéressans ou singuliers que présentent les

---

(1) MM. Canton et Parkins avaient déjà prouvé directement la compressibilité de l'eau dans des tubes très-forts, et ils l'avaient estimée à 0,000044 et 48 par chaque pression atmosphérique. M. Œrsted, par un appareil de son invention, représenté *fig.* 25, l'a prouvé d'une manière irrécusable; il l'a trouvée égale à 0,000045.

arts et la nature, et qui conduisent à la construction de machines de la plus haute importance ; ce qui forme même une science à part, l'*hydraulique ;* cette partie de l'étude des liquides appartient plus spécialement à la mécanique et aux sciences physico-mathématiques : nous serons donc forcés de glisser sur elle avec rapidité ; 3° de leur pesanteur spécifique, ce qui nous conduira à la description des *aéromètres*, instrumens d'un très grand usage ; 4° enfin, de l'ébullition, où nous verrons les liquides, surchargés de calorique, changer de nouveau d'état, et en prendre un qui comporte l'absorption d'une plus grande quantité de chaleur.

SECTION PREMIÈRE.

DILATATION DES LIQUIDES.

80. L'interposition du calorique entre les molécules des corps liquides, comme entre celles des corps solides, les écarte les unes des autres, augmente leur volume sans augmenter leur poids, leur fait occuper plus d'espace ; c'est sur ces principes que repose la théorie des thermomètres.

81. C'est un hollandais, nommé Drebbel, qui en conçut la première idée ; mais ce n'était qu'une ébauche imparfaite, comme la plupart des découvertes au moment où le génie de l'homme les tire du néant ; bientôt Newton et l'Académie de Florence lui firent subir quelques perfectionnemens, et maintenant on ne se sert plus que des thermomètres construits d'après les principes de Réaumur et de Fahrenheit.

Ces instrumens sont composés d'un tube de verre terminé par une boule, *fig.* 26. Il est bien important que ce tube soit calibré exactement, afin que les divisions soient aussi égales que possible ; car ce n'est que pour les instrumens auxquels on attache une grande importance qu'on trace les divisions partiellement, en promenant dans le tube une petite colonne de mercure, et traçant les sous-divisions au moyen du vernier (1). On doit aussi choisir un tube étroit et une boule assez forte, afin d'obtenir des effets plus sensibles.

On conçoit que, si nous plaçons dans un appareil de ce genre un liquide quelconque, en vertu de la propriété de dilation par la chaleur, de contraction par le froid qu'il possède, il montera ou descendra dans le tube en raison de la température; et si nous choisissons des bases invariables pour nous servir de repaires et de mesures, rien ne sera plus facile que de connaître et de comparer les degrés de chaleur ou de froid observés avec cet instrument.

Nous avons vu dans le chapitre précédent qu'on appréciait les hautes températures au moyen des pyromètres; mais ils sont de peu d'usage. Les thermomètres, au contraire, qui nous donnent la mesure exacte des moindres variations des températures ordinaires, sont d'une utilité journalière, et ont mille usages importans. L'intervalle qui sépare le degré de température où l'eau bout, c'est-à-dire se change en vapeur avec beaucoup de force, et celui où elle passe de l'état de glace ou de solidité à l'état liquide fournit une mesure constante, appuyée sur deux bases fondamentales certaines, faciles à retrouver, et par conséquent très propres à servir de points de comparaison : aussi les physiciens de tous les pays furent-ils bientôt d'accord pour l'adoption de ces deux bases. En effet, ils avaient remarqué que, dans des circonstances semblables, la liquéfaction et l'ébullition de l'eau se faisaient toujours au même degré de température; ils avaient de plus remarqué que ce terme était invariable tant que durait le changement d'état des corps; qu'ainsi, quelle que fût la température à laquelle on exposait la glace fondante ou l'eau bouillante, jamais on ne pouvait leur

---

(1) Le vernier, *fig.* 27, est composé de deux règles, dont l'une, le vernier proprement dit, portant un plus grand nombre de divisions sur son échelle, fournit sur-le-champ, et d'une manière très précise, les fractions des divisions tracées sur la règle principale. Z.

faire prendre un degré de chaleur de plus, comme si chaque corps avait pour la chaleur une mesure de capacité déterminée ; comme si, une fois arrivé à ce terme, la chaleur ajoutée servait seulement à liquéfier ou vaporiser ce corps ; ce que nous vérifierons en effet et étudierons par la suite. Rien n'était donc plus précieux pour la construction d'un thermomètre qu'un tel point de comparaison constant et invariable.

82. Mais plusieurs causes d'erreur sont à redouter, plusieurs circonstances peuvent influer sur le degré de chaleur auquel l'eau change d'état : il faut d'abord qu'elle soit bien pure, car la glace ne se fond pas, l'eau ne bout pas à la même température, lorsqu'elles contiennent des sels en dissolution, ou quelques corps en combinaison ou en suspension (1) : en second lieu, il est bien important de ne pas prendre de l'eau qui se gèle, mais de la glace ou de la neige qui fondent ; car il arrive souvent que l'eau demeure à l'état liquide au-dessous du point de congélation, et d'ailleurs la glace formée ne conserve pas invariablement la même température ; enfin, il faut tenir compte de la pression de l'atmosphère ; car la vapeur d'eau, ayant toujours cette puissance à vaincre, devra employer des efforts proportionnés à sa force ; on a choisi pour terme fixe de pression celui indiqué par une colonne de mercure de soixante seize centimètres de hauteur (vingt-huit pouces environ) ; c'est à cette hauteur moyenne du baromètre qu'on ramène toutes les opérations.

83. En théorie, tous les liquides peuvent servir de thermomètres ; mais, en fait, certains sont plus propres à cet usage que d'autres. Il paraissait naturel de choisir l'eau, ce liquide si répandu dans la nature, déjà employé

---

(1) Non-seulement le degré de température de l'ébullition de l'eau varie selon que cette eau est plus ou moins pure, mais il varie encore selon la nature du vase que l'on emploie

Ainsi, dans un vase de verre, l'eau pure entre en ébullition à 101°, 232. Si on met dans le vase du verre pilé fin, elle bout à 100°,329 Si on y met de la limaille de fer à 100°,000 Enfin, dans un vase métallique le point constant d'ébullition de l'eau pure est 100°000. C'est ce point qu'on marque sur le tube du thermomètre. T. B.

dans l'opération; mais, outre que l'intervalle qui sépare ses changemens d'état ne comprend pas toutes les variations ordinaires de température, on reconnut bientôt non-seulement que sa dilatation augmentait en approchant du terme de l'ébullition, ce qui est commun à presque tous les liquides, mais encore qu'elle offrait cette singularité d'être à son plus grand état de contraction à environ cinq degrés au-dessus du point de congélation, et ensuite, par l'abaissement de la température, de se dilater au lieu de se contracter L'huile, employée par Newton, joint à l'inconvénient de sa viscosité, de sa demi-solidité, celui de ne pouvoir servir dans les basses températures; l'alcool, ou esprit-de-vin, a le désavantage de bouillir à une température très peu élevée, et, en approchant de cette température, de se dilater inégalement; mais on peut remédier au premier de ses défauts, et ce liquide est de plus très propre à mesurer les températures fort basses : il est encore assez en usage; mais c'est surtout le mercure qu'on emploie. En effet, il ne possède aucun des vices précédens; il est le liquide qui se dilate le plus également; son échelle de liquidité embrasse une grande étendue de variations de température, c'est-à-dire, depuis environ 40° au-dessous de zéro jusqu'à 350° au-dessus du même terme; enfin il est sensible à la moindre variation.

84. Donnons maintenant une idée des détails de construction des thermomètres et de l'échelle de division qu'on y applique. On doit commencer par épurer complètement le mercure dont on doit faire usage, et, après avoir fait chauffer le tube et la boule, afin de chasser l'humidité et une partie de l'air, on les plonge dans le mercure. Lorsqu'on juge qu'ils en contiennent une quantité suffisante (cette quantité varie en raison de la grosseur de la boule, de la longueur du tube, de l'étendue qu'on veut donner à l'échelle supplémentaire ou inférieure au zéro), on les descend dans un vase rempli d'eau en pleine ébullition en les y faisant plonger le plus possible, et en les y tenant suspendus assez long-temps pour qu'ils se mettent en équilibre de température; on fera alors une

marque à l'endroit où le mercure s'arrêtera, et on fermera le tube à la lampe si l'on veut un instrument qui porte toute l'échelle, sinon on lui donnera la hauteur voulue après la seconde opération : celle-ci consiste à plonger le thermomètre dans la glace fondante, et à marquer l'endroit où le mercure s'abaissera. La fig. 28 représente un vase où les thermomètres, ne plongent que dans la vapeur d'eau laquelle a une température bien plus égale que le liquide.

C'est cet intervalle, donné sur chaque instrument par l'opération que nous venons de faire, que les physiciens n'ont pas partagé de la même manière. Réaumur l'a divisé en quatre-vingts parties, plaçant le zéro à l'endroit de la glace fondante. Les physiciens français, pour rendre les calculs plus faciles, ont divisé le même espace en cent parties, en sorte que les degrés du *thermomètre de Réaumur* sont dans le rapport de quatre à cinq avec ceux du *thermomètre centigrade* ou *centésimal*. En Angleterre et en Allemagne, on se sert plus particulièrement du *thermomètre de Fahrenheit*, dans lequel le même espace est divisé en cent quatre-vingts parties, mais où le terme de la glace fondante est marqué 32°, et par conséquent celui de l'eau bouillante 212°. Ainsi ces degrés sont, avec ceux du thermomètre centigrade, dans le rapport de 5 à 9. Dans tous les cas, on continue à tracer des divisions égales au-dessus et au-dessous des deux limites fondamentales, pour étendre le champ des observations (1).

85. La chaleur augmente le volume des corps, mais

---

(1) Désignant par (R) (C) (F) un nombre quelconque de degrés de Réaumur, centigrades, ou de Fahrenheit, on convertira toujours les uns dans les autres au moyen des relations suivantes :

$$(R) = 10/8\ (C) = 9/4\ (F)$$
$$(C) = 8/10\ (R) = 9/5\ (F)$$
$$(F) = 5/9\ (C) = 4/9\ (R)$$

En partant, pour les uns et les autres, de la glace fondante, et comptant les degrés en plus ou en moins.

T. R.

non leur poids; la dilatation des liquides peut donc encore se reconnaître en y pesant à diverses températures un corps solide dont on connait la dilatation. En effet, les solides se dilatant moins que les liquides, le volume d'eau déplacé sera à-peu-près égal, que la température soit élevée ou basse; et, comme dans le premier cas, l'eau est plus légère, le poids indiqué par le corps qui y est immergé sera plus considérable.

86. Nous avons dit que l'eau présentait cette singularité, qu'en approchant du point de congélation, elle ne diminuait plus de volume selon la loi générale, mais se dilatait. Quelques autres corps présentent des anomalies analogues. Ainsi le fer fondu, le soufre, le bismuth, se dilatent en se gelant; le mercure se contracte, au contraire, d'une manière prodigieuse. Ce sont des faits particuliers qui ne peuvent renverser une théorie générale lorsqu'elle rend raison, calcule et mesure les phénomènes, et qui dépendent sans doute de l'arrangement que prennent les molécules des corps en passant de l'état de liquide à l'état de solide. Le point du maximum de condensation de l'eau est 4°,4 (1); à 7° elle a la même densité qu'à 0°; entre 0° et 100°, l'eau se dilate de 1/21 de son volume; l'alcool, de plus de 1/10; le mercure, d'environ 1/54.

87. L'eau présente encore une autre singularité remarquable, c'est de demeurer quelquefois liquide, quoiqu'à une température bien inférieure au terme de la congélation; mais, pour cela, il est nécessaire qu'elle soit parfaitement en repos, comme si les molécules pouvaient oublier de se placer de manière à devenir solides. Mais, si on les retire de cet état de sommeil, pour ainsi dire, en donnant du mouvement à cette eau; si on leur fournit un point de ralliement en y plongeant un corps solide, et surtout un morceau de glace, on verra sur-le-champ toute la masse se geler.

(1) Un anglais, M. Chrichton, par des expériences récentes très délicates, et par un procédé nouveau, a trouvé que c'était 5° 6. (Voyez *Annals of phylosophy*, for june, 1813.)

SECTION II.

DE L'ÉQUILIBRE ET DES MOUVEMENS DES LIQUIDES.

88. L'extrême mobilité des particules des corps à l'état de liquidité détermine principalement les conditions de leur équilibre et les lois de leurs mouvemens. Sans cesse sollicité par l'action constante de la pesanteur, un tel assemblage de molécules ne peut être en équilibre ou en repos que lorsqu'il est de niveau, c'est-à-dire présente une surface plane et horizontale, comme celle d'une mare tranquille. Tout corps liquide cherche donc constamment à se placer de niveau, et il se met en mouvement lorsqu'il n'est plus soutenu ou limité par la résistance des corps environnans. C'est donc la forme des corps solides qui détermine la figure d'une masse liquide.

Pour entendre parfaitement tout ce qui concerne l'équilibre des liquides, il est nécessaire de considérer les molécules comme entièrement impénétrables et incompressibles; et on le peut sans inconvénient, puisque ces propriétés y sont à peine appréciables. En effet, si nous cherchons maintenant à savoir dans quelle situation sont les particules d'une masse liquide dans ses diverses parties, nous verrons que celles de la surface ont tout le poids de l'atmosphère à supporter. En vertu de cette pression, comme en vertu de leur pesanteur, elles devraient donc tomber au fond de la masse; mais les molécules placées au-dessous leur offrent une résistance qu'on peut comparer à celle des parois d'un vase solide. Elles demeureront donc en place; mais elles feront supporter à ces molécules immédiatement en contact toute la pression de l'atmosphère, plus celle résultant de leur poids. Il en sera de même des molécules placées au troisieme rang, et ainsi de proche en proche jusqu'au fond du vase, lequel supportera lui-même la pression totale; de sorte qu'on peut apprécier cette pression en estimant celle d'un simple filet d'eau isolé dans un tube, *fig.* 29.

89. En vertu de l'impénétrabilité, un tel filet d'eau

élevé sur une large base, *fig.* 30, doit communiquer sa pression à toute cette base, ainsi qu'aux parois : car toute pression qui s'exerce sur un liquide n'agit pas seulement dans sa direction propre, mais se propage uniformément de tous côtés (1) ; c'est ainsi que s'explique cette proposition paradoxale, que la pression exercée dans ce cas est bien supérieure au poids total, au poids indiqué par la balance ; et il ne peut en être autrement, à cause de la compensation établie par les pressions en sens opposés, ainsi qu'on le voit en P et P', compensation qui s'établit toujours exactement, quelle que soit la forme des vases ; en sorte que la différence seule forme le poids du système entier.

L'équilibre des molécules liquides et la pression dans le sens horizontal, tant entre les molécules entre elles que contre les parois, s'apprécient également par la supposition idéale d'un simple filet liquide isolé dans un tube recourbé, *fig.* 31.

---

(1) Les liquides transmettent dans tous les sens et également les pressions qu'on exerce à leur surface. On connaît ce principe sous le nom d'*égalité de pression*.

On fait ici abstraction de la pesanteur et de la compressibilité du liquide.

Si donc une force P agit sur une partie A de la surface d'un liquide renfermé dans un vase, la pression p qu'elle exerce sur une autre partie de la surface ou sur la surface totale a des parois, est

$$p = \frac{a\,P}{A}$$

Si l'on rapporte la pression P à l'unité de surface (le centimètre, décimètre carré), c'est-à-dire si l'on fait A = 1, on a

$$p = a\,P$$

La pression qu'éprouve en tous sens une molécule quelconque d'un fluide pesant en équilibre dans un vase est égale au poids d'un filet vertical de ce fluide qui aurait pour hauteur la distance de cette molécule au plan de la surface supérieure du fluide.

Le fond d'un vase, quelle que soit la forme de ce vase, pourvu que la base soit horizontale, éprouve donc de la part du fluide qu'il contient et qui est en équilibre, une pression p égale au poids P d'une colonne fluide qui aurait pour base le fond même du vase a et pour hauteur h la distance de ce fond au plan de niveau, ou

$$p = P\,a\,h$$

90. Ceci nous conduit à chercher l'équilibre des corps flottans dans les liquides ou à leur surface. D'abord il est évident que ceux qui sont beaucoup plus pesans tomberont au fond; ceux dont la densité n'est pas très supérieure commenceront par s'enfoncer; mais bientôt, la pesanteur du liquide augmentant la pression, ils pourront s'arrêter et demeurer en équilibre. Ils prendront dans le liquide la place indiquée par leur densité, de même que nous voyons les liquides de densité différente se superposer en raison de cette densité, et se placer horizontalement les uns au dessus des autres. Quant aux corps qui se tiennent à la surface des liquides, pour connaître leur position, il faut apprécier d'une manière rigoureuse la valeur du volume d'eau qu'ils déplacent comparée à leur pesanteur. Ainsi un corps très pesant, mais qui occupe un grand volume, pourra ne pas enfoncer dans un liquide; ainsi un bâtiment en fer pourra flotter à la surface, à cause du volume d'air qu'il renferme (1), et qui diminue sa pesanteur comparée à celle du volume d'eau qu'il déplace. C'est d'après ces considérations qu'on connaît, en construisant un bateau, un navire, combien il tirera d'eau, quel sera son tonnage.

Mais, lorsqu'on veut déterminer le flottement d'un

Si la base était inclinée ou courbe, il faudrait compter la hauteur à partir du centre de gravité de la surface de cette base (Voyez *centre de gravité.*)

(1) Quelques-unes des révolutions de la surface du globe sont les conséquences du même principe; il peut produire des tremblemens de terre, fendre ou même faire écrouler des montagnes. Supposons, par exemple que, dans le sein d'une montagne il se trouve un vide horizontal de 30 à 40 pieds carrés sur quelques pouces de hauteur, et que les pluies ou d'autres causes forment un conduit qui du haut de la montagne descende jusque dans l'espace vide, et ait une longueur de plusieurs centaines de pieds: lorsque l'eau aura rempli la cavité, et qu'elle s'élèvera dans ce tube d'une nouvelle espèce, la montagne pourra être brisée en éclats, si elle a résisté quelque temps aux premiers efforts de l'eau qui, s'élevant de plus en plus, acquerra une incroyable énergie.

La même chose arriverait si une sonde, enfoncée profondément, atteignait un réservoir d'eau souterrain, et que la pluie vînt à remplir le trou. Une contrée entière pourrait se trouver bouleversée si, comme on le voit souvent, le réservoir avait plusieurs lieues d'étendue.

T. R.

corps, cette considération ne suffit pas, il faut encore chercher la position du centre de gravité de l'eau déplacée et du corps flottant; car ce corps chavirerait immanquablement, si son centre de gravité n'était placé un peu au-dessous de celui de l'eau, et dans la même direction verticale. C'est pour arriver à ce but, ou contrebalancer la différence, que l'homme, dans la natation, est obligé de faire différens mouvemens pour se tenir à la surface de l'eau.

91. Il est peu de corps dont la densité soit précisément égale à celle des liquides. Si nous plaçons au fond d'un vase rempli d'eau un corps plus léger qu'elle, à sa surface des corps plus lourds, ces corps ne pourront demeurer en équilibre dans ces positions, et ils prendront des mouvemens que nous devons faire connaître. La force qui les fait mouvoir étant dans les deux cas l'action de la pesanteur, il est évident que l'un devrait s'élever, l'autre tomber d'un mouvement accéléré; mais il n'en est point ainsi. En effet, ce n'est que dans le vide qu'un tel mouvement peut s'établir; mais dans un milieu très résistant, comme un liquide, la vitesse accélérée sera d'autant plus tôt détruite, que la différence de densité entre le corps et le liquide sera moindre, et, dès cet instant, ce corps tombera ou s'élèvera d'un mouvement tout-à-fait uniforme.

92. Occupons-nous maintenant des mouvemens des li-

(1) Ce n'est point à cause du volume d'air qu'il renferme qu'un bâtiment flotte à la surface de l'eau; car, s'il était possible de faire le vide dans l'espace qu'il embrasse, il flotterait beaucoup mieux, c'est parce que tout corps plongé dans un liquide perd une partie de son poids égale à celui du fluide qu'il déplace. Si l'on regarde le poids du bâtiment comme une force appliquée à son centre de gravité, cette force dont la direction s'exerce de haut en bas, tendra à l'immerger, mais d'un autre côté le fluide agit de bas en haut avec une force qui augmente avec la profondeur de l'immersion. C'est en vertu de la différence de ces forces que le corps flottant surgit à la surface. Il y a au reste des conditions de stabilité qu'il serait difficile de présenter ici, et dont le paragraphe qui suit dans le texte ne peut donner qu'une bien faible idée. (*Voyez* les Traités de mécanique, et en particulier celui d'Arnott, spécialement destiné aux personnes qui n'ont aucune connaissances mathématiques. T. R.

quides eux-mêmes. Leur chute libre ne présente rien de particulier ; une goutte de pluie suit la même marche que tout autre corps grave ; mais c'est à la surface du globe, c'est surtout dans les canaux, les tuyaux, les vases de différentes formes, percés de différens orifices, que les liquides présent les mouvemens les plus compliqués, les plus difficiles à apprécier et à calculer.

On conçoit qu'en quelque endroit que soit placé l'orifice d'un vase, et quelle que soit son ouverture, l'écoulement doit avoir pour mesure l'amplitude de cette ouverture et la hauteur de la colonne liquide. En effet, si nous isolons par un tube, *fig.* 32, la colonne qui est au-dessus de l'orifice, il est évident qu'elle tombera librement, et suivra par conséquent les lois de la pesanteur ; mais, dans les observations, il n'en est jamais ainsi; c'est que plusieurs résistances, plusieurs forces, agissant en sens contraire, viennent détruire une partie de l'effet total, peuvent même l'anéantir entièrement. Ainsi, d'abord dans un vase de forme très irrégulière, dans des tuyaux ou des canaux très contournés, les frottemens, les résistances perpétuelles que rencontrera le liquide embarrasseront sa marche, la ralentiront, lui feront, par réaction, résister à la portion du liquide qui le suit; en second lieu, à la sortie de l'orifice, et tout le long de sa route, si le tuyau est ouvert, à la résistance des parois viendra s'ajouter celle de l'air, différente en raison de sa densité, et surtout de ses mouvemens particuliers. C'est ainsi que la résistance de l'air cause souvent des débordemens, double ou annulle l'effet du flux et du reflux, le retarde quelquefois de plusieurs heures. Enfin, la mobilité même des molécules liquides concourt à produire une résistance assez puissante. En effet, dès que l'écoulement est permis dans une telle masse, chacune des molécules conspire pour y arriver ; il s'établit une multitude infinie de courans en sens opposés, et très différens d'après la position de l'orifice, d'où résulte une diminution de vitesse qui atténue l'écoulement total. Par suite de ce concours de toutes les molécules vers le même point, il arrive aussi qu'elles continuent à converger vers le centre de l'orifice, lors même qu'elles l'ont dépassé; ce qui produit le même effet que si une partie de cet orifice était bouchée. Ce point de convergence est ce qu'on appelle la *contraction* de la *veine fluide*; on ne doit jamais la négliger dans l'appréciation des écoulemens qui ont lieu par des orifices percés en minces parois principalement (1).

93. Au surplus, en tenant compte des résistances que nous venons d'indiquer, la pression de l'air et la néces-

---

(1) Si sur les parois d'un vase plein d'eau on perce un orifice, ce fluide en sortira avec une vitesse v, égale à celle qu'un corps aurait acquise en tombant librement de la hauteur h, comprise entre l'orifice et le niveau de l'eau dans le vase, d'où

$$v = 4^{m},43 \sqrt{h}$$

abstraction faite de la résistance de l'air.

C'est au moyen de cette formule qu'on a calculé la table suivante :

Vitesses par secondes, et Hauteurs de chute correspondantes exprimées en mètres.

v	h.	v	h	v.	h.	v.	h.
m	m.	m.	m.	m.	m.	m.	m
0.1	0.0005	2.1	0.225	4.1	0.857	6.1	1.897
0.2	0.0020	2.2	0.247	4.2	0.899	6.2	1.960
0.3	0.0046	2.3	0.270	4.3	0.943	6.3	2.023
0.4	0.0082	2.4	0.294	4.4	0.987	6.4	2.088
0.5	0.0127	2.5	0.319	4.5	1.032	6.5	2.154
0.6	0.0184	2.6	0.343	4.6	1.079	6.6	2.221
0.7	0.0250	2.7	0.372	4.7	1.126	6.7	2.288
0.8	0.0326	2.8	0.400	4.8	1.174	6.8	2.357
0.9	0.0413	2.9	0.429	4.9	1.224	6.9	2.427
1.0	0.0510	3.0	0.459	5.0	1.274	7.0	2.498
1.1	0.0617	3.1	0.490	5.1	1.326	7.1	2.570
1.2	0.0734	3.2	0.522	5.2	1.378	7.2	2.643
1.3	0.086	3.3	0.555	5.3	1.432		
1.4	0.100	3.4	0.589	5.4	1.486		
1.5	0.115	3.5	0.624	5.5	1.542		
1.6	0.131	3.6	0.661	5.6	1.599		
1.7	0.147	3.7	0.698	5.7	1.656		
1.8	0.165	3.8	0.736	5.8	1.715		
1.9	0.184	3.9	0.773	5.9	1.774		
2.0	0.204	4.0	0.816	6.0	1.835		

sité de se mettre de niveau, à cause de la pesanteur, expliquent tous les mouvemens naturels et artificiels des liquides. C'est ainsi que, dans les jets d'eau, le liquide s'élance en apparence contre les lois de la pesanteur, presque jusqu'à la hauteur du niveau qui le fournit; c'est ainsi que, cherchant toujours un écoulement, ne pouvant de-

---

Si S est l'aire de l'orifice, Q la quantité ou volume d'eau écoulée en une seconde, et qu'on appelle la *dépense*, on a

$$Q = S\,v = 4^{m}.43\, S \sqrt{h} \text{ mètres cubes,}$$

l'orifice étant circulaire et d'un diamètre d

$$S = 0.785\, d^2 \text{ et}$$

$$Q = 3.48\, d^2 \sqrt{h}. \text{ mèt. cubes.}$$

C'est la dépense *théorique*; mais la dépense réelle est moindre. La veine fluide, à sa sortie, se contracte, et il en résulte une diminution dans le produit de l'écoulement. L'expérience a fait connaître que D étant la dépense théorique que nous savons trouver.

D × 0,62 est la dépense réelle si l'orifice est percé dans une mince paroi.

D × 0,82 est celle qui a lieu si l'écoulement se fait par un petit ajustage cylindrique, et elle devient D × 0,9 si l'ajustage est conique.

Ces nombres 0,62, 0,82, 0,9 sont les coëfficiens de contraction de la veine fluide. Si nous désignons ce coëfficient par m, afin d'avoir une expression plus générale, Q désignant maintenant la dépense réelle, on a

$$Q = m\, S\, v = 3.48\, d^2\, m \sqrt{h}$$

Dans l'*Art du Fontainier*, les dépenses s'expriment en pouces d'eau; c'est le produit d'un tuyau de fontaine qui donnerait 20 mètres cubes d'eau en 24 heures, ou 0 m. 0002315 par seconde. Le *pouce d'eau* est réellement la quantité d'eau qui s'écoule en une minute par un orifice circulaire d'un pouce de diamètre, le centre étant enfoncé de 7 lignes au-dessous du niveau; mais les hydraulistes ont beaucoup varié sur ce produit. On entend aujourd'hui par pouce d'eau, l'écoulement qui produit 672 pouces cubes par minute = 13.33 litres par minute = 560 pieds cubes en vingt-quatre heures. = 19.2 mètres cubes en vingt-quatre heures = 800 litres ou kilogrammes par heure. La ligne d'eau est le 144,0 du pouce, ou 4.67 pouces cubes par minute = 55,5 litres par heure environ. Nous évaluons ici le pouce d'eau à 20 mètres cubes au lieu de 19.2, pour plus de simplicité.

20 mètres cubes sont ce que M. de Prony appelle le *double module* d'eau. Ainsi la dépense en pouces d'eau serait exprimée par

$$Q = 15028\, m\, d^2 \sqrt{h} \text{ pouces d'eau.}$$

meurer en repos que lorsqu'elle baigne tous les corps, que, quand elle est en équilibre partout, l'eau remonte des cavités souterraines pour produire les fontaines et les sources, coule avec fureur dans les torrens, tombe des cascades avec fracas, coule paisiblement dans les ruisseaux et les rivières, dans les lacs et les étangs, n'a souvent que les mouvemens que les vents lui impriment, enfin s'introduit dans tous les corps pour remplir leurs interstices. L'étude de tous ces mouvemens naturels appartient à la géographie physique, comme celle non moins difficile, non moins étendue des mouvemens artificiels, appartient à la mécanique et à la science des machines. Parmi ces mouvemens,

---

Si à un réservoir plein d'eau on adapte une conduite rectiligne d'une longueur L, ayant partout même diamètre D, et entièrement ouverte à son extrémité, H étant la hauteur du niveau de l'eau dans le réservoir au-dessus de l'extrémité du tuyau par laquelle l'eau s'écoule (si cette extrémité était elle-même submergée, il faudrait retrancher sa profondeur au-dessous de l'eau), v la vitesse d'écoulement, q le volume d'eau dépensé en une seconde, on a

$$v = 26^{m},40 \sqrt{\frac{H\ D}{L + 36\ D}}$$

$$q = 20,73 \sqrt{\frac{H\ D^5}{L + 36\ D}} \text{ mèt. cub.}$$

ou Q désignant cette dépense en pouces d'eau.

$$Q = 87749 \sqrt{\frac{H\ D^5}{L}} \text{ pouces.}$$

$$D = 0^{m},01054 \sqrt[5]{\frac{L\ Q^2}{H}}$$

Ces formules sont suffisamment exactes pour la pratique.

M. de Prony est parvenu aux formules suivantes, qui sont d'accord avec l'expérience pour des conduites qui ont jusqu'à 2280 mètres de longueur; mais il faut que $\frac{D}{L}$ ne dépasse pas 1/000, D n'étant lui-même pas moindre qu'un centimètre.

on doit surtout distinguer ceux de l'eau dans les tuyaux, dans les canaux de toutes sortes, enfin dans les nombreuses machines dont l'hydraulique a enrichi l'industrie humaine. Nous ne pouvons que les énoncer dans un ouvrage de la nature de celui-ci (1).

SECTION III.

PESANTEUR SPÉCIFIQUE DES LIQUIDES.

94. La densité des liquides, de même que celle des solides, a pour terme de comparaison la densité de l'eau dans le vide et à son maximum de condensation, et leur pesanteur spécifique se mesure de la même manière, ainsi que nous l'avons vu dans le chapitre précédent. En effet, si nous pesons un flacon rempli d'abord d'eau distillée, et ensuite d'un autre liquide, nous aurons très facilement les rapports de densité entre ces deux liquides; de même, si nous déterminons les rapports de densité d'un corps solide avec l'eau, ou si nous les connaissons à l'avance, en plongeant le même corps dans un autre liquide, nous trouverons les rapports de pesanteur spécifique de ce second liquide avec le solide, et par suite avec l'eau; les mêmes corrections relatives à la pesanteur de l'eau et au changement de densité par suite de la dilatation causée par la

---

Selon lui, l'unité de mesure étant le mètre,

$$v = 26{,}79\sqrt{\frac{DH}{L}}$$

$$D = 0{,}1865\sqrt[5]{\frac{L\,q^2}{H}}$$

T. R.

(1) *Voyez* le *Traité complet de Physique*, de Biot, 4 vol. in-8°; celui du *Mouvement des eaux*, de Mariotte; la *Mécanique hydraulique*, de Prony, etc., etc.

température, sont à faire, comme dans la mesure de la densité des solides.

95. Mais on peut aussi connaître la densité des liquides par rapport à l'eau, au moyen des aréomètres. Nous venons de voir qu'un corps flottant déplace un volume de liquide dont le poids est toujours précisément égal au sien, par conséquent qu'il s'enfonce d'autant moins que le corps est plus léger, moins dense. Nous venons de voir aussi qu'un corps ne peut flotter d'une manière stable que quand son centre de gravité est placé au-dessous de celui du liquide qu'il déplace : c'est sur ces principes qu'est basée la construction des aréomètres, *fig.* 33. Tous ont une boule A, remplie de mercure, dont la destination est de lester l'instrument, et de placer très bas son centre de gravité, de sorte qu'il flotte dans une position verticale.

Celui de Fahrenheit, *fig.* 33, est composé d'un tube de verre cylindrique surmonté d'une petite cuvette B, et marqué d'un trait en C. Si, par des poids additionnels, on force l'instrument de plonger jusqu'à ce trait, ce qui s'appelle *affleurer*, il sera très propre à indiquer la pesanteur spécifique des liquides. En effet, le poids de l'instrument, plus celui qu'on met dans la cuvette pour le faire affleurer dans l'eau distillée au maximum de condensation, sont égaux au poids du volume d'eau déplacé; il en sera de même dans un autre liquide, et les volumes déplacés étant semblables, la différence des poids additionnels fera connaître les rapports de densité des deux liquides.

L'aréomètre de Baumé, *fig.* 34, est le même instrument gradué de manière à indiquer, par ses divisions, des centièmes, des millièmes d'alcool, ou de tel ou tel sel, tel ou tel acide, mélangés avec l'eau; ainsi il faut un instrument particulier pour chaque espèce de liquide ; on les nomme des *pèse-liqueurs*. Pour les construire, on plonge l'instrument dans l'eau distillée, et on marque zéro au point d'affleurement : on le plonge ensuite dans l'alcool le plus rectifié, dans la dissolution la plus concentrée, et on marque ce nouveau point d'affleurement 100 ou 1000 ; l'intervalle est ensuite divisé également, ou bien, pour plus d'exactitude, on trace séparément chacune de ces divisions, en ajoutant dans l'eau un, deux, etc., centièmes de la liqueur ou du sel. On conçoit qu'en plongeant un tel instrument gradué dans une liqueur, le numéro de la division où il s'arrête indique le nombre de centièmes d'alcool ou de sel contenu dans ce liquide (1).

96. L'*aréomètre balance*, ou de Nicholson, sert à la mesure des pesanteurs spécifiques des solides. C'est celui de Fahrenheit, auquel on ajoute à volonté un petit seau S, *fig.* 35. Voici son usage : connaissant le poids nécessaire pour faire affleurer l'instrument dans l'eau distillée, on place dans la cuvette B le corps dont on veut avoir la densité; il ne doit pas être assez considérable pour faire dépasser le point d'affleurement, car alors l'opération ne pourrait se faire; on ajoute, à côté du corps, des poids suffisans pour ramener l'instrument au point d'affleurement : alors on place le corps dans le seau, il perd de son poids celui du volume d'eau qu'il déplace, et les poids ajoutés pour ramener au point d'affleurement donnent les rapports de densité du corps et de l'eau.

---

(1) *Graduation de l'échelle de l'aréomètre de Baumé.*

Deux de ces aréomètres sont employés très fréquemment, l'un sert à mesurer la densité des liquides plus denses que l'eau, l'autre, celle des liquides moins denses.

Pour graduer le premier, on le plonge dans l'eau pure, et on marque l'affleurement; on fait ensuite un mélange de quatre-vingt-cinq parties d'eau et de quinze de sel; on marque encore sur la tige le niveau du liquide; on divise l'intervalle qui sépare les deux marques en quinze parties égales, enfin on prolonge l'échelle au-dessus du dernier niveau.

Pour les liquides qui sont plus légers que l'eau, l'instrument se trouve gradué d'une manière différente; on plonge et on marque successivement les niveaux de l'eau pure et d'un mélange de quatre-vingt-dix d'eau et de dix de sel; on divise l'intervalle en dix parties égales, et on prolonge la division au-dessus.

On voit facilement qu'on pourrait construire un aréomètre qui indiquât à lui seul les degrés des liquides plus denses et des liquides moins denses que l'eau, et qui même indiquât directement les densités. Voyez, plus loin, la théorie mathématique des pesanteurs spécifiques.

T. R.

SECTION IV.

DE L'ÉBULLITION.

97. Les corps prennent l'état de liquidité lorsque la force de cohésion se trouve balancée par la force de répulsion du calorique; mais un tel équilibre ne peut être de longue durée ; aussi avons-nous déjà annoncé qu'à peine devenu liquide, ce corps a une tendance à se réduire en vapeur, à passer à l'état aériforme. Nous avons vu également que tous les corps ne changent pas d'état au même degré de chaleur, et que tous ne conservent pas leur liquidité pendant les mêmes intervalles de température. Ainsi, l'eau, qui est le liquide le plus important à étudier, se liquéfie à 0°, se vaporise avec violence à 100°; mais dans tout cet intervalle, elle a d'autant plus de tendance à passer à l'état de vapeur, et elle se vaporise en effet d'autant plus que la chaleur est plus élevée. Dans ces phénomènes, il semble que la moindre quantité de calorique qui vient pénétrer un corps liquide rompt l'équilibre entre la force de cohésion, et dès-lors exerçant sa puissance sur les molécules qu'elle rencontre, elle les fait passer à un état où elles sont presque entièrement sous sa dépendance. Nous verrons, dans le chapitre suivant, en traitant des vapeurs, qu'en effet tout le calorique ajouté sert à en produire, et que cette formation est indépendante de la pression des corps ambians. Ainsi, à température égale, il se forme autant de vapeurs dans l'air que dans le vide; mais, dans ce dernier cas, la production est violente, presque instantanée, tandis que dans l'air elle est d'autant plus lente qu'il est plus dense; il paraît donc qu'il ne faut que gêner, embarrasser le dégagement des vapeurs. Ainsi, dans la marmite de Papin, l'eau soumise à une pression énorme ne peut se vaporiser, ne peut bouillir; mais, si on lui livre une issue, elle s'élance avec une éruption terrible et avec une violence souvent effrayante.

98. Mais, sous la pression ordinaire de l'atmosphère, 100° de chaleur suffisent pour donner à la vapeur une

élasticité égale à celle de l'air; dès cet instant, l'eau ne peut plus augmenter de température, tout le calorique est employé à la formation de la vapeur, qui se dégage avec d'autant plus de force que le foyer de chaleur est plus considérable : on dit alors que l'eau *bout*, ou est en *ébullition*.

Tels sont les phénomènes que tous les corps en général, et l'eau en particulier, nous présentent dans leur changement d'état. Prenant ce liquide pour exemple, nous le voyons d'abord de l'état solide passer à la liquidité, lorsque le thermomètre marque 0°; nous voyons ensuite, à mesure que la température s'élève, sa tendance à se réduire en vapeur, devenir plus forte, jusqu'à ce qu'enfin, à 100°, elle fasse équilibre à la pression ordinaire de notre atmosphère, estimée équivaloir à une colonne de mercure de 76 centimètres. A ces deux points extrêmes, dernières limites de la solidité et de la liquidité de l'eau, nous l'avons vue ne pouvoir prendre une température plus élevée sans changer d'état, et nous avons reconnu qu'il en était ainsi, parce que tout le calorique est employé dans le premier cas à liquéfier l'eau, dans le second à la vaporiser.

CHAPITRE III.

DES FLUIDES AÉRIFORMES.

99. Dès qu'un corps est parvenu à l'état liquide, les continuels efforts du calorique lui font sur-le-champ manifester une tendance à se réduire en fluide aériforme ou élastique ; cette tendance montre d'autant plus d'énergie que la pression supportée par le liquide est moins forte, et enfin il arrive toujours un terme où l'intensité de la chaleur l'emporte sur la force de cette pression ; alors la température du liquide ne peut plus augmenter, il entre

en ébullition, et tout le calorique qui pénètre entre ses molécules est employé à les faire passer à l'état de vapeur.

De même que nous avons vu, par l'abaissement de la température, les liquides redevenir solides, on devait s'attendre à voir les vapeurs repasser à l'état de liquidité par la même cause. C'est ce qui arrive en effet lorsque, d'une manière quelconque, le calorique qui maintenait un corps à l'état de vapeur lui est enlevé, l'affinité des molécules redevient prépondérante, elles se rapprochent et se déposent enfin sur les corps environnans en petites gouttes liquides; cet effet dépend de la tension de la vapeur; il peut donc se manifester à toutes sortes de températures, puisque la quantité de vapeur qu'un espace peut contenir est toujours d'autant plus considérable que la chaleur est plus forte.

Nous verrons dans le Livre suivant que, dans ces différens passages successifs des corps de l'état solide à l'état liquide, et de l'état liquide à l'état gazeux, une grande quantité de calorique est absorbée, ne manifeste plus sa présence au thermomètre; elle est donc employée à maintenir l'état du corps, mais elle n'est point détruite, car elle reparaît en entier dans un changement inverse : aussi l'appelle-t-on *chaleur latente*.

100. Tous les corps ne se fondent pas; ne se vaporisent pas au même degré de chaleur; nous avons vu un grand nombre de corps solides ne céder qu'à l'action des foyers les plus intenses; il en est plusieurs qu'on n'est pas encore parvenu à liquéfier; de même, dans l'état ordinaire des choses, un assez grand nombre de corps sont naturellement gazeux. L'air atmosphérique qui enveloppe le globe terrestre est, pour le physicien, le plus important de ces corps, qu'aucune pression, aucun froid, ne peuvent ni liquéfier, ni solidifier; lui-même est composé de deux autres corps qui jouissent des mêmes propriétés, l'oxigène et l'azote : la nature nous en offre encore quelques autres, mais rarement à l'état libre. La chimie en a beaucoup augmenté le nombre; et parmi ceux qu'elle a découverts, on est enfin parvenu récemment à en liquéfier

quelques-uns par un froid et une pression très forte ; ce qui prouve qu'il en serait de même des autres par une puissance encore supérieure (1).

Quoi qu'il en soit, cette considération a fait diviser les fluides élastiques ou aériformes en *permanens* et non *permanens*, en *gaz* et en *vapeurs*. Les premiers sont éminemment compressibles et dilatables ; ils ne changent point d'état à quelque froid, à quelque pression qu'on les soumette : les seconds ne peuvent supporter qu'un certain froid, qu'une certaine pression ; ils ne jouissent des propriétés des gaz permanens que dans certaines limites, mais alors ils leur sont entièrement comparables. Nous traiterons donc des uns et des autres dans des sections distinctes, après avoir rappelé et complété en quelques mots la connaissance de leurs propriétés les plus générales.

101. La plupart des substances gazeuses sont invisibles, et cela ne doit pas étonner ; car, puisque leurs molécules sont dans une continuelle répulsion, cherchent toujours à s'écarter davantage, les pores qui les séparent doivent être comparativement très vastes, et dès lors il n'est pas étonnant qu'à cause de leur ténuité, leur agrégation même ne soit pas sensible pour nos organes. Cette même répulsion doit nécessairement déterminer la figure de ces corps : ils ne peuvent, comme les solides, former des masses indépendantes des milieux environnans ; ils ne peuvent, comme les liquides, se mettre constamment de niveau, ni n'occuper qu'une portion du vase dans lequel on les introduit : quelle que soit sa capacité, ils l'envahiront entièrement, ils s'insinueront dans ses moindres anfractuosités, en vertu de la continuelle domination du principe répulsif. Cependant, si dans ce vase on introduit deux gaz de

(1) On peut voir, dans les *Transactions phylosophiques de la Société royale de Londres*, et dans les *Annals of phylosophy*, les expériences et les découvertes de MM Faraday et H. Davy, sur la liquéfaction des gaz, ainsi que les applications de la plus haute importance qu'ils doivent en faire pour remplacer les machines à vapeur. Voyez un extrait de leurs travaux dans les *Annales de Physique et de Chimie*, premiers cahiers de 1824.

densité différente, le plus lourd remplira, dans ce cas, l'office d'un liquide, et la surface qui les séparera sera horizontale (1).

Nous n'ajouterons rien à ce que nous avons déjà dit de la porosité et de l'impénétrabilité des corps aériformes; il suffit de jeter les yeux autour de soi pour reconnaître la première de ces propriétés; il suffit de réfléchir un instant pour voir que la résistance de l'air, ses mouvemens, l'obstacle qu'il présente à la chute des corps solides, la division qu'il produit dans la chute des liquides de manière à les réduire en pluie, sont des effets de la matérialité et de l'impénétrabilité de ses molécules. De même que, dans tous les milieux, les corps ne peuvent se mouvoir dans les fluides aériformes qu'en déplaçant les molécules qui se trouvent sur leur passage, et l'on appréciera la perte de mouvement causée par cette résistance, quand on saura qu'un boulet de canon qui, dans le vide, serait lancé à dix-sept mille mètres, ne parviendrait, dans l'air, qu'à quatre mille.

102. Quant à la pesanteur des fluides aériformes, nous avons déjà eu occasion de la démontrer d'une manière irrécusable; nous avons vu qu'on devait en tenir compte dans l'appréciation de la densité des corps, comme dans la mesure de leur chute et de leurs mouvemens : nous y reviendrons d'ailleurs avec détail, dans la seconde section, en parlant du baromètre. Il en sera de même de l'élasti-

(1) On sait, au contraire, que les fluides élastiques, dans leurs mélanges, n'obéissent point comme les liquides aux lois de la densité. Cette vérité fondamentale a été mise hors de doute par une expérience directe. Berthollet avait fait descendre dans les caves de l'Observatoire deux ballons séparés par un robinet. L'un était plein d'hydrogène, et l'autre d'acide carbonique à la même pression. Après les avoir disposés, l'hydrogène en haut et l'acide carbonique en bas, on attendit longtemps avant de tourner le robinet pour établir la communication. Ces deux gaz étaient certainement à la même température dans le repos le plus absolu et à l'abri de toute agitation. Cependant le mélange se fit assez promptement; la moitié de l'hydrogène, malgré sa légèreté, descendit dans le ballon inférieur, et la moitié de l'acide carbonique, malgré sa densité, s'éleva dans le ballon supérieur. (*Physique de Pouillet*, tome 1, page 342.) T. R.

cité et de la compressibilité des substances qui nous occupent, en traitant de la pression de l'air et des diverses machines dans lesquelles on peut le condenser ou le raréfier; et tout ce que nous dirons alors des gaz permanens pourra s'appliquer, mais dans des limites moins étendues, aux gaz non permanens, qui vont nous occuper en premier lieu.

SECTION PREMIÈRE.

DES VAPEURS OU FLUIDES NON PERMANENS.

103. L'observation des phénomènes qui se renouvellent chaque jour, et dans toutes les circonstances, fit bientôt remarquer que tous les liquides, lorsqu'ils n'étaient pas placés dans des vases hermétiquement fermés, diminuaient sensiblement de volume, et enfin disparaissaient totalement sans aucune cause apparente. Mais nous avons vu que, si ce phénomène ne peut s'apprécier sans difficulté sous la pression et la température ordinaire de notre atmosphère, il se manifeste à tous les yeux lorsque nous élevons cette température ou diminuons cette pression; en un mot, lorsque le liquide entre en ébullition, nous voyons alors de toutes parts, dans la masse fluide, se former des bulles aériformes qui surmontent la résistance du liquide, et viennent crever à sa surface, en la soulevant avec violence. A l'air libre, ces bulles ne cessent de se dégager tant que le foyer de chaleur subsiste, et qu'il reste une goutte de liquide dans le vase; mais il n'en est pas de même dans un espace limité.

104. Quand on observe ce qui se passe dans un vase d'une certaine capacité, dans lequel on a placé un liquide, on remarque d'abord que son volume diminue d'une certaine quantité, après quoi, il demeure stationnaire; que la diminution se fasse rapidement, comme dans l'ébullition, ou lentement, comme dans l'évaporation, ces circonstances n'influent point sur le phénomène; mais si nous augmentons la capacité du vase, nous observerons une nouvelle diminution dans la masse liquide; il en sera de

même si, sans changer la capacité, nous élevons sa température.

Ces expériences nous permettent de conclure qu'un espace limité ne peut contenir sous une certaine température qu'une quantité déterminée de vapeur; mais il nous reste à rechercher quelle est cette quantité pour les vapeurs des divers liquides, soit dans le vide, soit dans les gaz, et à mesurer cette quantité que l'on nomme la tension de la vapeur; nous devons encore chercher à connaître les lois de la formation des vapeurs et de leur dégagement, l'espace qu'elles occupent sous une pression et à une température déterminée, enfin donner les moyens d'apprécier exactement la quantité de vapeur qui se trouve mélangée avec un gaz, ce qui est le but de l'*hygrométrie.*

§ I. *Formation des vapeurs.*

105. Le phénomène le plus remarquable que présente la formation des vapeurs, phénomène qui pourra même paraître singulier au premier coup-d'œil, mais qui n'est que la conséquence et la démonstration de la cause qui le produit, est le suivant : il se forme dans un espace déterminé, pourvu que la température soit égale, autant de vapeurs, que cet espace soit vide, ou qu'il soit déjà occupé par un fluide élastique d'une densité quelconque; la formation de la vapeur présente seulement cette différence, qu'elle est instantanée et violente dans le vide, tandis qu'elle se fait d'autant plus lentement que le gaz avec lequel elle doit se mêler est plus condensé.

L'opinion adoptée universellement par les physiciens, il y a peu d'années, considérait l'évaporation comme produite par l'action dissolvante de l'air; cette opinion était encore professée en Allemagne en 1813, ainsi que le prouve le traité de physique mécanique de Fischer (1); mais les travaux de MM. Dalton et Gay-Lussac ont prouvé d'une manière irrécusable que la formation des vapeurs

(1) Voyez l'édition de cette année 1813, traduite par M. Biot.

était entièrement indépendante de l'action de l'air, qui lui oppose au contraire une résistance mécanique, et qu'elle était due tout entière à la puissance du calorique, qui, éloignant les molécules liquides au point de les faire changer d'état, ne leur permet plus de rester dans un milieu d'une densité bien supérieure, et les force à se loger dans les interstices d'un corps dont les molécules sont à de grandes distances les unes des autres, comme le gaz.

106. L'évaporation dans l'air, ou dans tout autre gaz qui ne se combine pas avec la vapeur, est donc précisément la même que dans le vide, pourvu que ce gaz soit sec, la tension de la vapeur y est égale, et elle cessera de s'y former au même terme, c'est-à-dire lorsque son élasticité fera équilibre à la force expansive du liquide. L'augmentation de l'évaporation par le renouvellement de l'air n'est point une preuve de son action dissolvante; elle est le résultat de la diminution de l'obstacle mécanique qu'il oppose au dégagement de la vapeur, car la portion d'air qui environne un liquide en évaporation est bientôt chargée d'une vapeur dont la tension égale celle du liquide : elle cesserait donc de se produire si cet air ne pouvait se renouveler et emporter cette vapeur, d'où l'on voit que le renouvellement de l'air est une cause puissante d'accélération dans l'évaporation, en livrant à la vapeur de nouveaux passages à envahir, de nouveaux interstices à remplir : par-là on comprendra que la diminution du liquide sera proportionnée à la surface exposée à l'air, et devra être plus considérable par un vent violent que par un temps calme; c'est ce qui se réalise chaque jour sous nos yeux (1).

107. Nous n'entrerons dans aucun détail sur les nombreuses expériences aussi ingénieuses que délicates, au

(1) En admettant avec Laplace que, dans les corps gazeux, il y a infiniment plus d'espace vide que de matière on ne conçoit pas trop comment l'air en pressant sur l'eau peut en retarder sensiblement l'évaporation, à moins qu'on ne veuille admettre des actions moléculaires entre le gaz et le liquide. Z.

moyen desquelles les habiles physiciens que nous avons cités tout-à-l'heure sont parvenus à déterminer la tension des vapeurs des divers liquides selon les variations de la température, et à reconnaître qu'elle est la même dans le vide ou dans le gaz : il suffit d'avoir indiqué les résultats de leurs recherches, elles prouvent que, dans un état limité, la force de ressort, ou l'élasticité de la vapeur résultant de la température, s'ajoute à celle du gaz, ce qui permet de la mesurer exactement dans toutes les circonstances où on la produit, soit dans le vide, soit dans un air sec. C'est ce qu'on peut faire au moyen du *manomètre :* cet instrument, *fig.* 36, est un baromètre dont la portion ouverte pénètre dans un ballon de verre, dans lequel on peut introduire tel gaz ou tel liquide, en telle quantité qu'on désire, ou bien y faire le vide. Dans cette expérience, comme dans toutes les autres, on exprime la tension de la vapeur par le nombre de millimètres dont elle fait monter la colonne barométrique : ainsi, à la température moyenne de 10° la tension de la vapeur d'eau est de 9 millimètres 47 ; si donc la pression ordinaire de l'air soutient le baromètre à $760^{m\ m}$ de hauteur, l'eau vaporisée dans l'instrument l'élèvera de $9^{m\ m}$ 47, c'est-à-dire à $769^{m\ m}$ 47.

108. En étudiant ainsi la tension de la vapeur pour toutes les températures, on reconnaît qu'elle augmente dans une progression assez considérable à mesure que la température s'élève : il en est de même de la quantité de liquide vaporisée ; ainsi entre 0° et 10°, il se forme moins de vapeur qu'entre 10° et 20° ; ainsi à 20° la tension de la vapeur est plus que double de ce qu'elle était à 10.

Nous reconnaissons dans ce phénomène une action du calorique analogue à celle que nous avons remarquée en traitant de la dilatation des solides et des liquides.

109. Après avoir déterminé la tension de la vapeur d'eau pour les températures où l'on peut avoir occasion de l'observer, les mêmes physiciens cherchèrent à déterminer celle des autres liquides, et ils furent conduits à reconnaître cette loi générale très remarquable, que la variation de la force élastique de la vapeur, pour un même

nombre de degrés du thermomètre, est la même pour tous les liquides, en partant pour chacun d'eux de la température où leurs forces élastiques sont égales; par exemple, où elles font équilibre à la pression de l'atmosphère : ainsi, sachant que l'eau bout à 100°, l'éther à 39°, nous voyons que la tension, la force élastique de leur vapeur, est alors précisément égale. Eloignons chacun de ces deux termes de la même expression de température, par exemple de 20°, nous trouverons dans ce cas les tensions encore exactement semblables. (1).

110. On voit, d'après cette loi, que la tendance à se vaporiser est bien faible à la température ordinaire, pour les liquides qui n'entrent en ébullition qu'à de hautes températures, comme le mercure. C'est une qualité qui le rend bien précieux pour une multitude d'expériences physiques et chimiques où il est nécessaire de faire le vide, ainsi que pour la confection des thermomètres et des baromètres. En effet, ce liquide ne bout qu'à la température de 350° : à ce degré de chaleur, comme l'eau a 100°, la vapeur fait donc équilibre à la pression de l'atmosphère. D'après la loi que nous avons reconnue tout-à-l'heure, la tension de la vapeur de mercure à 250° ne sera pas plus forte que celle de l'eau à 0°, c'est-à-dire qu'elle fera monter le baromètre d'environ 5 mm. A 100°, cette tension sera donc la même que serait celle de l'eau à 150° au-dessous de zéro; elle sera par conséquent absolument inappréciable : le vide au-dessus du mercure pourra donc, à toutes les températures ordinaires, être considéré comme parfait.

111. Il résulte aussi de la même loi que les corps qui ne deviennent liquides qu'à de hautes températures ne doivent fournir aucune vapeur sensible : cependant plusieurs d'entre eux, comme le cuivre, le plomb, exhalent une

---

(1) Cette loi, connue sous le nom de *Dalton*, n'est pas absolument rigoureuse. Tous les liquides ont bien des tensions égales au point d'ébullition; mais il n'est pas absolument vrai qu'en s'écartant d'un même nombre de degrés au-dessus et au-dessous de ce point, l'égalité de tension se conserve. T. R.

odeur qu'on ne peut attribuer qu'à la volatilisation de leurs molécules. On ignore pourquoi cette espèce de vapeur ne manifeste aucune tension.

Les considérations précédentes portèrent naturellement les physiciens à rechercher si quelques corps solides ne fournissaient pas de vapeur, et ils reconnurent en effet que l'eau, même à l'état de glace, jusqu'à 40° au-dessous du point de la congélation, est encore susceptible de s'évaporer d'une manière appréciable. M. Biot, à 20° au-dessous de 0°, estime sa tension égale à 1^{m,m} 1/3, et M. Gay-Lussac a confirmé ce calcul par expérience.

§ II. *Effets de l'élasticité et du dégagement de la vapeur.*

112. Nous venons de voir que la chaleur est la seule cause de l'évaporation, et que, dans un espace limité, il se forme autant de vapeurs dans un gaz, quelle que soit sa densité, que dans le vide : la force de ressort du mélange est donc augmentée de toute celle de la vapeur; mais à l'air libre, dans notre atmosphère, qu'on peut considérer comme un réservoir d'une capacité infinie, le même phénomène ne peut plus se présenter. En effet, l'air et la vapeur, étant tous deux des fluides élastiques, tendent sans cesse à se mettre en équilibre et à se repousser; dans un espace libre, l'air chargé de vapeur doit donc se dilater jusqu'à ce que sa force de ressort, plus celle de la vapeur, soient égales à celle de l'air plus sec qui les entoure. Si cette dilatation ne peut avoir lieu, et que la vapeur continue à se former, la moindre cause devra produire une précipitation de cette vapeur; elle repassera à l'état liquide de différentes manières.

Ces principes donnent l'explication d'un grand nombre de phénomènes météorologiques qui se passent chaque jour dans l'atmosphère, tels que les vents locaux, les pluies; ils font aussi entrevoir la cause de la baisse générale remarquée dans le baromètre lorsque le temps doit être pluvieux; car il résulte des recherches de M. Gay-Lussac qu'à la température et sous la pression ordinaire de l'air, la pesanteur spécifique de la vapeur aqueuse est de plus d'un tiers moindre que celle de l'air ; à égalité de densité, égalité qui doit toujours s'établir dans une masse comme l'atmosphère, sans cesse en mouvement, sans cesse en communication, l'air chargé de vapeur est donc spécifiquement plus léger que l'air sec (1).

113. La mesure de la force élastique de la vapeur a aussi été l'objet des recherches des physiciens, et ils lui ont reconnu une puissance énorme. L'eau, en se vaporisant à la température de l'ébullition, occupe un espace 1700 fois plus grand à l'état gazeux qu'à l'état liquide. D'après cela, on conçoit facilement qu'en déterminant la formation de la vapeur sous une haute pression, on pourra la rendre capable de vaincre la plus forte résistance; on pourra employer son effort comme force motrice dans toutes sortes d'appareils mécaniques : c'est ce qu'on avait réalisé depuis long-temps dans les diverses pompes à feu; mais c'est dans ces dernières années qu'en Angleterre, et en Amérique surtout, on a tiré de cette nouvelle puissance que l'homme peut, pour ainsi dire, diriger et augmenter à volonté un immense parti. Non-seulement on a remplacé par là la force des hommes et des animaux, mais aussi celle des eaux et des vents. On a appliqué la force de la vapeur à toutes les machines connues : les bateaux et les navires voguent au gré du pilote, malgré les courans et les vents contraires; les voitures marchent sans chevaux; enfin, un Américain annonçait tout récemment être parvenu à diriger les ballons par le même moyen. Mais quels prodiges n'enfantera pas le génie de l'homme, quelles bornes pourra-t-on mettre à sa puissance, si, par la compression de l'air, si, par la force d'expansion des gaz liquéfiés, tels que l'acide carbonique, il parvient aux mêmes résultats en faisant varier la tempé-

(1) Le rapport du poids de la vapeur au poids de l'air pris sous le même volume à la même température et à la même pression est, d'après M. Gay-Lussac, 5 : 8, c'est-à-dire que la densité de la vapeur est les 5/8 de celle de l'air. T. R.

rature seulement de quelques degrés, et nous touchons au moment où cette importante découverte va porter ses fruits !

114. La force de ressort des vapeurs, de même que celle des gaz, est toujours proportionnelle au volume qu'elles occupent (1), en sorte que la quantité de fluide aériforme qui soutient une pression de 76 centimètres, en soutiendra une double si l'espace qu'il occupe est diminué de moitié. Dans cette condensation, on a rapproché les molécules du corps, et son élasticité est devenue beaucoup plus forte : dans le mélange qu'on fait de plusieurs de ces fluides élastiques, qu'ils soient ou non permanens, pourvu qu'ils ne soient pas de nature à se combiner, on rapproche également les molécules, et l'élasticité du mélange est précisément le résultat de celle de chacun des fluides pris à part.

115. Nous avons vu que, lorsqu'on expose un liquide à l'air libre, il se dissipe graduellement ; mais il est important de savoir en quelle proportion, avec quelle vitesse. Il est facile de prévoir que le liquide doit s'évaporer en entier dans l'atmosphère, qu'on peut regarder comme un manomètre infini : on devait conclure également des lois de la formation des vapeurs, que l'évaporation est d'autant plus intense que l'air est plus sec, et qu'elle serait nulle dans un air saturé d'humidité. En effet, M. Dalton a reconnu que l'évaporation est toujours proportionnelle à la tension de la vapeur : ainsi elle est plus rapide dans un air sec que dans un air déjà chargé de vapeur ; elle s'accélère à mesure que la température augmente, elle est plus rapide pour les liquides dont la force élastique est plus considérable.

---

(1) La force de ressort des gaz est *inversement* proportionnelle au volume qu'ils occupent. Quant aux vapeurs, elles ne résistent point long-temps à pressions croissantes ; si l'on essaie de les comprimer pour augmenter leur force élastique, on arrive bientôt à un point où elles se condensent. Ce point est leur *tension maximum*. Du reste, on admet que leurs tensions sont en raison inverse des volumes qu'elles occupent, aussi long-temps qu'elles ne sont pas pressées au point de se condenser. T. R.

116. Les changemens qui surviennent dans l'état des corps modifient la tention de leur vapeur, et par suite leur évaporation; ainsi, presque toutes les dissolutions salines n'entrent en ébullition qu'à une température plus élevée que l'eau pure; ce qui annonce une tension moindre; par conséquent, à température égale, l'évaporation d'une telle dissolution est moindre. Ce phénomène offre cette particularité remarquable, que la vapeur ne renferme pas un atome de sel; d'où il semblerait naturel de conclure que ce sel ne doit produire aucun changement dans l'évaporation. Pour concevoir cette singularité, il faut se représenter les couches de vapeurs appuyées les unes sur les autres, et se faisant ainsi équilibre en tout ou en partie. Celle qui touche la surface liquide a pour contre-poids de sa force élastique la tension avec laquelle le liquide est porté à émettre des vapeurs; en sorte que, si, par une cause quelconque, la force élastique du liquide se trouve diminuée, cette couche de vapeur, pressée par celles qui sont au-dessus, et n'étant plus soutenue par la tension du liquide, devra s'y précipiter et se liquéfier; aussitôt les couches supérieures suivront la même route, jusqu'à ce qu'enfin l'équilibre se trouve rétabli.

117. Nous avons déjà annoncé qu'un corps ne pouvait se vaporiser sans absorber une grande quantité de chaleur, qui est à la vérité restituée lorsque la vapeur repasse à l'état liquide: mais cela nous amène à conclure que toute évaporation est une cause puissante de refroidissement. Par-là se trouvent expliqués plusieurs phénomènes singuliers. Si l'on place au soleil un thermomètre dont la boule est enveloppée d'un corps humide, on verra le mercure s'abaisser; en effet, le soleil, activant l'évaporation, cause une absorption du calorique qui se fait en partie aux dépens du thermomètre (1). Dans plusieurs pays, on met

(1) Le liquide présente, dans ce cas, une grande surface à l'air; il s'évapore donc rapidement, surtout s'il existe des courans; cela doit nécessairement produire un abaissement de température; mais, si l'expérience se fait au soleil, celui-ci fournira au liquide une partie de la chaleur dont il a besoin pour se changer en vapeur, de manière que

à profit cet effet pour rafraîchir et même congeler l'eau : pour cela, on la met dans des vases poreux qu'on nomme *alcarazas*, susceptibles de tamiser le liquide en petites gouttelettes, ou bien dans des vases qu'on entoure d'un linge humide : on expose ces vases isolément à un courant d'air, ou bien on les fait osciller comme un pendule, en les suspendant à une corde ; la vapeur, qui se forme alors avec rapidité, enlève au vase et au liquide qu'il contient une grande quantité de chaleur, et abaisse leur température souvent assez pour faire passer l'eau à l'état de glace (1) (2).

---

le thermomètre marquera une moindre diminution ou même une élévation. Le même raisonnement s'applique à l'expérience de la bouteille de vin enveloppée d'un linge mouillé qui, dit-on, se refroidit aux rayons du soleil. Z.

(1) Le refroidissement des liquides par leur évaporation, lorsque toutefois celle-ci n'est pas due à une chaleur extérieure, est prouvé par la belle expérience de Leslie : sous le récipient de la machine pneumatique on place une petite capsule contenant quelques grammes d'eau, et à côté une plus grande pleine d'acide sulfurique concentré ; on fait le vide, la vapeur qui se forme est aussitôt absorbée par l'acide, de manière que l'évaporation est tellement rapide que le liquide entre en ébullition, puis, bientôt après, se change en glace. Z.

(2) La théorie des vapeurs est devenue, depuis quelque temps, une des plus importantes, tant pour la science proprement dite que pour ses applications, nous avons en conséquence jugé nécessaire de donner dans ce Manuel une table un peu étendue des tensions et des densités ; il en existe actuellement plusieurs ; l'encyclopédie technologique qu'on publie en Allemagne en contient une fort complète, mais nous avons donné la préférence aux résultats obtenus par les savans français. Z.

TABLEAU

TABLEAU contenant la densité et le volume de la vapeur d'eau, au maximum *de tension, en prenant pour unités la densité et le volume de l'eau liquide à* 0°.

TEMPÉRATURE.	TENSION.	DENSITÉ.	VOLUME.
Degr.	mm.		
— 20	1,333	0,00000154	650588
— 15	1,879	212	470898
— 10	2,631	292	342984
— 5	3,660	398	251358
0	5,059	540	18[illegible]323
1	5,393	573	174495
2	5,748	609	164332
3	6,1[illegible]3	646	154842
4	6,523	686	145886
5	6,947	727	137488
6	7,396	772	129587
7	7,871	818	122241
8	8,375	867	115305
9	8,909	919	108790
10	9,475	974	102670
11	10,074	0,00001032	99202
12	10,707	1092	91564
13	11,378	1157	86426
14	12,087	1224	81686
15	12,837	1299	77008
16	13,630	1372	72913
17	14,468	1451	68923
18	15,353	1534	65201
19	16,288	1622	61654
20	17,314	1718	58224
21	18,317	1811	55206
22	19,417	1914	52260
23	20,577	2021	49487
24	21,805	2133	46877
25	23,090	2252	44411
26	24,452	2376	42084
27	25,881	2507	39895

TEMPÉRATURE.	TENSION.	DENSITÉ.	VOLUME.
Degr.	mm.		
28	27,390	2643	37838
29	29,045	2794	35796
30	30,643	2938	34041
31	32,410	3097	32291
32	34,261	3263	30650
33	36,188	3435	29112
34	38,254	3619	27636
35	40,404	3809	26253
36	42,743	4017	24897
37	45,038	4219	23704
38	47,579	4442	22513
39	50,147	4666	21429
40	52,998	4916	20343
41	55,772	5156	19396
42	58,792	5418	18459
43	61,958	5691	17572
44	65,627	6023	16805
45	68,751	6274	15938
46	72,393	6585	15185
47	76,205	6910	14472
48	80,195	7242	13809
49	84,370	7602	13154
50	88,742	7970	12546
51	93,301	8354	11971
52	98,075	8753	11424
53	103,060	9174	10901
54	108,270	9606	10410
55	113,710	0,00010054	9946
56	119,390	10525	9501
57	125,310	11011	9082
58	131,500	11523	8680
59	137,940	12044	8303
60	144,660	12599	7937
61	151,700	13179	7594
62	158,960	13760	7267

TEMPÉRATURE.	TENSION.	DENSITÉ.	VOLUME.
Degr.	mm.		
63	166,560	14374	6957
64	174,470	15010	6662
65	182,710	15668	6382
66	191,270	16356	6114
67	200,180	17060	5860
68	209,440	17797	5619
69	219,060	18566	5386
70	229,070	19355	5167
71	239,450	20174	4957
72	250,230	21013	4759
73	261,430	21889	4569
74	273,030	22794	4387
75	285,070	23789	4204
76	297,570	24702	4048
77	310,490	25699	3891
78	323,890	26739	3741
79	337,760	27789	3599
80	352,080	28889	3462
81	367,000	30025	3331
82	382,380	31105	3206
83	398,280	32399	3087
84	414,730	33637	2973
85	431,710	34916	2864
86	449,260	36237	2760
87	467,380	37590	2660
88	486,090	38984	2565
89	505,380	40417	2474
90	525,280	41891	2387
91	545,800	43405	2304
92	566,950	44956	2224
93	588,740	46556	2148
94	611,180	48201	2075
95	634,270	49886	2005
96	658,050	51613	1938
97	682,590	53388	1873

TEMPÉRATURE.	TENSION.	DENSITÉ.	VOLUME.
Degr.	mm.		
98	707,630	55191	1812
99	733,460	57055	1751
100	760,000	58955	1696
112,2	1 1/2 atm.	0,0008563	11678
121,4	2	0,0011147	89709
128,8	2 1/2	0,0013673	73139
135,1	3	0,0016150	61919
140,6	3 1/2	0,0018589	53796
145,4	4	0,0020997	47626
149,06	4 1/2	0,0023410	42718
153,08	5	0,0025765	38816
156,8	5 1/2	0,0028091	35599
160,2	6	0,0030402	32893
163,48	6 1/2	0,0032683	30598
166,5	7	0,0034911	28612
169,37	7 1/2	0,0037217	26882
172,1	8	0,0039434	25359
177,1	9	0,0043865	22798
181,6	10	0,0048226	20736
186,03	11	0,0052557	19027
190	12	0,0056834	17596
193,7	13	0,0061074	16374
197,19	14	0,0065275	153·0
200,48	15	0,0069444	14400
203,60	16	0,0073586	13590
206,57	17	0,0077692	12871
209,4	18	0,0081778	12228
212,1	19	0,0085831	11651
214,7	20	0,0089863	11128
217,2	21	0,0093868	10653
219,6	22	0,0097853	102195
221,9	23	0,010182	98·13
224,2	24	0,010575	94562
226,3	25	0,010968	91171
236,2	30	0,012903	7750

TEMPÉRATURE.	TENSION.	DENSITÉ.	VOLUME.
Degr.	mm.		
244,85	35	0,014663	68198
252,55	40	0,016644	6008
259,52	45	0,018197	54064
265,89	50	0,020306	49315
311,36	100	0,037417	2672
363,58	200	0,068635	14570
397,65	300	0,097671	10238
423,57	400	0,12534	7978
444,70	500	0,15202	6578
462,71	600	0,17791	5621
478,45	700	0,20318	4921
492,47	800	0,2279	4387
505,16	900	0,2522	3965
516,76	1000	0,276	3622

Les résultats contenus dans ce tableau jusqu'à 23 atmosphères ont été déterminés par l'expérience. Ceux depuis une atmosphère jusqu'à 25 sont dus à MM. Arago et Dulong; ces savans en ont déduit pour les hautes pressions la formule empirique $F = (1 + 0{,}7153\,T)^5$; dans laquelle F représente la pression exprimée en atmosphères et T la température. C'est au moyen de cette formule qu'on a calculé les autres tensions contenues dans le tableau. Il est probable que ces nombres s'écartent peu de la réalité jusqu'à 50 atmosphères; mais au-delà il serait difficile de prédire ce qui se passe.

Nous ajoutons encore un tableau des poids de la vapeur d'eau qui est contenue dans un mètre cube d'air depuis $-20°$ jusqu'à $+40°$, limites entre lesquelles on fait ordinairement les observations hygrométriques.

Température en degrés centigrades.	Force élastique correspondante en millimètres.	Poids de la vapeur contenue dans un mètre cube d'air en grammes.	Température en degrés centigrades.	Force élastique correspondante en millimètres.	Poids de la vapeur contenue dans un mètre cube d'air en grammes.
—20	1,3	1,5	19	16,3	16.2
—15	1,9	2,1	20	17,3	17,1
—10	2,6	2,9	21	18,3	18,1
— 5	3,7	4,0	22	19,4	19,1
0	5,0	5,4	23	20,6	20,2
1	5,4	5,7	24	21,8	21,3
2	5,7	6,1	25	23,1	22,5
3	6,1	6,5	26	24,4	23,8
4	6,5	6,9	27	25,9	25,1
5	6,9	7,3	28	27,4	26,4
6	7,4	7,7	29	29,0	27,9
7	7,9	8,2	30	30,6	29,4
8	8,4	8,7	31	32,4	31,0
9	8,9	9,2	32	34,3	32,6
10	9,5	9,7	33	36,2	34,3
11	10,1	10,3	34	38,3	36,2
12	10,7	10,9	35	40,4	38,1
13	11,4	11,6	36	42,7	40,2
14	12,1	12,2	37	45,0	42,2
15	12,8	13,0	38	47,6	44,4
16	13,6	13,7	39	50,1	46,7
17	14,5	14,5	40	53,0	49,2
18	15,4	15,3			

§ III. *De l'hygrométrie.*

118. L'eau, qui occupe une grande partie de la surface du globe que nous habitons, qui y est répandue, combinée, mélangée dans tant d'états, sous tant de formes différentes, s'évapore sans cesse; notre atmosphère, réceptacle de cette évaporation, n'est jamais entièrement purgée de vapeur aqueuse; après s'en être imbibée petit à

petit, après l'avoir conservée pendant plus ou moins de temps, elle la restitue par divers moyens, sous la forme liquide ou solide, lorsqu'elle y est en excès sous la pression et la température du moment : par-là l'équilibre est rétabli ; il est même dépassé en sens contraire, de sorte que l'évaporation peut recommencer de nouveau. On conçoit que, dans une multitude de recherches de physique et de chimie, de même que dans un très grand nombre de circonstances de la vie, dans le choix du moment favorable pour beaucoup de travaux de l'agriculture ou des arts, il est très important de connaître quelle quantité de vapeur aqueuse est mélangée avec l'air atmosphérique ou le gaz que l'on emploie ; c'est cette quantité de vapeur, désignée sous le nom d'*humidité*, d'*état hygrométrique*, qu'on cherche à mesurer ou plutôt à montrer au moyen des *hygromètres* et des *hygroscopes*.

119. L'air, ou un gaz quelconque, exige, pour être saturé, d'autant plus de vapeur que la température est plus élevée ; ainsi on voit, d'après les tables de tension de la vapeur, qu'à 10° elle fait équilibre à une colonne de mercure de $9^{m\,m}$, ou à une colonne d'eau de douze centimètres, tandis qu'à 0° son poids n'équivaut qu'à $5^{m\,m}$ de mercure. La quantité et le poids de la vapeur augmentent donc beaucoup avec la température, en sorte qu'on peut dire que, plus il fait chaud, plus il y a de vapeur d'eau dans l'air. Rien n'est plus facile que de connaître la quantité et le poids de l'air et de la vapeur, en supposant que le premier est saturé ; car, si le baromètre accuse à 10° une pression de $760^{m\,m}$, nous n'aurons qu'à retrancher de cette somme le poids de la vapeur ; c'est-à-dire $9^{m\,m}$, pour avoir la densité de l'air (1). Mais il n'en est

(1) Ce calcul n'est point achevé. Les tables de la force élastique de la vapeur de l'eau donnent une tension de 9 millimètres à 10 degrés de température ; un litre d'air à la pression de 9 millimètres peserait 9/760 de 1 g. 299 (poids d'un litre d'air sous la pression de 760 millimètres) ou 0.g.015. Or, on a vu plus haut que la densité de la vapeur d'eau sous la même pression n'était que les 10/16 de celle de l'air. Multipliant 0.g.015 par 10/16, on obtient 0 g 009 pour le poids de la vapeur contenue dans un litre d'air, abstraction faite de la correction de dilatation. T. R.

point ainsi lorsque l'humidité n'a pas atteint le degré extrême, et c'est alors qu'il faut avoir recours aux hygromètres pour apprécier, du moins approximativement, quelle quantité de vapeur est contenue dans l'air. Nous disons approximativement, car plusieurs causes d'erreur dépendant, soit de la température, soit de la nature des corps qu'on emploie, sont inévitables dans ces sortes d'instrumens.

120. Nous voyons la plupart des corps organisés, tant animaux que végétaux, éprouver de grandes variations par l'influence de l'humidité qui s'introduit en eux ou qui s'en dégage. Ils augmentent de volume, et en général s'alongent en raison de l'humidité; ils se resserrent en raison de la sécheresse. Par exemple, le papier, le parchemin, le bois, les membranes animales, s'alongent et s'agrandissent lorsque l'humidité augmente. Les cordes ne s'alongent pas à l'humidité, au contraire, elles deviennent plus courtes; mais c'est par la raison qu'étant composées de filamens rapprochés, l'humidité augmente beaucoup leur grosseur; si elles sont tordues, la même cause les fera détordre. C'est sur ces principes que repose la construction d'un grand nombre d'hygromètres; appliqués aux cordes à boyaux, ils firent inventer ces figures qui indiquent, par leurs mouvemens, la sécheresse et la pluie.

De tels instrumens pouvaient suffire pour des indications grossières, mais ils ne pouvaient fournir une mesure de l'état hygrométrique d'un gaz. De Saussure a le premier reconnu que les cheveux, dépouillés de la substance grasse qui les enveloppe, au moyen d'une lessive caustique, étaient doués des propriétés hygrométriques à un haut degré de sensibilité; qu'ils s'alongeaient alors de 1/50; qu'ils étaient à-peu-près inaltérables aux températures ordinaires; qu'en raison de leur peu de volume, ils agissaient promptement, et qu'enfin ils revenaient constamment aux mêmes points toutes les fois que l'humidité ou la sécheresse se représentaient au même degré. Les cheveux réunissaient donc toutes les qualités nécessaires pour faire un bon hygromètre.

151. De Saussure, pour rendre l'hygromètre à cheveu

un instrument comparable, et qui puisse faire apprécier de légères variations, l'a construit tel qu'il est représenté *fig* 37. Le cheveu, suspendu et tendu par un poids, est passé sur une poulie très mobile qui porte une aiguille ; cette poulie suit exactement tous les mouvemens du cheveu, et fait par conséquent mouvoir l'aiguille qui indique, sur un arc de cercle gradué, l'alongement et le raccourcissement que subit le cheveu, d'après le degré de l'humidité de l'air qui l'environne. Quant à la maniere de graduer le cadran, elle consiste à chercher les points extrêmes de sécheresse et d'humidité qu'on marque 0° et 100°, et on divise l'intervalle en cent parties égales ; on obtient un air parfaitement sec, en plaçant dans le vase où il est renfermé, pendant au moins un jour, des substances dessiccatives, telles que la chaux ; on le sature d'humidité en mettant dans ce vase un plat plein d'eau (1) (2).

---

(1) L'hygromètre de Daniell est préféré aujourd'hui à celui de Saussure. Nous regrettons de ne pouvoir en donner ici la description.
T. R.

(2) Tous les hygromètres construits avec des corps organiques sont des instrumens plus ou moins inexacts et toujours fort incommodes à consulter ; c'est pourquoi nous croyons faire plaisir au lecteur en donnant avec quelque détail la description de celui de Daniell fondé sur un autre principe qui est susceptible de beaucoup d'exactitude. Tout le monde a eu l'occasion d'observer le phénomène que présente pendant l'été une bouteille qu'on vient de tirer de la cave : sa surface commence par se ternir, se recouvre ensuite d'une couche d'humidité qui devient assez épaisse pour produire des gouttes qui ruisselent tout le long de la paroi, on se contente de dire vulgairement que la bouteille sue, ce qui ferait croire que l'humidité vient de son intérieur, mais le contraire a lieu : l'air, ou pour mieux dire l'espace, exige d'autant plus de vapeur pour être saturé que sa température est plus élevée; l'atmosphere n'est jamais saturée, mais en général elle contient une masse de vapeur d'autant plus grande qu'elle est plus chaude; ainsi, toutes circonstances égales d'ailleurs, il y en aura plus à 25° qu'à 10°. on conçoit donc qu'il pourra se faire que la quantité qui ne peut pas saturer à 25° soit suffisante et même au-delà pour saturer l'air s'il se refroidissait jusqu'à 10°. Or, puisque la bouteille froide abaisse la température de l'air qui la touche, il arrive un moment où celui-ci, se trouvant sursaturé, dépose l'excès de vapeur sous forme liquide sur la paroi de la bouteille.

122. Ce ne sont pas seulement les substances organiques qui jouissent de la propriété hygrométrique ; il parait

---

Cette expérience ne pourrait pas servir à la détermination exacte de la température à laquelle l'air se trouve saturé, ou de ce qu'on appelle son point de rosée, mais, en partant du même principe, il est facile d'imaginer un moyen pour cela : qu'on mette, par exemple, dans un vase de verre bien propre de l'eau à la température de l'air ambiant, et qu'on la refroidisse ensuite graduellement en en ajoutant d'autre très-froide ou même de la glace, on pourra, au moyen d'un thermomètre plongé dans le liquide, saisir exactement la température du vase au moment où il commence à se recouvrir d'une légère couche d'humidité, c'est aussi la température de l'air qui se trouve saturé. Soit, comme nous l'avons supposé ci-dessus, 25° la température de l'air, 10° celle du vase au moment du point de rosée, la table des tensions de la vapeur nous donne 9,mm. 475 pour celle correspondante à 10°; mais la même quantité de vapeur chauffée jusqu'à 25 acquerra une tension de 9,949. (*Voyez* plus bas), c'est la tension de la vapeur existant actuellement dans l'atmosphère, elle serait de 23 mm., si celle-ci était saturée. Les poids de vapeur contenue dans un même espace et à la même température sont dans le rapport des tensions, ainsi le poids cherché est exprimé par le poids correspondant à la saturation multiplié par le rapport 9949/23100 = 0.43. Pour saturer un mètre cube d'air à 25°, il faut 22 gr. 5 de vapeur, donc 22 gr. 5 × 0,43 = 9 gr. 675 est le poids de la vapeur contenue dans un mètre cube d'air dans les circonstances que nous avons supposées.

Cet hygromètre, dû à Leroy, de Montpellier, a reçu une forme fort élégante par Daniell, physicien anglais; on en voit une représentation dans la fig. 4. A B C D est un tube de verre aux extrémités duquel sont soufflées deux boules A D; l'une A, est noircie en dedans et remplie d'éther sulfurique, elle contient la boule d'un petit thermomètre dont la tige est enfermée dans la branche A B; l'autre, D, est recouverte d'un tissu léger, par exemple de mousseline. L'intérieur de ce petit appareil est purgé d'air. Le pied sur lequel il repose porte un second thermomètre qui sert à donner la température de l'air Au moyen d'un petit vase J portant un bec G on verse goutte à goutte de l'éther sulfurique sur l'enveloppe de la boule D, l'évaporation de ce corps très volatil refroidit la boule, les vapeurs éthérées qu'elle contient se précipitent aussitôt, le liquide renfermé en A en fournit une nouvelle quantité et se refroidit à son tour; il arrive donc un moment où la paroi de cette boule commence à se ternir. Le reste du calcul s'achève comme nous l'avons dit précédemment.

On peut voir dans le traité de M. Pouillet une autre forme que cet habile physicien donne à ce même hygromètre ; elle est plus facile à construire et moins sujette à casser. Un inconvénient de ce genre d'hygromètres c'est la difficulté de saisir exactement le point de rosée, ce qui occasione toujours une petite erreur Il serait à souhaiter qu'on imaginât un instrument donnant immédiatement la tension de la vapeur et dans lequel cette cause d'erreur n'existât point. Z.

qu'un grand nombre de corps organisés, vivans, sont puissamment influencés par l'état hygrométrique de l'air, sont avertis d'une manière certaine des changemens qu'il éprouve. Il n'est point étonnant que les végétaux, dont l'eau, soit liquide, soit en vapeur, est un des principaux alimens, manifestent sa présence ou son absence, son abondance ou son défaut, par divers phénomènes; mais quelle cause fait agir les animaux en raison de ces mêmes variations? L'un, par ses chants, annonce qu'une pluie bienfaisante va satisfaire les plantes altérées; d'autres, avertis que des torrens d'eau les menacent de leur chute, se hâtent de se rapprocher de leurs retraites, en ferment les issues, mettent leurs petits en sûreté; d'autres, à l'approche du temps pluvieux, se hâtent de satisfaire à leurs besoins, et se retirent ensuite dans un lieu d'abri, tandis qu'il en est qui semblent alors reprendre une vie nouvelle, et retrouver le bonheur et la santé. Le beau temps renaît, et avec lui la gaîté et les travaux ordinaires des uns, la gêne et l'état de malaise des autres; mais tous ont été prévenus d'avance des changemens qui se préparaient (1).

123. Un grand nombre de sels et de substances minérales sont également hygrométriques, c'est-à-dire absorbent ou restituent l'humidité, en raison de l'état de l'air qui les environne; on désigne cette propriété des sels sous le nom de déliquescence; elle varie à l'infini d'après leur nature, chacun d'eux ayant pour l'eau une affinité différente (2).

---

(1) Les philosophes semblent avoir tout-à-fait négligé ce fait si remarquable : un examen approfondi, sans doute très difficile, doit conduire à de grandes découvertes. Z.

(2) On appelle *déliquescens* les corps qui ont la propriété d'attirer l'humidité de l'atmosphère et de devenir liquides, le chlorure de calcium la possède au plus haut degré; mais on appelle *efflorescens* les corps qui, au contraire, en cédant à l'atmosphère toute ou simplement en partie leur eau de cristallisation, tombent en poussière; nous citerons comme exemple le sulfate de soude, vulgairement *sel de Glauber*. Z.

SECTION II.

DES GAZ OU FLUIDES PERMANENS.

124. L'étude des vapeurs comprend en partie celle des gaz, puisqu'ils ne diffèrent les uns des autres que par le plus ou le moins de constance dans leur fluidité élastique, notre tâche à l'égard de ceux-ci se trouve donc remplie jusqu'à un certain point. D'un autre côté, nous ne devons entrer dans aucun détail sur la nature et les combinaisons des différens gaz, puisque nous n'étudions que les propriétés physiques des corps en général ; c'est à la chimie qu'il appartient de rechercher les lois de la composition des gaz, à les distinguer les uns des autres : pour nous, nous les considérons en masse, et tous nous offrent alors les mêmes propriétés. L'air atmosphérique est le gaz qui joue le rôle le plus important dans la nature par son action physique ou mécanique, seul objet de nos recherches ; lui seul nous occupera donc d'une manière spéciale ; mais tout ce que nous en dirons pourrait aussi bien s'appliquer à un gaz quelconque formant une grande masse.

125. Les fluides élastiques sont, comme tous les autres corps, des assemblages de molécules ; mais, chez eux, elles sont placées à de grandes distances, en sorte que ces corps sont spécifiquement très légers, occupent un très grand espace, sont en général invisibles, se contractent et se dilatent d'une manière pour ainsi dire infinie, du moins pour plusieurs d'entre eux. Tous les phénomènes qu'ils présentent sont des conséquences inévitables des modifications qu'entraîne à sa suite une telle manière d'être ; c'est ce qui va se développer d'une manière évidente. Nous reconnaîtrons d'abord que l'air est un corps pesant, mais qui, à raison de sa légèreté spécifique, a dû être refoulé à la surface du globe ; là, il forme l'atmosphère, dont nous mesurerons la hauteur et le poids au moyen du baromètre. Nous mesurerons ensuite la densité de ce corps si léger, et de plusieurs autres gaz à diverses températures, sous diverses pressions ; nous retrouverons dans les

gaz, et nous étudierons chez eux la propriété générale des corps de se dilater par la chaleur, de se contracter par le froid; enfin, nous les trouverons doués au plus haut degré de l'élasticité et de la compressibilité; et nous examinerons les phénomènes qui en sont le résultat dans la machine pneumatique, les pompes, les aérostats.

§ I. *Pesanteur de l'air.*

126. Jusqu'au temps où la physique commença à établir ses fondemens sur l'observation et l'expérience, c'est-à-dire jusqu'à Galilée, on n'eut aucune idée exacte de la pesanteur et de la pression de l'air; on supposait que tout espace était rempli de matière pesante, et que la nature avait horreur du vide : c'est ainsi qu'on expliquait l'ascension de l'eau dans les corps de pompe. Galilée avait entrevu que ce phénomène était produit par la pesanteur de l'air; mais il savait ce qu'il lui en avait coûté pour avoir démontré que la terre tourne autour du soleil, et il emporta son secret dans la tombe. Ce fut Toricelli, son élève, qui eut la gloire de lever tous les doutes par l'invention du baromètre.

On savait que, dans les corps de pompe, l'eau s'élevait jusqu'à trente-deux pieds, mais ne dépassait jamais ce terme. Le physicien que nous venons de nommer fit la même expérience sur le mercure. Pour cela, il remplit de ce liquide un assez long tube fermé à une de ses extrémités; il le renversa en plongeant son extrémité ouverte dans un vase où il y avait aussi du mercure; aussitôt il vit s'abaisser la colonne liquide renfermée dans le tube; mais, après plusieurs oscillations, elle demeura suspendue, ayant une élévation de vingt-huit pouces ou soixante-seize centimètres. Le mercure a une densité treize fois et demie plus forte que celle de l'eau; en comparant donc le poids de cette colonne de vingt-huit pouces de mercure avec celle d'eau de trente-deux pieds, on reconnut qu'elles se faisaient exactement équilibre, et il fut démontré par-là que la même cause, la pression de l'atmosphère, produisait l'ascension des deux liquides : telle fut l'origine du *ba-*

romètre, l'un des instrumens de physique les plus importans, auquel on doit une multitude de découvertes de tout genre, et que nous devons par conséquent décrire avec quelque détail.

127. L'expérience de Toricelli, telle que nous l'avons indiquée, formait un véritable baromètre; mais il était fort imparfait, parce que ce physicien négligeait un grand nombre de précautions nécessaires. De plus, au lieu de plonger le tube dans une cuvette, pour ses baromètres, il employait des tubes recourbés, dont l'extrémité ouverte était fort courte; il faisait poser sur le mercure un poids exactement équilibré par un autre poids, et dont le fil qui les unissait passait sur une poulie; à cette poulie était fixée une aiguille qui amplifiait les variations, en les marquant sur un cadran. Tels sont les baromètres anciens dont on se sert encore pour indiquer la pluie et le beau temps, mais que l'expérience a prouvé être fort défectueux et très sujets à erreur.

128. Pour avoir un bon baromètre, dont on puisse regarder les indications comme la vraie mesure de la pression de l'atmosphère, il faut commencer par bien sécher le tube dont on veut se servir, en le chauffant fortement. On y introduit ensuite le mercure par petites portions, et on l'y chauffe également au point de l'y faire bouillir, afin de chasser l'air qui peut être mêlé avec lui, et surtout la légère couche d'humidité qui reste attachée aux parois du tube; sans ces précautions, l'ascension du baromètres est au-dessous de la vérité; car, dès que le tube est renversé, le vide se forme au-dessus du mercure, et l'air, ainsi que l'humidité, par leur force expansive, s'y portent, et y font en partie équilibre à la pression de l'atmosphère.

Quant à la division qu'on applique à cet instrument, c'est une échelle métrique, partagée en centimètres et en millimètres, sur laquelle on fait glisser un curseur muni d'un vernier, et qui permet de porter la précision des observations à des dixièmes de millimètres. Quelquefois, de l'autre côté de l'enveloppe ou de l'appui du tube, on trace l'ancienne division en pouces et lignes, et on ajoute les indications vulgaires *pluie*, *variable*, *beau temps*. La *fig.* 38 représente le baromètre de Fortin, le plus complet, le plus constant dans ses indications. Le tube y est enveloppé d'un cylindre de cuivre, et plongé dans une cuvette dont on augmente ou diminue la capacité, de manière à faire toujours correspondre le niveau du liquide de la cuvette avec le zéro de l'échelle.

129. La *fig.* 39 représente le baromètre à syphon, perfectionné par M. Gay-Lussac : c'est le plus commode pour les voyages; il est portatif, puisqu'on peut le mettre dans une canne; peu sujet aux accidens, et d'une exactitude à peu près égale à celle du précédent. Le tube en syphon de cet instrument offre plusieurs parties amincies et effilées, dont le but est d'empêcher l'introduction de l'air dans la longue branche, lorsqu'on renverse le tube, et d'éviter sa fracture. Les deux extrémités sont fermées, et l'air pénètre par un orifice rentrant et capillaire; de sorte que le mercure ne peut s'échapper. Ce baromètre doit être muni d'une échelle mobile, dont on place le zéro au niveau du mercure de la branche la plus courte.

130. Dans tous les cas, un bon baromètre doit être accompagné d'un thermomètre qui fait corps avec lui; car, puisque la chaleur dilate le mercure, elle le rend moins pesant sous un volume égal. Dans la mesure de la pression de l'air, on a donc toujours à faire une correction en raison de la température. Pour ramener les opérations à celle de 0°, il faut retrancher, pour chaque degré au-dessus, 1/5412 de la colonne observée, et l'ajouter par chaque degré au-dessous (1).

131. Au moyen d'un des instrumens que nous venons de décrire, on reconnaît que la pression moyenne de l'atmosphère, la pesanteur de l'air à Paris, à la température moyenne de 12°, équivaut à une colonne de mercure de 76 centimètres. A une température égale, cette hauteur, mesurée au niveau des mers, est à fort peu près la même dans tous les lieux du globe, c'est-à-dire de 76^c. Les va-

(1) Au lieu de 1/5412, il faut lire 1/5550. T. R.

riations naturelles de cette hauteur dans un même lieu sont d'environ deux pouces six lignes. Les plus considérables qui aient eu lieu à Paris ont été observées par M. Arago, le 25 décembre 1821, jour où le baromètre est tombé à vingt-six pouces quatre lignes; et le 9 février suivant, où il s'est élevé à 28 pouces dix lignes. A mesure qu'on s'élève, soit sur les montagnes, soit dans les aérostats, l'air, étant déchargé du poids des couches inférieures, doit être moins pesant. C'est en effet ce que l'expérience démontre, et c'est sur ce principe qu'est fondée la mesure des hauteurs par le moyen du baromètre.

132. Rien ne serait plus simple que la mesure de ces hauteurs, ainsi que celle de l'atmosphère, si l'air était partout d'une égale densité, puisqu'on sait qu'à la température de 0°, et sous la pression de 79 centimètres, le mercure pèse 10,463 fois plus que l'air. Mais ce gaz, étant éminemment compressible et dilatable, se raréfie à mesure que la quantité des couches supérieures qu'il a à supporter est moindre. Il faut donc faire entrer cet élément dans la mesure des hauteurs estimées au moyen du baromètre, en établissant le calcul d'après la loi de Mariotte, que les gaz se compriment et se dilatent dans le rapport inverse des poids dont ils sont chargés.(1). Quant à la

(1) M. de la Place a fait connaître la formule de ce calcul dans la *Mécanique céleste*; on la trouve aussi dans le *Traité général de Physique* de Biot; de plus, on a dressé des Tables où la réduction est indiquée pour chaque variation de température. (*Note de l'Auteur.*)

D'après M. Despretz, la loi de Mariotte n'est vraie pour aucun gaz, c'est-à-dire qu'aucune substance gazeuse (et même aucune substance liquide ou solide) ne donne une diminution de volume proportionnelle à la pression.

Deux gaz quelconques soumis ensemble à une même compression ne se compriment pas également. *Voyez* son Traité de Physique.

M. Oersted, au contraire, regarde cette loi comme véritable pour les gaz, pour les solides et les liquides. Il pense que les anomalies qu'il a observées lui-même dans la compression des gaz pourraient être le résultat d'une action des tubes sur les gaz qu'ils renferment, action croissante avec la pression, de telle sorte qu'un volume gazeux pris à une certaine distance des parois du tube suivrait la loi de Mariotte, tandis que le gaz voisin des mêmes parois s'écarterait plus ou moins de cette loi.

T. R.

hauteur de l'atmosphère, qui serait d'environ deux lieues si l'air avait partout la densité que nous venons d'indiquer tout-à-l'heure, elle est encore fort indécise et très controversée; les uns regardent l'expansion de l'air comme indéfinie; d'autres l'estiment d'environ seize lieues; enfin, un Anglais, la limitant au point où la force d'attraction du globe et la force d'expansion du gaz doivent se faire équilibre, l'a calculée d'environ 6. 6. milles d'Allemagne à la température de 0°, c'est-à-dire environ dix lieues communes (1).

133. Ce n'est pas seulement par l'expérience du baromètre qu'on reconnait les effets de la pression, de la pesanteur, de la résistance de l'air. Nous en avons chaque jour mille exemples sous les yeux. L'ascension des liquides dans les pompes, leur suspension et la cessation de leur écoulement dans les vases qui n'ont pas de com-

---

(1) *Usage du baromètre pour la mesure des hauteurs.*

Soit x la différence de niveau en mètres entre les deux stations, l la latitude du lieu qu'il n'est pas nécessaire de connaître exactement, H la hauteur du baromètre à la station inférieure, le thermomètre centigrade à l'air libre marquant T degrés, h, t les mêmes choses à la station supérieure, θ la différence de température du baromètre dans les deux stations, on a

$$x = a\,(\log.\ H - \log.\ h\ 0{,}00008\,\theta)$$
$$1 + 0{,}002\,(T + t)\,]\,(1 \pm \alpha \cos 2\,l),$$

le log. de a étant 4.2646326 et celui de α $\bar{3}.45287$.

Application à l'une des opérations de M. Ramond sur le Puy-de-Dôme.

Boromètres.	Thermom. libres.	Température du barum.	Lat.
Clermont. H = 72cm 852	T = 28°.3	24°.7	45°
Puy-de-D. h = 70 565	t = 25°.5	27°.8	46°
	T + t = 53°.8	θ = −3.1	

munication avec l'extérieur, l'élévation des aérostats et des corps légers dans l'air sont des preuves de cette pression. Lorsqu'on voit crever une peau épaisse sous laquelle on fait le vide, lorsqu'on voit se briser le vase qu'on prive d'air, lorsque la plus grande force est impuissante pour séparer les hémisphères de Magdebourg, après qu'on y a fait le vide, lorsqu'on voit l'homme le plus robuste avoir peine à soulever le piston d'un cylindre où l'air ne peut pénétrer, comment pourrait-on méconnaître sa pesanteur et sa pression? Son poids est celui d'une colonne d'eau de trente-deux pieds; tous les corps exposés à l'air sont donc pressés à leur surface, comme ils le seraient par une colonne d'eau de cette élévation. C'est d'après cela qu'on a calculé qu'un homme supporte sur son corps une pression d'environ vingt mille kilogrammes (quarante mille liv.). On dira peut-être qu'il est impossible d'admettre une telle pression, puisque nos mouvemens paraissent entièrement libres; mais les poissons qu'on a retirés d'une profondeur de trois mille pieds étaient chargés du poids d'une colonne d'eau de cette hauteur, c'est-à-dire quatre-vingts fois

---

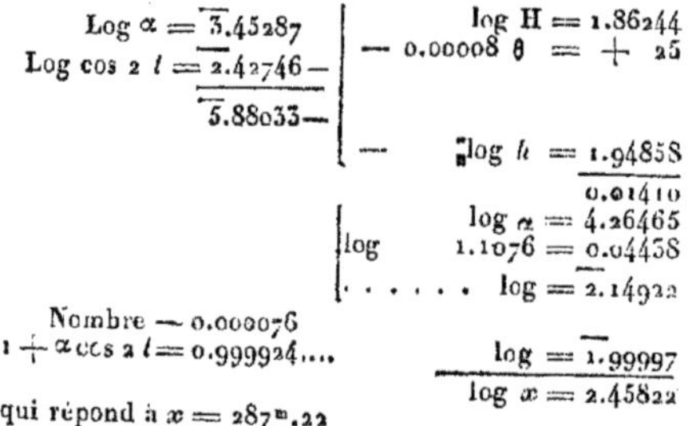

(1) On doit à M. Oltmans des tables qui dispensent d'un calcul aussi long pour arriver au résultat, on les trouvera dans l'*Annuaire du Bureau des longitudes*.

plus lourde que notre atmosphère, et cependant leurs mouvemens n'en étaient pas moins libres que ceux des espèces qui habitent la surface des eaux, que ceux des animaux qui vivent dans l'air; pour eux, comme pour nous, la pression du milieu qu'ils habitent, s'exerçant en tous sens, se compense, se détruit entièrement, au moyen de l'impénétrabilité des molécules de leurs organes; la densité des fluides et des solides qui entrent dans leur organisation est appropriée à celle du milieu qu'ils doivent habiter; ces êtres y sont donc dans un état d'équilibre et de liberté parfaite; ils ne souffrent que quand la densité de ce milieu vient à changer. C'est ce que nous voyons lorsqu'on amène à la surface les habitans des abîmes des mers; c'est ce que nous voyons lorsqu'on place un animal, une plante, sous le récipient de la machine pneumatique; les gaz renfermés dans leurs organes se dilatent, les liquides tendent à se réduire en vapeurs; une désorganisation complète a lieu. C'est par la même cause qu'en s'élevant sur les hautes montagnes ou dans les airs au moyen des ballons, bientôt la respiration se trouve gênée, le sang sort par le nez, par les yeux, par les oreilles; quelques pas de plus, et il s'ensuivrait une mort certaine.

§ II. *Elasticité, compressibilité de l'air et des gaz.*

134. Nous venons d'indiquer plusieurs phénomènes, plusieurs expériences qui démontrent d'une manière irrécusable la pesanteur et la pression du fluide qui nous environne. Ils nous ont également donné une idée de la grande compressibilité et de l'énorme élasticité de ce gaz, que nous avons vu s'insinuer dans tous les interstices, remplir tous les vides des corps. Nous allons maintenant faire connaître plusieurs machines importantes qui mettront ces propriétés dans tout leur jour, et les forceront de produire des effets inattendus. Commençons par les pompes et les machines pneumatiques.

135. On a inventé, tant pour faire plusieurs expériences curieuses que pour le besoin des arts, un très grand

nombre de pompes à liquides et à gaz, et on en a fait des applications sans nombre. Mais toutes, ainsi que les machines pneumatiques, se rapportent a deux sortes, la *pompe aspirante* et la *pompe foulante*, auxquelles on peut ajouter la *pompe composée*, c'est-à-dire qui réunit le jeu des deux premières.

136 La pompe aspirante est basée sur la pesanteur et la pression de l'atmosphère, d'où résulte une perpétuelle tendance à établir l'équilibre dans tous les corps. Elle est représentée *fig.* 40. En élevant le piston P, on tend à faire le vide dans le corps de pompe; l'eau, pressée par l'air extérieur, monte donc dans le canal C D, puis dans le corps de pompe. Si on empêche son retour, au moyen d'une soupape S, on pourra abaisser le piston, et, une soupape S' lui laissant alors passage, l'eau montera par-dessus le piston; en élevant celui ci de nouveau, on la soulevera, mais en même temps on fera de nouveau le vide, ce qui déterminera les mêmes effets; une nouvelle quantité d'eau montera dans le corps de pompe, puis au-dessus du piston lorsqu'on l'abaissera; et, enfin, au moyen de ce jeu alternatif, elle arrivera à l'orifice O, par lequel elle s'écoulera. On conçoit sur-le-champ, d'après la pesanteur que nous avons assignée à l'atmosphère, que le corps de pompe ne peut avoir plus de 32 pieds; mais, dès que l'eau a dépassé le piston, on peut l'élever indéfiniment.

137. La pompe foulante, *fig.* 41, est composée d'un tuyau T, plongeant dans l'eau et qui permet son introduction jusqu'à une certaine élévation, au moyen de petits trous. Si, lorsque ce tuyau est ainsi en partie rempli, on abaisse rapidement le piston, l'eau se trouvera pressée et se précipitera dans le canal C, où une soupape lui livrera passage. En élevant le piston, cette eau tendra à retourner dans le premier tuyau; mais la soupape, s'abaissant aussitôt, lui interdira le retour, en sorte que, par cette action repétée, elle sera élevée jusqu'a l'orifice O, placé à telle hauteur qu'on voudra.

138. La pompe composée fait l'office des deux précédentes, dont elle réunit les avantages; il suffit de jeter les yeux sur la *fig.* 42 pour la concevoir parfaitement,

et il serait inutile de la décrire. Toutes ces pompes sont d'un usage continuel pour élever l'eau et la distribuer où l'exigent le besoin des arts et les commodités de la vie. En combinant la pression du piston et l'élasticité d'une masse d'air comprimée, on est parvenu à rendre le jet de ces pompes continu; ce qui est très utile, particulièrement pour celles à incendie.

139. La machine pneumatique n'est réellement autre chose qu'une pompe. Si on élève le piston dans un canal semblable à une seringue dont l'ouverture sera plongée dans un liquide, celui-ci, en vertu de la pression de l'air, s'y introduira et en remplira la capacité. Il est évident que, si cette ouverture, au lieu de plonger dans un liquide, est fermée, la même opération fera le vide dans le tuyau; tel est le principe de la machine pneumatique. En effet, ajoutons à ce corps de pompe un ballon, comme on le voit *fig.* 43, ou faisons-le communiquer à un récipient ordinaire, *fig* 44, sur lequel on peut placer une cloche, ou visser des tubes, des ballons, attacher des vessies, etc.; au bas du corps de pompe, ou mieux dans le piston lui même, faisons une ouverture munie d'une soupape, de même que l'entrée du canal qui conduit au récipient; dans cet état, en élevant le piston P, l'air contenu dans le ballon se raréfiera, mais, en l'abaissant, la soupape S' lui interdira le retour; il ouvrira celle ajustée au piston, et s'échappera: si l'on élève de nouveau le piston, cette seconde soupape S fermera l'ouverture, et l'air du ballon sera de nouveau raréfié. En continuant ce jeu alternatif, on pourra le dilater de façon que sa densité soit presque insensible.

Dans une telle machine, la pression de l'air, surtout vers la fin de l'opération, oppose une résistance qu'on ne peut vaincre qu'en employant une très grande force, puisqu'elle est à-peu-près égale à celle qu'il faudrait pour soulever une colonne d'eau de 32 pieds; c'est dans le seul but d'annuler cette résistance que l'on construit des machines pneumatiques telles que le représente la *fig.* 45; deux pistons s'élèvent et s'abaissent alternativement, de sorte que la pression de l'air sur celui qui s'abaisse compense et détruit la résistance exercée par la même force sur celui qui s'élève.

140. Pour apprécier le degré de raréfaction de l'air contenu sous le récipient de la machine pneumatique, on y fait communiquer un tube barométrique H plongeant dans une cuvette remplie de mercure. A mesure que l'air se raréfie, le mercure monte dans le tube et indique le degré de dilatation. On se sert aussi, pour le même objet, d'une *éprouvette*, *fig.* 46; c'est une espèce de baromètre destiné à cet effet. On doit aussi, dans toutes les expériences de ce genre, placer sous le récipient des substances dessicatives, pour absorber la vapeur d'eau qui se forme constamment par sa force d'expansion, et remplit le vase. Cette précaution est indispensable.

141. Nous ne décrirons pas les pompes à compression, au moyen desquelles on condense l'air et les gaz; on conçoit qu'elles doivent être formées par le même mécanisme que la machine pneumatique, mais agissant en sens contraire. Tous ces instrumens donnent des preuves irrécusables du ressort énorme des gaz. Une vessie flasque, à cause de la pression de l'air, mise sous le récipient de la machine pneumatique, s'y gonfle, et bientôt en remplit toute la capacité; une autre vessie, gonflée à l'air libre et mise sous le récipient d'une pompe à compression, devient flasque comme la première dans l'air.

142. Le siphon est aussi une sorte de pompe. Lorsqu'on y fait le vide, le liquide en remplit l'intérieur; mais bientôt, n'étant plus soutenu, il tombe et continue à s'écouler en empêchant l'air de rentrer dans le tube. Le fusil à vent, les diverses espèces de soufflets, les fontaines intermittentes, de compression, de Héron, présentent également des effets qui dépendent de la compression et de l'élasticité de l'air.

143. Les phénomènes aérostatiques sont aussi le résultat et la preuve de la pression et de l'élasticité de l'air et des gaz. Nous avons vu tout corps, plus léger que le milieu où il est placé, tendre vers sa surface, et par conséquent s'élever. Mais de même que tous les liquides et tous les solides n'ont pas la même densité sous le même

volume, de même certains gaz peuvent contrebalancer l'élasticité de l'air sans avoir une densité égale à la sienne : c'est sur ce principe qu'est fondée la théorie des ballons. Leur inventeur, Montgolfier, ne connaissant pas encore les rapports de densité des gaz, tira parti, dans ce but, de la propriété des corps de se dilater par la chaleur. Il construisit une sphère d'une grande dimension, ouverte à sa partie inférieure; un filet suspendait à cette sphère une nacelle dans laquelle on allumait un fourneau; aussitôt la chaleur dilate l'air du ballon, augmente sa force de ressort, et, devenu plus léger, il entraîne avec lui dans l'atmosphère le fourneau, le combustible et celui qui doit le diriger.

Ces aérostats étaient d'un usage dangereux. Ce fut M. Charles qui y substitua le gaz hydrogène, seul en usage maintenant. Les ballons sont faits avec du taffetas enduit d'un vernis composé d'huile de térébenthine et de gomme élastique. Le voyageur dirige à volonté son ascension ou sa chute, d'abord au moyen de sable qui lui sert de lest, et dont il se débarrasse selon les circonstances, et ensuite par le secours d'une soupape, qui lui permet de laisser échapper une partie du gaz. Ce sont de tels ballons qui s'élèvent chaque jour dans les fêtes de la capitale : c'est dans un semblable aérostat que M. Gay-Lussac est parvenu jusqu'à une hauteur de 7,000 mètres, la plus grande que l'homme ait jamais atteinte. Là, ce savant intrépide respirait à peine, le sang sortait de ses veines de plusieurs côtés, et cependant il observait encore la hauteur du baromètre et du thermomètre; il recueillait l'air de ces hautes régions, mais enfin il fut à regret forcé de redescendre.

§ III. *Pesanteur spécifique de l'air et des gaz.*

144. La densité des fluides élastiques varie pour chacun d'eux aussi bien que celle des autres corps. Nous avons rapporté celle de ceux-ci à la pesanteur spécifique de l'eau; on pourrait aussi y rapporter celle des gaz; mais il est plus commode, à cause de leur grande légèreté, de

choisir un d'entre eux pour terme de comparaison : l'air atmosphérique, qu'on peut, sous ce rapport, considérer comme toujours le même, a dû être choisi de préférence.

C'est donc le poids spécifique de l'air atmosphérique qu'on prend pour terme de comparaison de celui de tous les autres gaz. Pour le connaître exactement, on fait le vide le plus parfait possible dans un ballon de verre d'une capacité connue, et qu'on a préalablement bien desséché; on pèse alors ce ballon en l'accrochant au plateau d'une balance bien exacte, et l'on a son poids ; si on y laisse entrer ensuite l'air, en le pesant de nouveau, la différence du poids indiquera la pesanteur de l'air qui a servi à remplir le ballon. De la sorte, on pourra connaître en grammes le poids de tel gaz ou telle vapeur qu'on voudra : on peut aussi, le poids de l'air une fois connu, y rapporter celui de tous les autres fluides élastiques.

145. Mais, pour que cette opération donne des résultats conformes à la vérité, en l'exactitude desquels on puisse avoir confiance, il est nécessaire de tenir compte d'un grand nombre de causes d'erreurs dont l'effet serait considérable, à cause de la légèreté des corps qui nous occupent, même sous un grand volume. Il faut donc avoir égard d'abord à la température et à la pression tant de l'air extérieur que du gaz qu'on pèse; car le poids d'un même volume varie sous l'influence de ces circonstances; le thermomètre, le baromètre, l'éprouvette, doivent donc être consultés dans ces sortes d'expériences. L'état hygrométrique de l'air et des gaz doit être connu très exactement; car la vapeur d'eau se mêlant au gaz, elle a sa pesanteur propre, celle du mélange serait donc loin de fournir la densité réelle du gaz qu'on soumet à l'expérience; enfin, non-seulement il faut connaître la capacité du vase qu'on emploie, mais encore il faut tenir compte des variations de dimension qu'il éprouve en raison de la température.

146. C'est en opérant de la sorte, et en faisant toutes ces corrections, qu'on a reconnu qu'un litre d'air pèse, à

0°, et sous la pression de 76 centimètres, 1 gramme 299. De même MM. Arago et Biot ont trouvé que, la densité de l'air étant prise pour unité, celle de l'oxigène était de 1,1; celle de l'hydrogene, de 0,073; celle de la vapeur d'eau, 0,623, etc.

§ IV. *Dilatation des gaz.*

147. Les fluides élastiques sont soumis, comme tous les corps, à l'action du calorique; elle est même beaucoup plus considérable sur ces corps, chez lesquels tout lien d'affinité est rompu. Par la même raison, on devait s'attendre que, pendant toute la durée de l'état gazeux, la dilatation et la contraction seraient exactement proportionnelle à la température, et c'est ce que l'expérience a confirmé; aucun corps ne serait donc plus propre que les gaz à former un thermomètre, et on en construit en effet sous les formes représentées par les *fig.* 47 et 48, dont la sensibilité est extrême, et au moyen desquels on peut apprécier les moindres variations de température. Cette grande dilatation est même leur principal inconvénient et une des causes qui leur ont fait préférer les thermomètres à liquide, pour l'observation des températures ordinaires; mais on ne doit point les négliger pour la mesure des températures très hautes et très basses, ainsi que pour être averti des plus petites variations. Ces instrumens sont en effet d'une telle sensibilité, qu'il suffit d'en approcher de deux ou trois mètres pour les faire marcher par la chaleur du corps, et c'est encore ce qui rend leur usage peu commode.

148. C'est au moyen d'instrumens analogues, et en employant les plus grandes précautions, que M. Gay-Lussac est parvenu à prouver, par expérience, que tous les fluides élastiques, aussi bien les gaz permanens que les vapeurs, se dilatent et se contractent en raison de la température d'une manière uniforme et constante, pourvu que la pression demeure la même. Il a trouvé que cette dilatation, depuis la température de la glace fondante

jusqu'à 100°, était égale à 0,375 de leur volume primitif à 0°; mais la dilatation suit la même marche au-dessus et au-dessous de ces deux termes, en sorte que l'action du calorique peut être regardée comme la seule cause de cette augmentation de volume des gaz, indépendante de la pression à laquelle ils sont soumis, cause qui agit toujours d'une manière constante et uniforme.

NOTE DU RÉVISEUR SUR LES CALCULS DES POIDS SPÉCIFIQUES ET DES DILATATIONS.

Le poids d'un corps quelconque, considéré en lui-même, sans s'embarrasser du volume sous lequel il est contenu, est ce qu'on appelle son poids absolu P; le poids compris sous l'unité de volume est son *poids spécifique* G; si V est le volume du corps, M sa masse, on a les relations suivantes :

$$P = G V, \quad G = \frac{P}{V}$$

Si P et p sont les poids absolus de deux corps, dont V et v sont les volumes, G, g, les poids spécifiques, M, m, leurs masses; D, d, les densités,

$$G : g :: \frac{P}{V} : \frac{p}{v} :: \frac{M}{V} : \frac{m}{v} :: D : d$$

Déterminer le rapport R des poids spécifiques de deux corps.

S'il s'agit de liquides, on prend un flacon vide, dont on cherche le poids a; on le remplit d'eau, et une nouvelle pesée donne b; enfin, on le remplit du liquide dont on veut obtenir le poids spécifique c.

$$R = \frac{c - a}{b - a}$$

S'il s'agit d'un solide, on met le flacon plein d'eau dans un des plateaux d'une balance, et on établit l'équilibre à l'aide de poids connus; puis on place le corps à côté du flacon, et on établit de nouveau l'équilibre à l'aide d'un nouveau poids, ϖ qui est évidemment celui du corps solide; enfin, l'on introduit le corps dans ce flacon plein d'eau, et l'on se trouve obligé, pour produire de nouveau l'équilibre, d'ajouter un nouveau poids E.

$$R = \frac{\varpi}{E}$$

On peut encore se servir de l'aréomètre de Fahrenheit, dont nous avons donné la description.

Soit p le poids de l'instrument, plus celui dont on le charge pour le faire *affleurer* dans le premier liquide $p \pm q$, ce poids, dans le second des liquides, dont nous appelons les pesanteurs spécifiques π et π', on a

$$\frac{\pi'}{\pi} = \frac{p \pm q}{p}$$

Pour les solides, on se sert de l'instrument de Nicholson, ou de la verge hydrostatique de Cotes. Nommons k le poids placé dans la cuvette supérieure pour produire l'affleurement. On ôte ce poids, et on y substitue le corps, plus le poids l nécessaire pour produire l'affleurement. Enfin, on place le corps avec un poids m, dans le bassin inférieur, pour produire encore l'affleurement; on a pour le rapport R des poids spécifiques du liquide et du solide

$$R = \frac{k - l}{m - l}$$

Et si p désigne le poids du corps dans l'air, et n la perte que le corps a fait de son poids dans l'eau,

$$p = k - l \qquad n = m - l$$

S'il s'agit de deux fluides, a étant le poids de l'instrument, l la charge qui produit l'affleurement dans le premier, λ le poids qu'il faut ajouter ou ôter pour le produire dans le second, le rapport R des poids spécifiques est

$$R = \frac{a + l \pm \lambda}{a + l} = 1 \pm \frac{\lambda}{a + l}$$

Si l'on conçoit une balance très exacte qui porte en dessous un crin auquel on puisse suspendre le corps, qu'après avoir mis l'instrument en équilibre dans l'air au moyen d'un poids P, on laisse ensuite plonger le corps dans l'eau, l'équilibre sera détruit, et il faudra, pour le rétablir, un poids f, le rapport des poids spécifiques du corps et de l'eau sera

$$R = \frac{R}{f}$$

Enfin, si f, f' sont les poids qu'il faut ajouter pour qu'un corps quelconque, suspendu comme nous l'avons dit plus haut, et plongé successivement dans deux différens fluides, soit équilibré, le rapport des poids spécifiques de ces fluides est

$$R = \frac{f}{f'}$$

C'est en partie par ces moyens qu'on a déterminé les poids spécifiques des substances suivantes.

Pesanteurs spécifiques des fluides élastiques, celle de l'air étant prise pour unité.

NOMS DES FLUIDES ÉLASTIQUES.	DENSITÉS déterm. par exp.	DENSITÉS calculées.
Air.	1.0000	
Vapeur d'iode.	......	8.6195
Vapeur d'éther hydriodique .	5.4749	
Vapeur d'essence de téréb . .	5.0130	
Gaz hydriodique.	4.443	
Gaz fluo-silicique	3.5735	
Gaz chloro-carbonique.	......	3.3894
Vapeur de carbure de soufre. .	2.6447	
Vapeur d'éther sulfurique. . .	2.5860	
Chlore	2.470	2.4216
Gaz euchlorine.	......	2.3782
Gaz fluo-borique.	2.3709	
Vap. d'éther hydro-chlorique .	2.2119	
Gaz sulfureux	2.1204	
Gaz chloro-cyanique.	......	2.111
Cyanogène.	1.8064	1.8011
Vapeur d'alcool absolu	1.6133	
Protoxide d'azote	1.5204	1.5209
Acide carbonique	1.5240	
Gaz hydro-chlorique.	1.2474	
Gaz hydro-sulfurique	1.1912	
Gaz oxigène.	1.1036	
Deutoxide d'azote	1.0388	1.0364
Gaz oléifiant.	0.9780	
Gaz azote	0.976	
Gaz oxide de carbone	0.9569	0.9678
Vapeur hydro-cyanique	0.9476	0.9360
Hydrogène phosphuré.	0.870	
Vapeur d'eau	0.6235	0.6224
Gaz ammoniacal.	0.5967	
Gaz hydrogène carboné	0.555	
Gaz hydrogène arsénié.	0.520	
Gaz hydrogène.	0.0688	

Liquides. Celle de l'eau étant 1.

Liquide	Densité
Acide sulfurique	1,8409
— nitreux	1,550
Eau de la mer Morte	1,2403
Acide nitrique	1,2175
Eau de la mer	1,0263
Lait	1,03
Eau distillée	1,0000
Vin de Bordeaux	0,9939
— de Bourgogne	0,9915
Huile d'olive	0,9153
Ether muriatique	0,874
Huile essentielle de térébenthine	0,8697
Bitume liquide dit *naphte*	0,8475
Alcool absolu	0,792
Ether sulfurique	0,7155

Solides.

Solide		Densité
Platine	laminé	22,0690
	passé à la filière	21,0417
	forgé	20,3366
	purifié	19,5000
Or	forgé	19,3617
	fondu	19,2581
Tungstein		17,6
Mercure (à 0°)		13,598
Plomb fondu		11,3523
Palladium		11,3
Rhodium		11,0
Argent fondu		10,4743
Bismuth fondu		9,822
Cuivre en fil		8,8785
— rouge fondu		8,7880
Molybdène		8,611
Arsenic		8,308

Nickel fondu.	8,279
Urane.	8,1
Acier non écroui.	7,8165
Cobalt fondu.	7.8119
Fer en barre.	7,7880
Etain fondu.	7,2914
Fer fondu.	7,2070
Zinc fondu.	6.861
Antimoine fondu	6,712
Tellure.	6,115
Chrôme.	5,9
Iode.	4,9480
Spath pesant.	4,4300
Jargon de Ceylan.	4,4161
Rubis oriental.	4,2833
Saphir oriental.	3,9941
— du Brésil	3,1307
Topaze orientale	4,0106
— de Saxe.	3,5640
Brésil oriental.	3,5489
Diamans les plus lourds (légèrement colorés en rose).	3,5310
— les plus légers.	3,5010
Flint-glass (anglais).	3,2393
Spath fluor (rouge).	3.1911
Tourmaline (verte).	3.1555
Asbeste roide.	2,9958
Marbre de Paros (chaux carbonatée lamellaire).	2,8376
Quartz-jaspe onyxs	2,8160
Emeraude verte.	2,7755
Perles.	2.7500
Chaux carbonatée cristallisée.	2,7182
Quartz-jaspe.	2,7101
Corail.	2.680
Cristal de roche pur.	2.6530
Quartz-agate.	2,615
Feld-spath limpide.	2,5644
Verre de Saint-Gobin.	2,4882

Porcelaine de la Chine.	2,3847
Chaux sulfatée cristallisée.	2.3117
Porcelaine de Sèvres.	2.1457
Soufre natif.	2.0332
Ivoire.	1.9170
Albâtre.	1.8740
Anthracite.	1.8
Alun.	1,720
Houille compacte.	1,3292
Jayet.	1,259
Succin.	1,078
Sodium.	0.9726
Glace	0.930
Potassium.	0.8651
Bois de hêtre.	0,852
Frêne.	0,845
If.	0.807
Bois d'orme.	0.800
Pommier.	0.733
Bois d'oranger.	0,705
Sapin.	0.657
Tilleul.	0,604
Bois de cyprès.	0.598
— de cèdre.	0.561
Peuplier blanc d'Espagne.	0,529
Bois de sassafras.	0.482
Peuplier ordinaire.	0.383
Liége.	0,240

Pour établir une liaison entre les Tables de pesanteurs spécifiques qui précèdent, nous ajouterons que, d'après les recherches de MM. Biot et Arago, le poids de l'air atmosphérique sec, à la température de la glace fondante et sous la pression de $0^m,707$, est, à volume égal, 1/770 de celui de l'eau distillée.

Par une moyenne entre un grand nombre de pesées, on a trouvé qu'à zéro de température et sous la pression de $0^m,76$, le rapport du poids de l'air à celui du mercure est de 1 à 10466.

DILATATION.

La dilatation est linéaire, superficielle ou cubique selon que l'on considère la longueur, la surface ou le volume du corps qui y est soumis : δ étant la dilatation linéaire, D la dilatation superficielle, et Δ la dilatation cubique, on a ces relations approchées :

$$\Delta = 3\,\delta \qquad D = 2\,\delta.$$

$$l'\,(1 + 2\,\delta\, t'')$$

Dans un même corps solide, la dilatation linéaire paraît être proportionnelle au nombre des degrés du thermomètre, comptés depuis 0 jusqu'à 100°.

Cette dilatation varie d'ailleurs pour chaque corps. On doit à MM. de Laplace et Lavoisier une Table de ces dilatations pour les corps les plus employés dans les arts.

δ étant la dilatation linéaire du corps par degré centésimal, le 100ᵉ du nombre de la table. ou le 80ᵉ, si l'on se sert du thermomètre dit de Réaumur.

t le nombre de degrés, l la longueur à o, l' celle du corps dilaté, S la surface à o, S' la surface après la dilatation, V le volume à o, V' le volume du corps dilaté.

On a assez exactement pour la pratique

$$V' = V\,(1 \pm 3\,\delta\, t)$$

$$S' = S\,(1 \pm 2\,\delta\, t)$$

$$l' = l\,(1 \pm \delta\, t)$$

On se sert du signe supérieur ou inférieur selon qu'il y a augmentation ou diminution de chaleur.

Ces formules exigent qu'on connaisse les dimensions à o si l'on voulait connaître une dimension V'' S'' l'', à la température t'', au moyen de V' S' l', à la température t', sans passer par la dimension à o, on se servirait de

$$V'' = \frac{V'\,(1 + 3\,\delta\, t'')}{1 + 3\,\delta\, t'}$$

$$S'' = \frac{S' 1 + 2 \delta t'')}{1 + 2 \delta t')}$$

$$l'' = \frac{l' (1 + \delta t'')}{(1 + \delta t')}$$

Table des dilatations linéaires qu'éprouvent différentes substances, depuis le terme de la congélation de l'eau jusqu'à celui de son ébullition, d'après MM. DE LAPLACE *et* LAVOISIER.

NOMS DES SUBSTANCES.	DILATATIONS en décimales.	DILATATIONS en fractions vulgaires.
Acier non trempé. . . .	0,0010791	1/927
Argent de coupelle. . . .	0,0019097	1/523
Cuivre.	0,0017173	1/502
— jaune ou laiton . .	0,0018782	1/533
Etain de Falmouth. . . .	0,0021730	1/462
Fer doux forgé	0,0012205	1/819
— rond passé à la filière.	0,0012350	1/812
Flint-glass anglais	0,0008117	1/1248
Or de départ.	0,0014661	1/682
— au titre de Paris . . .	0,0015515	1/645
Platine	0,0008565	1/1167
Plomb.	0,0028484	1/356
Verre de St.-Gobin . . .	0,0008909	1/1122

Le mercure se dilate, en volume, depuis zéro jusqu'à l'eau bouillante de . . . 0,018018 = 100/5550
L'eau de. . . . . . 0,0433 = 1/23
L'alcool de . . . . . 0.1100 = 1/9
Tous les gaz de . . . 0,375 = 100/267

Pour les gaz, on peut comprendre à la fois les variations de chaleur et de pression dans la même formule. Soient v et v', les volumes d'un gaz sec aux températures centigrades respectivs t, t', et sous les pressions p, p'; ces pressions étant mesurées par les colonnes de mercure du baromètre, on a

$$pv\,(1 + 0{,}00375\,t') = p'v'\,(1 + 0.00375\,t)\ (1).$$

T. R.

CHAPITRE IV.

DE L'ACOUSTIQUE ET DU SON.

149. Nous avons vu, en étudiant l'élasticité des corps, que leurs molécules, lorsqu'une force étrangère les contraint de sortir de leurs positions naturelles, tendent à y revenir par une suite d'oscillations isochrones, dès que cette force les abandonne à elles-mêmes; le calcul démontre que cet isochronisme, c'est-à-dire que cette régularité de mouvemens, dépend de la nature de la force agissante. Le son n'est rien autre chose que le produit de ces vibrations devenues très rapides, que le résultat du mouvement des molécules des corps, lequel se communique de proche en proche et parvient enfin à l'organe capable de l'apprécier. Nous verrons, en effet, par la suite, que l'oreille compte, pour ainsi dire, le nombre des vibrations pour en composer la valeur des sons et s'en former une idée. On nomme *acoustique* la science qui recherche les lois de la formation, de la propagation, de la

---

(1) Les vapeurs se conduisent dans ce cas absolument comme les gaz; ainsi, supposons un espace saturé à la température de 10°, la tension correspondante de la vapeur sera gmm. 475; cette même quantité de vapeur chauffée à 25°, produira un volume V' qui sera au volume primitif dans le rapport de

$$1 + 10.0{,}00375 : 1 + 25.0{,}00375$$

$$\text{donc } V' = V\,\frac{1 + 25\ 0{,}00375}{1 + 10.0{,}00375}$$

Les tensions sont dans le rapport des volumes : donc, etc. c'est le calcul qu'il faut ajouter pour compléter la note de la page 156. Z.

transmission, de la marche de ces mouvemens, enfin qui traite des sons en général.

Nous avons dû traiter du son après nous être occupés de l'air; car, si tous les corps sont susceptibles d'entrer en vibration rapide, et par conséquent de devenir sonores et de transmettre le son, cependant, dans les cas ordinaires, quelle que soit la cause productive du son, c'est l'air qui en est le véhicule. On peut même dire qu'à l'exception d'un très petit nombre de sons produits dans l'intérieur de notre corps, et dont on ignore le mode de perception, tous nous parviennent au moyen de l'air, puisque c'est ce fluide qui remplit la cavité intérieure de notre oreille (1).

150. La variété des sons est infinie, et, si la science est parvenue à découvrir la cause de leurs principales modifications, il en est encore plusieurs qui lui ont échappé. Ainsi, non seulement on perçoit des différences entre un son grave ou aigu, fort ou faible, mais encore on juge souvent avec la plus grande exactitude la nature du corps sonore à la qualité du son qu'il produit. On distingue la voix humaine, celle de chaque animal, le son de chaque instrument; le sifflement des vents, le murmure des eaux, toutes les sortes de bruits produits par un mouvement, un frottement, un choc quelconque, sont aussi des sons dus à la même cause, les vibrations des corps, mais qui offrent mille variétés inexplicables, et que cependant notre organe sait apprécier.

151. L'étude complète des sons doit se diviser en trois branches qui appartiennent à trois sciences distinctes. Celle qui s'occupe de la comparaison et des rapports des sons dans le but de rechercher quels sont les plus agréables à l'oreille, ceux qui produisent sur l'imagination l'effet le plus puissant, comprend l'*art musical;* cette

(1) Un fait remarquable, qui mérite toute l'attention des savans, c'est que le sens de l'ouïe se trouve quelquefois transposé en d'autres parties du corps. Un cas semblable s'est présenté tout récemment. Z.

science est étrangère à notre objet, mais nous verrons les règles de la mélodie et de l'harmonie découler des rapports naturels des vibrations et de la formation des différens sons; nous verrons que la gamme musicale parait devoir son origine à un sentiment intime des vrais rapports des sons, rapports basés sur le nombre des vibrations du corps sonore. Une étude dépendante de l'art musical est celle de la nature, des ressources, de l'emploi des différens instrumens, ce qui n'est point de notre domaine; mais nous donnerons une idée des principes sur lesquels reposent leur construction et leurs effets.

L'étude des organes au moyen desquels l'homme et un très grand nombre d'animaux perçoivent les sons et en produisent, pourrait encore être considérée comme une dépendance de l'acoustique; mais c'est évidemment à la physiologie et à l'histoire naturelle qu'il appartient de faire connaître la construction de ces instrumens si bien appropriés à leur but; si bornés et si simples en apparence, mais en réalité si étendus, si puissans, si parfaits, qu'on a peine à s'expliquer leur manière d'agir.

Il reste donc à la physique spéciale les recherches qui ont pour objet la formation du son par le mouvement vibratoire des corps; elle doit ensuite étudier le mode de transmission et de propagation des sons dans les différens milieux, selon les diverses circonstances, ainsi que la vitesse et la route qu'ils suivent quand ils rencontrent quelque obstacle; enfin, il lui appartient de comparer les différens sons, abstraction faite de la sensation qu'ils produisent, et dans leurs rapports pour ainsi dire mécaniques.

SECTION RREMIÈRE.

FORMATION DES SONS.

152. Pour se faire une idée de la formation du son et reconnaître qu'il est produit par les vibrations des corps, il suffit d'observer avec attention ce qui se passe dans un corps sonore, tel qu'une corde à boyau ou une verge métallique tendue. On verra d'abord que, dès qu'on aura

écarté cette corde de sa position naturelle, elle tendra à y revenir par un mouvement vibratoire, par une suite d'oscillations; le calcul prouve que le nombre de ces oscillations doit être d'autant plus considérable que la corde est plus tendue ou moins longue; en effet, l'expérience fait d'abord remarquer dans la corde des vibrations lentes, on peut facilement les compter, mais alors aucun son appréciable à nos organes n'est produit; mais, si on augmente la tension, si on diminue la longueur de la même corde; aussitôt le nombre des vibrations augmente, on les aperçoit encore, mais sans pouvoir les compter, le son se forme; et si l'on fait varier successivement la longueur ou la tension de cette corde, on pourra lui faire produire tous les sons depuis le plus grave jusqu'au plus aigu.

153. Tous les corps sont poreux et impénétrables, tous sont plus ou moins élastiques, tous peuvent donc produire et transmettre des sons; mais ils jouissent de cette propriété à des degrés différens, et il en résulte, soit dans l'intensité, soit dans la qualité des sons, des variétés infinies. Mais, quelque soit l'état du corps, c'est toujours parce qu'il exerce des vibrations qu'il devient sonore; on conçoit que sa forme, sa composition, sa densité et plusieurs autres qualités semblables, influent nécessairement sur les oscillations que font ces molécules; on ne devra donc pas s'étonner de rencontrer tant de diversité dans les sons produits; d'en entendre de confus, de sourds, d'agréables, de discordans, etc., etc. Un effet compliqué ne peut donner un résultat simple.

254. L'air est de tous les corps celui qui mérite le plus de fixer l'attention sous le rapport de la sonorité. D'abord comme étant l'enveloppe presque universelle des corps, et surtout de l'organe au moyen duquel nous percevons les sons, il en est pour nous le principe propagateur; sans lui, la plupart nous seraient inconnus. En second lieu, par son homogénéité, l'air jouit de l'avantage de produire des sons constamment comparables, et de transmettre ceux que d'autres corps ont produits, sans leur faire subir la moindre altération; c'est un fidèle interprète qui, s'interposant entre notre oreille et les corps sonores, nous tra-

duit exactement, et dans le plus grand détail, l'expression de leur langage, c'est-à-dire tous leurs mouvemens les plus compliqués.

155. Quoi qu'en aient dit quelques savans, l'air est le véhicule ordinaire du son; il est inutile de confier cette charge à un fluide particulier. L'explication satisfaisante de tous les phénomènes, des expériences décisives ne permettent plus de douter que ce ne soit l'air qui, en se mettant en rapport, en prenant l'unisson des vibrations des autres corps, nous rapporte la sensation des sons qu'ils produisent. Une de ses expériences les plus démonstratives est celle par laquelle on voit que le son ne peut se produire dans le vide; en effet, si l'on suspend sous la cloche de la machine pneumatique un timbre ou une sonnette, en vain on les verra battre et s'agiter, aucun son ne sera produit; mais, dès que la plus petite quantité d'air y rentrera, un son d'abord très faible sera produit, et il augmentera à mesure que l'air deviendra plus dense. De plus, des expériences toutes récentes de M. Savart ont prouvé que l'air, toutes les fois qu'il devient sonore, prend des mouvemens entièrement comparables à ceux des cordes vibrantes, et l'on sait que, pour ces dernières, les sons produits et les vibrations exécutées ont été soumis à l'examen sévère du calcul.

156. Si l'air est pour nous le véhicule ordinaire des sons, il n'en est point le seul générateur, le seul propagateur, ainsi qu'on l'a pensé pendant long-temps. Il est reconnu maintenant que tous les corps solides, liquides et gazeux, sont susceptibles de produire et de transmettre les sons; et d'abord, pour ces derniers, les recherches des physiciens ont fait voir qu'à densité égale, les gaz et les vapeurs transmettent les sons absolument de la même manière que l'air. Quant aux liquides, on sait qu'ils produisent les sons avec beaucoup plus d'intensité et de vitesse que les gaz. Lorsqu'on est plongé sous l'eau, on entend non-seulement les bruits extérieurs avec beaucoup de force, mais aussi ceux qui se produisent dans le liquide; enfin, on sait qu'on peut habituer les poissons d'un étang à s'assembler au son d'une cloche. On sait également que

les solides transmettent les sons avec beaucoup de netteté et de promptitude; mais le mode de transmission paraît être influencé d'une manière puissante par leur contexture. Qui ne connaît cette expérience, que le choc d'une tête d'épingle s'entend distinctement d'un bout à l'autre d'une poutre très longue, et ne se transmet point dans le sens transversal? Mais M. Biot, dans des tuyaux de conduite qui avaient plus de neuf cents mètres de longueur, ne s'est pas contenté de constater que la fonte transmet le son, en observant qu'il en entendait deux séparément, l'un transmis par les tuyaux, l'autre par l'air qui y était contenu, mais il a aussi mesuré sa vitesse de transmission dans ce métal, et constaté qu'elle était infiniment plus rapide que dans l'air. Ainsi, on doit conclure de tous ces faits que la densité, si elle n'est pas la seule cause des variations qu'on remarque dans la vitesse de propagation des sons, en est du moins la plus influente (1).

157. Dans la plupart des expériences qui ont pour but la détermination des phénomènes du son, on les produit en faisant vibrer un corps solide, lequel transmet son mouvement aux couches d'air environnantes, et donne naissance à des ondes sonores qui se propagent circulairement de proche en proche et dans tous les sens. Les cordes ou les verges élastiques sont les substances les plus propres à ce genre de recherches, et on s'y livre ordinairement au moyen d'un instrument nommé *sonomètre* ou *monocorde*, *fig.* 49. C'est une caisse de bois soutenant une corde à boyau ou une corde métallique qu'on

---

(1) La vitesse du son dans l'eau est de 1453 mètres par seconde, à la température de 10 degrés; elle est pour la même température de 1484 mètres dans le mercure, de 2550 mètres dans l'étain, de 3060 dans l'argent, de 3624 dans le noyer, le laiton et le chêne; de 4080 dans le cuivre rouge; de 4896 dans l'acajou, l'ébène, le charme, le bouleau, l'orme et l'aune; de 5100 dans le tilleul et le cerisier; de 5440 dans le saule et le pin; de 5664 dans le fer, l'acier et le verre; de 6180 dans le sapin, c'est-à-dire dix-huit fois plus grandes que dans l'air. (*Voyez* ma traduction des Elémens de Philosophie naturelle d'Arnott. Paris, 1830. Anselin.) T. R.

peut tendre au moyen d'un poids placé à une des extrémités, ou diminuer de longueur au moyen d'un chevalet C.

158. En examinant les phénomènes que présente cette corde lorsqu'on l'écarte de sa position naturelle, on reconnaît d'abord qu'elle exécute une série d'oscillations isochrones, c'est-à-dire d'une durée égale, quelle que soit leur amplitude, tant que la longueur et la tension de la corde demeurent les mêmes. Ensuite, en comptant le nombre des oscillations, on remarque que le premier son appréciable est produit par un corps faisant trente-deux vibrations par seconde : en augmentant successivement la tension de la corde, ou en diminuant sa longueur, on voit que le nombre des vibrations augmente dans la même proportion, et qu'alors les sons deviennent de plus en plus aigus ; mais il y a cela de remarquable, qu'un nombre de vibrations double donne un son entièrement analogue, et présentant le plus parfait accord avec le premier : c'est ce qu'en musique on appelle l'*octave*. De plus, on obtient un nombre de vibrations double en partageant la corde en deux parties, ou la tendant par un poids quadruple. Nous supposons toujours la corde d'égal diamètre ; car cette considération influe aussi sur le son, qui est d'autant plus grave que la corde est plus grosse ; ainsi on voit que, si une corde d'une longueur et d'un diamètre déterminés, sous une certaine tension, produit un son que nous pourrons, d'après l'usage musical, appeler *ut*, la même corde, diminuée de moitié, fera un nombre double de vibrations, lesquelles donneront naissance à un son concordant qui sera l'octave supérieure. Si nous partageons de même une des deux moitiés de la corde, il arrivera encore qu'un nombre de vibrations double de la seconde expérience, et quadruple de la première, sera produit, et, par suite, une seconde octave supérieure ; il en sera toujours de même en continuant la division de la corde jusqu'à ce qu'on soit parvenu à la dernière limite des sons appréciables vers l'aigu, limite qui paraît fixée au point où le corps exécute plus de huit mille vibrations par seconde. L'*ut* du violoncelle est le son produit par cent vingt-huit vibrations

par seconde (1), et on prend ordinairement, dans les expériences d'acoustique, et aussi en musique, pour point de départ, la double octave de ce ton, celui qui est produit par cinq cent douze vibrations, ou l'*ut* qu'on obtient sur le violon en mettant le troisième doigt sur la quatrième corde; mais, dans les concerts, les instrumens s'accordent sur le *la*, qui est la cinquième note au-dessus de ce ton fondamental.

159. La vibration des corps présente encore cette coïncidence remarquable, que, dans l'air, la longueur des ondes sonores suit la même progression que le nombre des vibrations, mais en sens inverse; en sorte qu'un nombre de vibrations double produit une onde sonore d'une longueur moitié moindre. Ainsi, le premier son appréciable est le résultat de trente-deux vibrations par seconde, et la longueur de l'onde sonore est aussi de trente-deux pieds; mais, à l'octave au-dessus, le nombre de vibrations est de soixante-quatre et la longueur de l'onde de seize pieds, et ainsi de suite.

160. C'est sur les différens principes que nous venons d'exposer que repose la construction des divers instrumens, qu'on peut rapporter à deux sortes, ceux *à cordes* et ceux *à vent*. Dans les premiers, la longueur, la grosseur et la tension des cordes fournissent tous les sons : les uns, comme les pianos, sont à sons fixes; il y a autant de cordes que de sons, et on les produit au moyen de touches qui viennent frapper les cordes D'autres, comme les violons, les basses, n'ont qu'un très petit nombre de cordes, mais l'exécutant, en faisant varier à volonté la longueur des cordes avec le secours de ses doigts, en tire tous les sons compris dans l'étendue de l'instrument; ce qui ne dépasse guère quatre ou cinq octaves au plus, et pour les instrumens les plus privilégiés. Les caisses, les boîtes de diverses formes qui accompagnent tous ces instrumens, ne servent que pour renforcer les sons et supporter les vrais

(1) L'*ut* dont il est ici question est celui donné par le bourdon ou la grosse corde du violoncelle. T. R.

corps sonores, qui sont les cordes. La force nécessaire pour leur soutien est très considérable; car on a calculé que la faible table d'un violon supporte une pression égale à un poids de vingt-huit livres, et la caisse d'un piano à l'énorme poids de six mille livres, le peu de durée de ces derniers ne doit donc point étonner.

Dans les instrumens à vent, c'est l'air qui est le corps vibrant, et toutes les formes si variées, tant aux embouchures que dans la figure générale de l'instrument, sa longueur, son volume, ses diverses ouvertures, ne sont que des accessoires destinés à modifier la qualité du son, et à le rendre plus aigu ou plus grave, en imprimant à l'air des vibrations plus ou moins rapides. En général, les sons des instrumens à vent sont d'autant plus graves que le tuyau est plus long; ainsi, dans les orgues, les tuyaux ont la longueur même des ondes sonores : mais la forme des instrumens, en favorisant ou gênant certains mouvemens de l'air, modifie puissamment les sons. Dans les cors, les trompettes, etc., c'est l'action seule des lèvres qui détermine l'air du tuyau à exécuter le nombre de vibrations nécessaire pour produire tel ou tel son; dans les flûtes et autres instrumens de cette espèce, l'air est également mis en mouvement par les lèvres; mais des ouvertures pratiquées de distance en distance déterminent la production des différens sons: dans d'autres, il suffit de souffler et d'ouvrir ou fermer les trous pour obtenir le son. Dans les instrumens à anches, on complique les tuyaux d'un petit appareil vibratoire, au moyen duquel on parvient à faire prendre à l'air toutes sortes de vibrations. La voix humaine et celle d'un grand nombre d'animaux paraissent produites par un instrument à anches de la plus grande perfection. Mais nous ne pouvons entrer dans de plus grands détails sur ces matières (1).

---

(1) Voyez l'*Acoustique* de Chladni, et les ouvrages d'histoire naturelle et de physiologie, et spécialement celui de M. Magendie, ainsi que le *Traité de l'organisation des animaux*, par M. de Blainville (*Note de l'Auteur.*)

Nous donnerons ici les relations très simples entre les longueurs et

SECTION II.

TRANSMISSION ET PROPAGATION DU SON.

161. Le son se transmet et se propage aussi bien par le moyen de tous les autres corps que par le moyen de l'air, et on conçoit que, dans tout milieu homogène, et qu'on pourrait considérer comme infini dans tous les sens,

---

les nombres de vibrations des cordes, les poids qui les tendent, etc. On pourra voir, dans le *Manuel d'applications mathématiques*, quelques problemes relatifs à cette théorie

Soit le rayon d'une corde cylindrique $= r$, sa longueur l, le poids attaché a une de ses extrémités $= P$, ce que pèse l'unité de volume de la matiere qui la compose $\delta =$, la demi-circonférence dont le rayon est $1\ \pi =$, le nombre des vibrations faites par les cordes dans un temps T égal à N, soit enfin g la gravité, V le volume de la corde, p son poids, on a

$$V = \pi r^2 l \qquad p = \pi r^2 l \delta$$

$$T = N r l \sqrt{\frac{\pi \delta}{g P}} \qquad N = \frac{T \sqrt{g P}}{r l \sqrt{\pi \delta}}$$

Si le temps est une seconde, c'est-à-dire si $T = 1''$, on a

$$N = \frac{\sqrt{g P}}{r l \sqrt{\pi \delta}}$$

Si n n' sont les nombres de vibrations de deux cordes égales tendues par des poids P, P', de ou longueur différente, $l l'$, on a

$$\frac{n}{n'} = \frac{\sqrt{P}}{\sqrt{P'}} = \frac{l'}{l}$$

Pour produire les différens sons de la gamme naturelle majeure, on trouverait qu'en prenant pour unité de longueur celle qui donne *ut*, les valeurs de l et celle de n correspondant aux autres notes seraient données par le tableau suivant.

il formerait nécessairement une série d'ondes sonores successives, circulaires autour du centre d'ébranlement, mais d'une vitesse qui pourra varier en raison de la nature du corps : c'est cette vitesse que nous allons maintenant étudier ; mais observons d'abord que ce n'est guère que dans l'air qu'on peut espérer rencontrer de l'uniformité et de la précision dans les résultats, puisque tous les autres corps ont rarement une parfaite homogénéité, et surtout se présentent toujours à nous sous des formes très composées, et qui, par conséquent, doivent beaucoup in-

---

L'intervalle de deux sons est le rapport des nombres de vibration relatives à ces deux sons. En les nommant I, nous aurons

	Ut	*re*	*mi*	*fa*	*sol*	*la*	*si*	*ut*
$l =$	1	8/9	4/5	3/4	2/3	3/5	8/15	1/2
$n =$	1	9/8	5/4	4/3	3/2	5/3	15/8	2
I =		8/9	9/10	15/16	8/9	9/10	8/9	15/16

On appelle demi-ton l'intervalle 15/16 ; ton majeur, celui 9/10 ; et ton mineur, celui 8/9 (*).

(*) Nous ajoutons à cette note quelques détails sur les sons produits par les tuyaux et par les lames.

Dans un tuyau ouvert cylindrique ou prismatique, un ébranlement convenable à l'embouchure, produit une ondulation de toute la colonne d'air qu'il contient. Le son le plus grave que notre oreille puisse percevoir est celui produit par un tuyau de 32 pieds de longueur, ce qui fait 32 oscillations par seconde, car la vitesse du son dans l'air, est d'à-peu-près 32 × 32 = 1024 pieds. Il suit de là, que le son fondamental produit par un tuyau, est proportionnel à sa longueur, et que pour faire une gamme, il faut donner aux longueurs des tuyaux les rapports donnés dans la note ci-dessus, en parlant des cordes. Si le vent est trop fort à la bouche et le tuyau pas très large, celui-ci octaviera, c'est-à-dire que la colonne d'air se partagera en deux parties égales, et que, par conséquent, le son sera l'octave aiguë du son fondamental. Lorsqu'on perce un trou en un point de la paroi d'un tuyau, c'est comme si on le raccourcissait jusqu'à ce point, cela nous indique le but des trous dans les flûtes et autres instrumens du même genre.

Dans un tuyau fermé on ne peut produire que la série des sons 1, 3, 5, 7, etc., dont le premier répond à une onde deux fois aussi longue que le tuyau ; ainsi, un tuyau fermé, équivaut à un tuyau ouvert deux fois aussi long. Dans ce son, ainsi que dans tous les autres, le milieu d'une onde s'appuie toujours contre le fond.

Une lame fixée par une de ses extrémités, et mise en vibration au

fluer sur le mode de transmission comme sur la qualité des sons.

162. Pour concevoir parfaitement la manière dont le son se propage, il faut examiner ce qui doit arriver lorsqu'une cause quelconque imprime à un corps un ébranlement subit, par exemple, quelles modifications l'air subit dans une explosion, ou bien lorsqu'il est frappé d'un coup de fouet. On conçoit qu'un tel ébranlement peut être capable de faire vibrer l'air de manière à ce qu'il devienne sonore : en effet, les molécules de l'air où l'explosion a eu lieu seront subitement poussées avec une grande force, et tendront à se mouvoir; mais, rencontrant bientôt d'autres molécules résistantes, elles seront refoulées et commenceront un mouvement vibratoire autour de leur position primitive; mais il est évident qu'elles n'ont pu s'arrêter qu'en communiquant leur force d'ébranlement aux molécules voisines : celles-ci agiront donc de même, et le mouvement se propagera de la sorte successivement de proche en proche, ainsi que le son, qui en est

---

moyen d'un archet, exécute un nombre de vibrations, inversement proportionnel au carré de sa longueur, c'est-à-dire que, sous une longueur moitié, elle fera quatre fois autant de vibrations, etc. Lorsque la longueur sera un peu considérable, les vibrations seront assez lentes pour qu'on puisse facilement les compter, cela fournit un bon moyen pour évaluer le nombre de vibrations d'un corps sonore quelconque : il suffira de raccourcir ou d'alonger la partie vibrante de la lame jusqu'à ce qu'elle soit à l'unisson du corps; on sait qu'alors elle exécutera autant de vibrations que celui-ci; on mesurera exactement sa longueur dont la comparaison avec celle déterminée, lorsque les vibrations peuvent être comptées, conduit au nombre cherché. Supposons, par exemple, que, lorsque sa longueur est d'un pied, elle exécute 300 oscillations par minute, et qu'il faille la réduire à la longueur de 1 pouce pour la mettre à l'unisson du corps, elle exécutera alors 12^2 fois plus de vibrations, c'est-à-dire 43200 par 1' ou 720 par 1'', c'est le nombre de vibrations du corps. On se sert pour accorder les instrumens de musique d'une espèce de fourchette élastique qu'on fait vibrer en écartant rapidement les deux branches : on l'appelle *diapasons*.

M. Cagnard de la Tour a donné le nom de *sirène* à un instrument de son invention qui sert aussi à évaluer le nombre de vibrations des corps sonores ; nous regrettons beaucoup de ne point pouvoir en donner la description. Z.

la conséquence. Mais l'amplitude des vibrations, et par suite l'intensité du son, devront aller continuellement en décroissant, puisque le partage des forces augmente continuellement en s'éloignant du centre d'ébranlement, dès que nous supposons le milieu où le mouvement se propage d'une étendue indéfinie en tous sens : c'est en effet ce que le calcul démontre, et ce dont il donne la mesure ; le son doit donc s'éteindre après avoir parcouru un espace plus ou moins grand, en raison de sa force.

163. On conçoit également très bien que l'air doit éprouver des ébranlemens très différens, en raison des forces infiniment variées qui viennent l'agiter par leurs commotions subites ou répétées. Il ne peut entrer en vibration de la même manière sous l'influence de ces causes diverses, et tantôt, chassé avec une rapidité extrême, il oscillera avec une vitesse proportionnelle, et produira un son aigu ; tantôt, poussé avec peu de violence, ses vibrations seront lentes et le son grave ; enfin, des chocs intermédiaires produiront tous les sons mitoyens entre ces extrêmes. Nous avons supposé le cas d'une explosion pour simplifier le phénomène ; mais il est facile de sentir que les sons prolongés ne sont autre chose qu'une explosion continuée, qu'un centre d'ébranlement dont l'action dure plus ou moins long-temps.

164. Nous venons de dire que, dans un milieu d'une grande étendue, comme l'air, le son décroît d'intensité à mesure que les ondes sonores s'éloignent du centre d'ébranlement ; mais il n'en est plus ainsi lorsque la colonne mise en mouvement est d'une étendue limitée et cylindrique : la file des molécules, étant toujours égale en nombre, doit transmettre le son avec une égale intensité, sauf la perte légère causée par le frottement et la communication du mouvement aux parois du cylindre : tout ceci a été confirmé d'une manière expérimentale par M. Biot, qui, séparé par une étendue de tuyaux de plus de 950 mètres, entretenait sans peine une conversation à voix basse. L'effet considérable du porte-voix, qui dirige le son d'un certain côté, est dû à une cause analogue. Dans la même série d'expériences, ce savant reconnut que tous les

sons se propageaient avec une vitesse égale, bien que le nombre de vibrations exécutées dans un temps déterminé soit très variable. On devait au reste s'attendre à ce résultat ; car l'air peut bien venir frapper l'oreille d'un plus grand nombre d'oscillations dans une seconde de temps, mais l'intervalle nécessaire pour propager ce mouvement est le même, parce que les vibrations embrassent une étendue d'autant plus petite qu'elles sont plus rapides, ce qui établit une compensation exacte. C'est encore par des expériences semblables qu'il a été constaté que le son se propage généralement avec d'autant plus de vitesse que le corps qui le transmet est plus dense et plus élastique ; ainsi, dans les tuyaux dont nous venons de parler, M. Biot entendait distinctement deux sons produits par le choc d'un marteau ; un premier transmis très rapidement par le tuyau, un second transmis ensuite par la colonne d'air. Il paraît qu'on a reconnu la même loi dans les liquides et les fluides gazeux.

165. On a répété très souvent diverses expériences pour déterminer exactement la vitesse du son dans l'air ; le meilleur moyen pour parvenir à ce but est de calculer l'intervalle de temps qui s'écoule entre l'apparition de la lumière d'un coup de canon et son explosion ; on a trouvé par-là que le son se transmettait dans l'air à l'état ordinaire avec une vitesse d'environ 337 mètres par seconde (1). Le calcul donnait un résultat bien inférieur ; mais M. de Laplace a démontré que cette erreur provenait de ce qu'on négligeait de tenir compte du changement de température produit dans l'air par sa condensation et sa dilatation dans le mouvement vibratoire. En faisant entrer cet élément dans ses calculs, il a établi entre la théorie et l'expérience un accord admirable. La température, en augmentant ou diminuant l'élasticité et la densité de l'air, doit en effet influer sur la vitesse de propagation du mouvement et du son (2).

---

(1) La vitesse du son est plus exactement de 337m. 118 par seconde ; lorsque cette vitesse est nécessaire à connaître dans des évaluations approchées, on se sert du nombre 340 m. T. R.

(2) Une série nombreuse d'expériences faites avec beaucoup de

166. Le vent, dans certaines circonstances, influe aussi sur la transmission du son. Si l'air se meut par cette cause dans le même sens que le son, il ajoute à sa vitesse propre; en sens contraire, il s'en retranche; dans un plan perpendiculaire à la marche du son, il n'y opère aucun changement.

167. Les vibrations productrices du son peuvent se comparer aux ondulations qui agitent la surface des liquides, et en général à tous les mouvemens infiniment petits; c'est pourquoi on ne doit pas s'étonner de ce que plusieurs sons peuvent se propager en même temps dans des directions différentes sans se nuire ni se détruire (1).

168. Le son, dans un milieu dont la nature et la densité ne varient pas, se propage d'une manière uniforme et en ligne droite; mais vient-il à rencontrer un obstacle, souvent il lui communique son mouvement vibratoire et le rend sonore; souvent aussi il se réfléchit à sa surface, en faisant l'angle de réflexion égal à l'angle d'incidence, et il continue à se propager dans cette nouvelle direction avec la même vitesse. Telle est l'origine des phénomènes de la résonnance des corps, lorsque la réflexion ne transmet qu'un bruit confus de l'écho, lorsque le son réfléchi est distinct : on conçoit que l'écho dépend entièrement de la configuration des lieux où le son est réfléchi, ainsi que de la nature et de l'élasticité du corps réfléchissant. Il est tantôt simple, tantôt double ou multiple. Il en est qui répètent les sons jusqu'à quarante fois. La géométrie fournit et explique tous ces résultats d'après le mode de réflexion du son, et en déduit les meilleures

---

soin aux Indes, dans les environs de Madras, par M. Goldingham, a donné pour vitesse moyenne du son, pendant l'année, 344 m. 41 par seconde.

(1) Voyez les Mémoires de M. A. L. Cauchy sur la propagation des ondes, et ceux de M. Poisson sur le son. (Mémoires de l'Académie des Sciences et de la Société Philomatique.)

formes à donner aux salles de concert et de déclamation (1) (*).

SECTION III.

DE LA COMPARAISON DES SONS.

169. Nous avons vu que les sons aigus ou graves dépendent de la vitesse des vibrations, et celles-ci de la longueur, de la tension et du diamètre des cordes; nous

---

(1) M. Colladon a fait de nombreuses recherches sur la vitesse du son dans les liquides et sur son intensité. Ces expériences sont le complément de celles faites sur la compressibilité. Nous allons en présenter l'extrait :

M. Beudant avait trouvé que la vitesse moyenne du son dans l'eau de la mer est de 1,500 mètres par seconde. M. Colladon rechercha dans les eaux du lac de Genève, quelle était cette vitesse dans l'eau douce.

Il se servit d'une cloche métallique de sept décimètres de hauteur. Elle était suspendue à un bateau à un mètre sous l'eau; on produisait les sons au moyen d'un levier coudé.

L'observateur, pour apprécier les sons, au lieu de plonger la tête dans l'eau, se servit, pour une première expérience, d'un tube de tôle mince, de trois mètres de longueur, fermé à la partie inferieure, et que des poids tenaient vertical dans l'eau, de manière que l'extrémité supérieure sortait seulement de cinq à six décimètres. A deux mille mètres, les coups étaient forts distincts, même en élevant l'oreille à cinq ou six décimètres au-dessus du tube.

Voici les considérations sur lesquelles a été basée la préférence donnée à cette méthode.

Lorsqu'on fait résonner un corps situé dans une masse d'eau tranquille et un peu au-dessous de la surface, une personne placée hors de l'eau, et à peu de distance, entendra très bien le bruit produit par le choc de ce corps dans l'eau. Si elle s'éloigne en rasant la surface de l'eau, elle remarquera une diminution très rapide dans l'intensité du son; et enfin, à une distance de deux ou trois cents mètres, elle n'entendra absolument plus aucun bruit dehors de l'eau, lors même que l'oreille serait placée très près de la surface du liquide. Cependant si, à cette distance, ou à une beaucoup plus grande, cette personne vient à plonger la tête dans l'eau, elle entendra immédiatement le bruit d'une manière distincte.

Il paraît donc que les rayons sonores qui viennent rencontrer la surface sous un angle très aigu, ne passent pas dans l'air, mais éprouvent une sorte de réflexion dans l'intérieur de la masse liquide. M. Colladon pensa qu'en coupant cette masse par un plan vertical, l'ondulation devait se communiquer au-delà de ce plan, et que, par conséquent, s'il

ne nous sommes occupés que des vibrations dans le sens transversal, comme les plus importantes, puisqu'elles s'observent avec plus de facilité et de régularité, et s'appliquent à une foule d'instrumens ; mais ce ne sont pas les seules. Les cordes vibrent aussi dans le sens longitudinal et dans leur pourtour : enfin, non-seulement les verges droites, mais aussi les verges courbes, exécutent des vibrations, et par suite produisent des sons. On conçoit qu'il est bien difficile de trouver de la régularité dans des sons produits de la sorte, et en effet ils présentent des va-

---

se trouvait de l'air derrière ce plan, le son s'y transmettrait et serait dès-lors entendu dans l'air environnant.

Pour la deuxième expérience, le même physicien se servit d'un tube de cinq mètres, terminé inférieurement par un évasement dont l'embouchure était verticale et fermée par un plan métallique d'environ vingt décimètres carrés de surface. L'extrémité supérieure avait la forme d'un cône, avec une section oblique à l'axe pour y placer l'oreille, sans que la position de l'observateur fut gênée.

Les expériences furent répétées sur une longueur de 13487 mèt. ; le son parvenait d'une station à l'autre en environ 9"4, ce qui donne, pour chaque seconde, une vitesse de 1435 mètres.

Le bruit d'une cloche, dit M Colladon, lorsqu'elle est frappée sous l'eau, entendu à quelque distance, ne ressemble nullement au son d'une cloche dans l'air. On n'entend sous l'eau qu'un bruit net et bref, semblable à celui de deux lames de couteaux frappées l'une contre l'autre. Lorsqu'on s'éloigne de la cloche, le bruit conserve ce caractère en diminuant d'intensisé La perception d'un bruit si sec et si bref, provenant d'une distance de plusieurs lieues, cause un sentiment analogue a celui qu'on éprouve la première fois qu'on voit dans un télescope des objets éloignés qui paraissent très distincts.

Cependant, a la distance d'environ 200 mètres, on commence à distinguer le retentissement de la cloche après chaque coup. Le phénomène dans l'air est presque entierement opposé, puisqu'à une grande distance on n'entend que le bourdonnement de la cloche.

Le même son, entendu hors de l'eau, était beaucoup plus prolongé; on reconnaissait très bien le son d'une cloche.

Ce phénomène s'explique par la nature des vibrations sonores dans l'eau : on sait, en effet, que, dans le mouvement vibratoire d'un fluide, la durée de l'agitation d'une particule est égale au rayon de la portion sphérique du fluide qu'on suppose primitivement ébranlée à l'origine du mouvement, divisée par la vitesse de transmission du son. La première de ces deux quantités est nécessairement plus petite dans l'eau que dans l'air : la seconde est, au contraire, plus grande ; d'où il suit que la durée du son doit être beaucoup moindre quand il est transmis par l'eau que quand il se propage dans l'air.

riations sans fin ; mais on remarque, en général, qu'ils sont plus aigus que ceux produits dans le sens ordinaire. C'est à M. Chlaqui qu'on doit surtout un grand nombre de recherches à ce sujet ; on peut en voir le détail dans son

---

La seconde remarque est relative à la non-transmission du son de l'eau dans l'air, lorsque les vibrations qui se propagent dans l'eau arrivent à sa surface sous un très petit angle. Ainsi que je l'ai dit, à une distance de moins de 200 mètres, le son de la cloche frappée dans l'eau s'entendait facilement dans l'air, mais, à une distance plus grande, son intensité diminue très rapidement. Enfin, à 4 ou 500 mètres, il est impossible de distinguer le plus léger bruit, même très près de la surface de l'eau. Cependant, en plongeant la tête de quelques centimètres, ou en enfonçant un tube plein d'air, comme je l'ai fait, on entend le bruit fort et distinct de chaque coup ; et on l'entend encore à une distance dix à vingt fois plus grande. Dans ces expériences, la cloche était placée à 2 mètres au-dessous du niveau de l'eau. Il est évident qu'à une distance de 500 mètres, les vibrations arrivaient à la surface sous un angle sensible, augmenté encore par la courbure de la terre. Les vibrations qui ont lieu dans l'eau, ne se communiquent donc point à l'air, lorsque leur direction rencontre la surface sous un angle assez petit, phénomène analogue à celui que nous présente la lumière à la surface de séparation de deux milieux d'une densité différente.

L'agitation produite par les vagues, n'altère point la durée du son ni sa vitesse, lorsqu'on se sert d'un tube pour écouter. La dernière des trois expériences mentionnées plus haut a été faite par un temps orageux. Le vent, faible d'abord, s'était tellement accru, qu'on fut obligé de se servir de plusieurs ancres pour maintenir le bateau. Malgré le bruit des vagues, je pouvais distinguer encore assez bien le son de chaque coup, et la durée de sa transmission ne fut point altérée, comme on a pu le voir par les résultats.

Une dernière observation que j'ai faite, se rapporte à l'influence des écrans sur l'intensité du son. Ayant choisi deux stations peu éloignées et situées de manière que la ligne droite qui les joignait rasât l'extrémité d'un mur épais qui s'élevait au-dessus du niveau de l'eau, je fis frapper régulièrement la cloche, et par des coups égaux en intensité. Écoutant alors avec le tube, alternativement de chaque côté de la ligne qui rasait l'extrémité de ce mur, il m'a paru qu'il y avait une différence d'intensité très marquée, selon que cette extrémité était ou n'était pas interposée entre la cloche et le tube. La transmission du son dans l'eau diffère donc à cet égard, de ce qui a lieu dans l'air, et se rapproche du mode de propagation de la lumière. Cette influence d'un écran pour diminuer sensiblement l'intensité du son, mérite d'être remarquée, et offre un nouveau point de rapprochement, entre les phénomènes de la propagation du son dans les liquides, et ceux que l'on observe dans la propagation de la lumière.

T. R.

Acoustique. MM. Biot et Savart s'en sont aussi beaucoup occupés (1).

170. Nous avons vu également que la division de l'échelle musicale en octaves est très naturelle, puisqu'elle est fondée sur des rapports doubles dans le nombre des vibrations, les autres sons consonnans, qu'on peut regarder comme fondamentaux, sont de même liés par des rapports simples avec le nombre des vibrations; de sorte qu'il existe entre eux tous une concordance dont l'oreille a su apprécier l'accord et l'agrément. Mais le musicien, dans la composition de la gamme, a intercalé d'autres tons entre ceux-là, et de plus en a partagé tous les intervalles en deux sons, au moyen des *dièzes* et des *bémols;* c'est ce qu'il appelle des *demi-tons*. Sa gamme est composée de sept notes principales, dont il fait connaître la valeur, le son, la durée, au moyen des clefs, des lignes et de différens accessoires.

171. En cherchant sur le sonomètre les dièzes et les bémols, on trouve qu'il ne faut pas un nombre égal de vibrations pour élever ou pour abaisser une note d'un demi-ton, par conséquent que le son n'est pas précisément le même; aussi, dans les instrumens libres, comme le violon,

---

(*) On appelle foyers, les points où se réunissent les rayons sonores après la réflexion. La géométrie nous apprend que, dans un ellipsoïde de révolution, il existe deux points remarquables, tels que toutes les ondes sonores partant de l'un, vont se réfléchir dans l'autre: une oreille placée dans ce dernier perçoit, même à une grande distance, le moindre son produit dans le premier, et qui serait imperceptible pour des personnes placées très près. Ce phénomène se trouve réalisé dans plusieurs salles.

Il est évident que, dans les salles de concert on doit, autant que possible, éviter de semblables concentrations, et que la meilleure est celle dont tous les points reçoivent le même nombre d'ondes sonores. Z.

(1) Voyez leurs ouvrages particuliers et l'analyse de leurs travaux dans les *Annales de Physique et de Chimie*; les premiers cahiers de 1824, principalement, contiennent un exposé très important des travaux de M. Savart.

les basses, l'exécutant se soumet involontairement, par le sentiment de la mélodie, à ces différences; mais, dans ceux à sons fixes, comme le piano, la harpe, la plupart des instrumens à vent, on a adopté ce qu'on appelle un tempérament, c'est-à-dire un terme moyen, afin de faire avec le même son le dièze d'une note et le bémol de celle immédiatement supérieure.

172. Les cordes ne vibrent pas toujours dans toute leur longueur, et toujours, tout en vibrant dans toute leur étendue, elles exécutent aussi des vibrations partielles, qui semblent avoir des centres particuliers d'ébranlement nommés *ventres*, et des points de séparation en repos nommés *nœuds*; c'est ce qu'on fait voir par une expérience très élégante. On place à des distances connues, à cheval sur la corde, de petits morceaux de papier de deux couleurs, et, dès qu'on met la corde en vibration, on voit sauter à terre tous ceux d'une couleur qui étaient placés sur les ventres, tandis que ceux de l'autre couleur placés sur les nœuds restent stationnaires. Ces vibrations partielles ne peuvent s'exécuter sans produire des sons; c'est aussi ce qu'on reconnaît avec un peu d'attention; une oreille exercée en apprécie même jusqu'à six ou sept; mais ils vont continuellement en s'affaiblissant. Ils présentent cette particularité remarquable, qu'ils sont toujours le produit d'une subdivision de la corde en un nombre entier de parties, et lui sont correspondans : ils sont aussi du nombre de ceux que l'oreille a le plus de plaisir à entendre, et c'est pour ce motif qu'on les appelle *harmoniques*.

173. La production des sons harmoniques a lieu très fréquemment; non-seulement une corde isolée, saisie d'une certaine manière, aidée surtout par l'application du doigt à l'endroit d'un nœud, se divise en plusieurs parties vibrantes, mais encore, dans presque tous les instrumens, chaque corde, tout en donnant le son principal, produit aussi naturellement les harmoniques, mais avec moins d'intensité que lorsqu'on l'y excite, si l'on peut s'exprimer ainsi : de plus, la vibration d'une corde détermine toutes ses voisines, et même les autres corps, à vibrer de manière à former la série des sons harmoniques : enfin, on

a reconnu que l'air jouissait de la même propriété de former dans les cordes sonores des nœuds de vibration, et par suite des harmoniques.

174. Une propriété des vibrations qui mérite encore d'être remarquée, mais qui n'est qu'une conséquence de la nature des mouvemens ondulatoires, c'est que la coïncidence de deux vibrations peut donner la sensation du son qui n'est réellement pas produit; ce phénomène est connu sous le nom d'expérience de Tartini (1). Son explication est facile : en effet, nous savons que toutes les fois que notre oreille reçoit l'impression des battemens répétés, elle nous transmet la sensation d'un son, et détermine la nature de ce son d'après le nombre des battemens. Si deux sons produits en même temps sont, par exemple, dans le rapport de deux à trois par le nombre de vibrations qu'ils exécutent dans le même temps, il est évident qu'il y aura des instans où ils frapperont notre organe simultanément : il sera donc affecté comme il l'eût été par un son plus grave directement produit selon le rapport de la coïncidence. Nous verrons par la suite la lumière présenter des phénomènes entièrement analogues, et la sensation de la clarté ou de l'obscurité dépendre de la coïncidence ou de la discordance des rayons. Une foule d'autres rapports avec les sons, qu'on a reconnus récemment être soumis à la réfraction, à la double réfraction et à la polarisation, nous indiquera que la lumière, comme le son, est le résultat d'un mouvement vibratoire.

---

(1) Relativement à cette théorie, les expériences du général Blein l'ont conduit à ce résultat.

Si les deux sons donnés, sont représentés respectivement par leurs nombres de vibrations m et $m+n$, il y aura constamment deux sons résultans représentés par n et $m-n$.

Si quelques-uns ne donnent qu'une résonnance insensible, c'est, selon lui, que la seconde n'est qu'une octave grave de la première ou de l'un des sons générateurs

La dissonnance *ut ré*, qui n'est point comprise dans la formule générale, produit toujours le *fa* dièze. T. R.

LIVRE TROISIÈME.

DES FLUIDES IMPONDÉRABLES.

175. Les fluides impondérables forment une classe de corps et d'agens tout-à-fait à part ; mais qui, à raison des phénomènes importans dont ils sont la cause et la source, méritent la plus sérieuse attention. C'est spécialement sur eux que roulent les expériences, les observations, les travaux, les recherches, les méditations des physiciens modernes les plus savans : aussi leur connaissance fait-elle de jour en jour de nouveaux progrès, et touchons-nous sans doute au moment où la nature de ces corps nous sera révélée d'une manière certaine, et conduira immanquablement à l'explication d'un très grand nombre de difficultés qu'on rencontre encore dans plusieurs parties des sciences physiques et naturelles.

Jusqu'ici nous avons reconnu, dans les corps qui ont été l'objet de notre étude, diverses propriétés générales et particulières qu'il nous a été permis d'apprécier d'une manière rigoureuse, puisque nous avons pu les soumettre à l'épreuve de plusieurs méthodes de mesure, de différens moyens d'analyse. Ceux qui vont nous occuper maintenant ne pourront point être saisis de la même manière ; invisibles, impalpables, semblables en cela à la cause inconnue de l'attraction, on pourrait même ne les considérer que comme des propriétés, des modifications de la matière, et douter de leur existence, puisqu'elle ne se manifeste à nous que par des effets, des mouvemens qui sont produits dans certaines circonstances. Nous verrons cependant que, si cette opinion ne peut directement être démontrée fausse, ne peut entièrement être taxée d'absurde, celle qui admet l'existence de fluides particuliers explique les phénomènes d'une manière plus probable et plus satisfaisante aux yeux de la raison.

176. Dès que nous admettons l'existence de ces fluides, il est évident que nous devons leur reconnaître les propriétés essentielles des corps, c'est-à-dire la matérialité, l'étendue, l'impénétrabilité; mais nous ne dissimulerons pas que tous nos moyens d'investigation sont impuissans pour découvrir en eux ces propriétés. Ce sont des corps qu'on ne peut comparer à aucun de ceux que nous venons d'étudier, mais dont l'existence matérielle paraît cependant démontrée par leur pouvoir immense, par leur influence, leur action nécessaire dans une multitude de phénomènes naturels. On suppose donc que ces fluides sont éminemment élastiques, composés de molécules d'une ténuité et d'une subtilité pour ainsi dire infinie; qu'en conséquence ils ne peuvent opposer aucune résistance appréciable à la marche des corps célestes; et, au contraire, peuvent pénétrer la plupart des corps avec la plus grande facilité. De là ces fluides ont été nommés *incoërcibles*, *discrets*, *ethérés*; enfin, on les a souvent appelés *impondérables*, parce qu'on n'a pas encore pu les peser. Leur analogie avec les autres corps n'est qu'éloignée : aussi ne doit-on point, dans leur étude, suivre la même marche; aussi doivent-ils former une section distincte de la physique, dont ils sont une des branches les plus importantes et les plus difficiles.

177. L'étude des fluides impondérables comprend celle des nombreux phénomènes de la lumière, de la chaleur, de l'électricité et du magnétisme; car l'observation nous fait promptement reconnaître que les corps qui nous environnent, que nous pouvons voir et toucher, ne sont point lumineux et chauds, ne sont point doués de propriétés électriques et magnétiques par eux-mêmes et dans toutes circonstances, mais manifestent ces phénomènes sous l'influence de divers agens, de différentes forces motrices. L'expérience nous apprend également que la chaleur et la lumière se propagent à de grandes distances du foyer qui les produit; que ce n'est pas seulement au milieu des corps solides, liquides ou gazeux que cette transmis-

sion a lieu, mais aussi dans le vide le plus parfait, dans les régions de l'espace où il est impossible d'admettre aucun autre corps qu'un fluide éthéré : d'où il résulte que les phénomènes de la chaleur et de la lumière ne peuvent être communiqués par les corps que nous avons étudiés jusqu'à présent, et supposent l'existence d'un corps particulier que nous ne pouvons ni voir ni palper, mais que nous pouvons apprécier par ses effets. De même l'électricité et le magnétisme présentent une foule de phénomènes qu'il est impossible de ramener aux lois connues des autres corps, et qu'on ne saurait expliquer sans l'existence d'un fluide capable de manifester la force la plus énergique là où, un instant auparavant, et sans aucune cause apparente de changement, tout était dans le repos le plus absolu.

178. Les résustats que nous venons d'indiquer démontrent évidemment l'existence de corps très différens de tous les autres, éminemment subtils et élastiques ; c'est ce que reconnaissent généralement les physiciens. Mais comment agissent ces fluides, comment transmettent-ils le mouvement imprimé par la force motrice ? Doit-on admettre un seul susceptible de diverses modifications, ou plusieurs de ces fluides, pour rendre raison des phénomènes ? Telles sont les questions sur lesquelles les physiciens sont loin d'être d'accord. La transmission de la chaleur, de la lumière, de l'électricité, du magnétisme, et par suite tous les effets qui en sont une dépendance, sont-ils produits par une véritable émission de particules de la part du corps chaud, lumineux, électrique ou magnétique, ou bien sont-ils le résultat de différens mouvemens vibratoires imprimés par ces corps à un fluide universellement répandu ? Tels sont les deux systèmes qui partagent maintenant les physiciens ; chacun d'eux est appuyé des noms les plus recommandables, chacun d'eux est fécond en applications, et satisfait assez bien à l'explication des phénomènes. Donnons une idée de la manière de voir qu'on adopte dans l'un et dans l'autre ; et, dans la nécessité d'opter pour l'un des deux, notre choix sera promptement déterminé en faveur de celui qui offre le plus de simplicité dans les applications,

qui donne l'explication des phénomènes avec plus de fécondité, et contre lequel on n'a produit aucune objection sans réponse.

179. Dans l'hypothèse des émanations, développée d'abord par Newton relativement à la lumière, on suppose que la source de lumière ou de chaleur envoie une multitude de rayons composés de particules extrêmement ténues, douées d'une grande vitesse, et possédant les propriétés lumineuses ou calorifiques du foyer d'où elles émanent. Elles sont continuellement lancées dans toutes les directions, et se propagent en lignes droites jusqu'à ce qu'elles rencontrent quelque corps; car alors tantôt elles se réfléchissent à sa surface comme des billes, tantôt elles sont infléchies à son approche, tantôt elles pénètrent dans son intérieur en se réfractant, c'est-à-dire en se déviant de leur route primitive. Maintenant, dans cette hypothèse, on ne sépare plus la chaleur de la lumière, qu'on regarde comme des modifications d'un même principe; c'est ce qui est, en effet, suffisamment prouvé par une foule d'analogies et de rapports. On y regarde le calorique tantôt comme combiné en plus ou moins grande quantité avec les corps, tantôt s'en dégageant par diverses causes, et passant dans les autres corps de diverses manières. Lorsque ce dégagement est très considérable, lorsque les molécules émises ont subi certaines modifications, elles deviennent lumineuses. Dans le même système, on explique d'une manière analogue les phénomènes de l'électricité et du magnétisme au moyen d'un seul ou de deux fluides. Il y a peu d'années, on en supposait même quatre pour l'explication de ces deux sortes d'effets; mais les expériences toutes récentes de MM. Oersted, Ampère, Arago, et beaucoup d'autres physiciens, ont démontré leur identité, et ne permettent plus d'admettre des fluides électriques et des fluides magnétiques. On rend raison de tous les phénomènes de cet ordre par la rupture et le rétablissement de l'équilibre de ces fluides dans les corps. D'après l'opinion de Franklin, on n'en admet qu'un seul, qui tend toujours à l'équilibre dans les corps, et produit divers effets lorsqu'il y est *en plus* ou *en moins*. Dufay, puis

Symmer, en imaginèrent, et la plupart des physiciens français en reconnaissent deux qui ont une grande tendance à se combiner pour être en équilibre, mais qui se séparent de plusieurs manières, et alors donnent lieu à divers phénomènes.

180. L'hypothèse des ondulations ou des vibrations a été imaginée par Descartes, et perfectionnée par Huyghens et Euler. Elle était presque entièrement abandonnée, lorsqu'elle fut ressuscitée de nos jours par les travaux de MM. Th. Young, Arago et Fresnel, qui, principalement pour la lumière, lui ont donné le plus haut degré de probabilité, pour la facilité avec laquelle ils s'en sont servis pour expliquer tous les phénomènes. Dans ce système, il suffit de supposer un seul fluide impondérable pour l'explication de tous les phénomènes de la lumière, de la chaleur, de l'électricité et du magnétisme. Ce fluide est universellement répandu, et, dans l'état de repos, ne manifeste point sa présence; mais, vient-il à être mis en mouvement de façon à exécuter des vibrations de divers genres, il devient susceptible de produire différens effets, et il les propage en communiquant ses mouvemens aux particules environnantes du même fluide. On considère alors un corps chaud ou lumineux comme un centre de vibration de divers ordres, tout-à-fait semblable à un corps sonore, et la transmission de la lumière et de la chaleur, comme une propagation de ces mouvemens au moyen de l'éther universellement répandu, de même que nous avons vu le son se propager par l'intermède de l'air et des autres corps. De plus, on peut supposer que cet éther varie de situation et d'intensité, n'est pas toujours en équilibre dans les corps, et par là rendre raison de tous les phénomènes de l'électricité et du magnétisme, comme dans le système de Franklin. On peut aussi supposer que cet éther, qui a déjà servi à expliquer la lumière et la chaleur, est composé de deux fluides dont la combinaison entraîne l'état de repos, mais dont l'isolement, la séparation, produisent différens phénomènes de mouvemens, d'attraction et de répulsion. On rentre alors tout-à-fait dans la théorie électrique de Symmer.

181. Tels sont les deux systèmes sur le mode d'action des fluides impondérables, systèmes qui ont chacun leurs partisans et leurs défenseurs parmi les physiciens modernes. Le premier, celui de l'émission, jusqu'à ces derniers temps était le plus universellement adopté, et paraissait l'emporter entièrement; il rendait compte des phénomènes observés d'une manière assez satisfaisante; il était d'ailleurs le seul enseigné dans les cours et dans les ouvrages élémentaires, de sorte qu'il était le seul connu des étudians et des personnes qui avaient peu approfondi l'étude de la science. Le second, celui des vibrations, a été rappelé à l'attention des savans par les découvertes des physiciens actuels, qui l'ont rendu maintenant le plus probable et le plus simple. Cette hypothèse seule embrasse les phénomènes dans toute leur généralité, les calcule, les prévoit; elle seule surtout peut expliquer cet effet singulier d'une double lumière produisant l'obscurité, effet qui est une conséquence de la théorie des vibrations, et qu'on ne sait comment expliquer dans celle des émanations. Enfin, si la théorie chimique de la combinaison du calorique avec les corps est nécessairement modifiée dans ce système, puisque ce n'est plus l'accumulation, mais seulement les mouvemens du fluide qui produisent les phénomènes de la chaleur, est-ce une raison pour rejeter une hypothèse qui seule explique tous les phénomènes lumineux, surtout après les objections puissantes élevées contre le calorique combiné par les expériences de MM. Dulong et Petit? Devons-nous rejeter son application au calorique, lorsque, par un autre moyen, elle explique les mêmes effets, lorsque surtout un lien indissoluble réunit les phénomènes de la lumière et de la chaleur, lorsque nous les voyons pour ainsi dire se transformer les uns dans les autres, enfin, lorsque cette hypothèse résout toutes les difficultés de la théorie de la lumière?

182. Tous les auteurs qui ont traité la physique dans des ouvrages élémentaires ont adopté le système des émanations, comme matérialisant davantage les phénomènes et en rendant l'explication plus facile; mais plusieurs ont avoué que ce n'était pas parcequ'ils le regardaient comme

plus probable; au contraire, l'un d'eux, après avoir comparé, comme nous venons de le faire, d'une manière générale, les deux systèmes, avoue que certains phénomènes lumineux sont tout-à-fait inexplicables dans le système des émanations. La manière de rendre compte des phénomènes dans le système des vibrations, et ce système lui-même ne peut donc être connu de la classe des lecteurs à qui nous nous adressons, et c'est pour remplir cette lacune dans leur instruction, c'est pour les mettre à même de juger les dans opinions, que nous avons tenté, dans cet essai sur les fluides impondérables, d'exposer tous les phénomènes qu'ils présentent en les rapportant à cette hypothèse. Il ne nous appartient pas de trancher la question avant nos guides et nos maîtres, et d'annoncer l'opinion que nous adoptons comme la seule fondée. Mais il nous est permis de suivre les pas de MM. Arago et Fresnel; il nous est permis d'exposer leurs découvertes. D'ailleurs, n'aurons-nous pas, dans tous les cas, rendu un service utile, en popularisant, pour ainsi dire, un système qui n'est exposé nulle part d'une manière élémentaire et complète, dont on ne peut prendre connaissance qu'en étudiant un grand nombre de mémoires et d'ouvrages détachés? Nous compléterons l'exposé des découvertes nouvelles, et montreront la science telle qu'elle est réellement maintenant, en traitant simultanément de l'électricité et du magnétisme, dont l'identité est universellement reconnue, mais qui cependant n'ont point été envisagés sous ce point de vue d'une manière complète.

Notre plan est d'exposer en peu de pages la généralité des phénomènes de tous genres que présentent les fluides impondérables, ainsi que nous l'avons fait dans l'étude des autres corps: c'est assez dire qu'il nous sera impossible de donner le détail des expériences et des calculs qui ont servi de fondemens à la théorie; mais nous prenons l'engagement de ne rien avancer de ce qui peut être raisonnablement contesté.

D'après cette manière de voir, nous partagerons l'étude des fluides impondérables en trois parties. Dans la première, nous exposerons les phénomènes de la chaleur; si elle est produite par l'action du même fluide que la lumière; si elle l'accompagne bien souvent et se montre identique avec elle : ses effets sur les corps sont d'un autre ordre, et assez importans pour modifier cette séparation. En effet, dans l'étude du calorique, nous envisagerons plutôt les modifications qu'il imprime aux corps que sa manière d'agir. Dans la seconde partie, nous passerons successivement en revue tous les phénomènes de la lumière directe, infléchie, réfléchie, réfractée, polarisée; nous suivrons donc le fluide lumineux dans sa marche, dans les modifications qu'il éprouve; c'est lui qui fixera principalement notre attention; c'est là que se placera naturellement le développement de la théorie. Enfin, dans la troisième partie, nous chercherons à faire comprendre comment d'une même source découlent tous ces phénomènes si compliqués et si différens, qu'on désignait autrefois sous les noms d'*électriques, galvaniques* et *magnétiques*, et qu'on réunit maintenant sous le nom d'*électro-magnétiques*.

CHAPITRE PREMIER.

DU CALORIQUE.

183. Nous venons de voir qu'on peut donner l'explication de tous les phénomènes de la chaleur au moyen de deux hypothèses différentes. Dans l'une, on suppose un fluide universellement répandu dans les corps, et qui donne lieu à la production des divers effets qu'on attribue au calorique, lorsqu'il exécute certains mouvemens; dans l'autre, on suppose également l'existence d'un fluide, mais qui, dans certaines circonstances, sous l'influence de certaines causes, abandonne les corps ou s'y accumule, et produit alors les phénomènes du froid et de la chaleur. Ce fluide tend toujours à se mettre en équilibre. Ces deux

systèmes rendaient également raison des phénomènes de la production et de la propagation de la chaleur d'une manière satisfaisante, jusqu'à ces derniers temps, où des expériences de MM. Dulong et Petit tendent à établir leur analogie avec certains phénomènes galvaniques ou électriques. Le système de l'émission semblait même peut-être se prêter aux explications avec plus de simplicité, et, comme tel, il aurait mérité la préférence, si l'identité de la lumière et du calorique, démontrée par tant de phénomènes, n'avait soutenu celui des ondulations. Une troisième opinion partageait autrefois les savans sur la cause de la chaleur. On a pensé qu'elle pouvait être produite par un mouvement intestin et vibratoire des molécules des corps; mais ce système, qui parait combattu par des observations directes, est maintenant généralement abandonné. Ce n'est plus qu'en Allemagne qu'il peut encore compter quelques partisans (1).

Quoi qu'il en soit, nous ne nous arrêterons pas davantage sur ses idées théoriques, qui n'entraînent que de bien légères différences dans l'explication des phénomènes, et nous nous bornerons désormais à l'étude de ceux-ci, abstraction faite de la cause qui les produit.

184. Déjà nous avons dû donner quelques notions générales sur les effets du calorique; nous avons vu qu'en contrebalançant le pouvoir de l'affinité et de l'attraction, il maintient tous les corps dans l'état habituel où nous les voyons; mais que, lorsqu'il devient surabondant, il nécessite tous les changemens d'état que l'on remarque dans les corps, et les fait successivement passer de l'état solide à l'état liquide, et de l'état liquide à l'état gazeux, de même qu'en diminuant d'intensité il les ramène à la liquidité et à la solidité. Il offre aussi cet effet général dans les intervalles qui séparent les divers changemens d'état des

---

(1) Le système des ondulations ne suppose autre chose, que des mouvemens de vibration dans les molécules de la source calorifique ou lumineuse. Z.

corps, de les dilater par son accumulation, c'est-à-dire d'éloigner leur molécules, et de les contracter par sa diminution, c'est-à-dire de rapprocher leurs molécules, phénomènes qu'on doit considérer comme faisant le passage d'un changement d'état à l'autre. Déjà nous avons étudié les lois de cette dilatation et de cette contraction dans les corps solides, liquides et gazeux, et nous avons vu qu'elles ont servi à l'invention de plusieurs instrumens propres à mesurer l'intensité de la chaleur et les variations de température, tels que les pyromètres, les thermomètres à liquides et à gaz; nous avons fait connaître ces instrumens, leur construction et leurs applications diverses. Il serait inutile de revenir maintenant sur ce genre d'action de la part du calorique, et de rappeler de nouveau l'attention sur les changemens d'état et de dimension des corps : nous avons donné ces notions dans les chapitres qui traitent des propriétés particulières de chacun des états qu'affectent les corps parce qu'elles nous ont semblé y être plus à leur place et nous y renvoyons le lecteur.

185. Ce qu'il nous reste à dire du calorique sera partagé en trois sections : nous ferons d'abord connaître les lois et les circonstances de la formation et du développement de la chaleur, et nous indiquerons ses principales sources, nous étudierons ensuite la manière dont elle se propage dans les différens corps, soit à distance par rayonnement, soit par le contact; enfin, en traitant de la capacité des corps pour le calorique, nous ferons connaître ce qu'on entend par *calorique latent* ou *spécifique*, et nous indiquerons les principales méthodes à l'aide desquelles on mesure cette portion du calorique insensible à nos organes, insensible au thermomètre, qu'on regarde généralement comme combinée avec les corps.

SECTION PREMIÈRE.

DE LA PRODUCTION ET DU DÉVELOPPEMENT DE LA CHALEUR.

186. La principale source de chaleur à la surface de

notre globe paraît être le soleil : qu'il nous envoie ou nous transmette réellement des rayons calorifiques, ou que ces rayons ne prennent ces propriétés qu'en traversant les couches atmosphériques, ainsi que l'ont pensé plusieurs savans, et ainsi que semblerait peut-être l'indiquer au premier coup-d'œil la diminution de chaleur très considérable qu'on ressent à mesure qu'on s'élève dans les régions supérieures de l'air, le soleil est du moins la cause apparente qui entretient la température ordinaire des différens lieux de la surface de la terre; ainsi, de quelque manière qu'il agisse sur les corps, que ce soit directement ou indirectement, on ne peut douter qu'il ne soit la cause réelle des différens états sous lesquels ils se présentent ordinairement à nous, puisque nous voyons ces corps changer d'état, c'est-à-dire de liquides ou gazeux devenir solides, ou bien au contraire de solides ou liquides devenir gazeux; puique nous voyons leur température suivre exactement la marche du soleil, être d'autant plus considérable qu'il reste plus long-temps au-dessus de l'horizon et que ses rayons sont reçus plus perpendiculairement, en un mot, être d'autant moindre qu'on s'éloigne de l'équateur et qu'on s'approche des pôles.

187. Les lois de la distribution de la chaleur selon les climats et les saisons, les variations nombreuses de la température, la chaleur particulière du globe, qu'on désigne sous le nom de *chaleur centrale*, qui est appuyée et combattue par des noms imposans, qui paraît même soutenue par des observations directes, présentent une foule de questions très curieuses et de la plus haute importance : nous regrettons vivement de ne pouvoir nous livrer à leur examen; mais ce serait nous écarter de l'objet spécial de notre étude; ces questions appartiennent à l'histoire naturelle de la terre, à la géographie physique et à la météorologie; nous nous bornerons à indiquer également en peu de mots les autres sources de la chaleur (1).

---

(1) Un corps chaud est un centre duquel émanent des rayons ou des ondes qui se propagent également dans tous les sens; en effet, un

188. Une des causes qui développent le calorique avec plus d'intensité, on peut même dire de violence, c'est le feu : on embrasse sous cette dénomination, tantôt l'universalité des phénomènes de la chaleur, dont il devient

---

thermomètre, placé à égale distance tout autour de ce corps, indique toujours la même temperature ; verticalement au-dessus, il montera un peu plus, et dessous, un peu moins, mais cela est une conséquence immédiate de la dilatation des gaz par la chaleur. Le thermomètre montre en outre qu'en augmentant la distance, la chaleur diminue, et la géométrie nous indique qu'elle doit diminuer comme toutes les émanations centrales dans le rapport du carré de la distance. Circonscrivons par la pensée un faisceau de rayons calorifiques, ce faisceau ira en s'épanouissant en partant de la source, et tellement que des sections faites perpendiculairement à son axe, *fig.* 5, à différentes distances seront entr'elles dans le rapport du carré de ces distances, ainsi, par exemple, si S D est double de S C, la section B est quadruple de la section A, il suit de là que la quantité de rayons qui était reçue par A, à une distance double, se répand sur une surface quadruple, et que, par conséquent, la surface A, transportée en B, n'en reçoit plus que le quart.

Lorsque la source calorifique est assez éloignée pour que les rayons qui tombent sur une surface, puissent être considérés comme sensiblement parallèles, la quantité que cette surface en reçoit est proportionnelle au sinus de l'angle qu'elle fait avec leur direction ; en effet, sous l'incidence perpendiculaire, la surface reçoit tout le faisceau $S b a S$, *fig.* 6, tandis que, sous l'angle, $b a d$, elle n'en reçoit que la partie $S b a S$ qui est au premier dans le rapport de $a c : a b$ qui est, comme on sait, le même que celui des sin. $b a d : 1$.

Cela nous explique la différence de température dans les différentes saisons, celle des différentes latitudes et enfin la différence remarquable qui existe souvent dans les climats de deux lieux fort voisins. En été, les rayons étant plus près de la direction perpendiculaire qu'en hiver, une partie déterminée de la surface terrestre en reçoit en général une plus grande quantité. Par la même raison, une surface donnée en recevra en général plus sous l'équateur que sous une autre latitude quelconque ; on conçoit enfin qu'un versant méridional reçoit plus de rayons qu'un versant boréal qui, dans certains cas, pourra n'en recevoir aucun ; ainsi, le premier pourra jouir d'un climat fort chaud, et l'autre, au contraire, être sujet aux rigueurs des régions plus voisines du pôle.

On verra plus loin que l'air se laisse traverser par les rayons solaires sans se chauffer, ou du moins que très peu ; mais que ces rayons, en tombant sur les différens corps solides qui sont à la surface de la terre, en sont en partie absorbés et en partie réfléchis, tellement que, lorsque plusieurs corps frappés par les rayons solaires sont placés les uns près des autres, ils se renvoient mutuellement des rayons et élèvent ainsi considérablement leur température ; or, c'est principalement par le contact avec ces corps chauds, que l'air élève sa tempéra-

alors à-peu-près synonyme, tantôt seulement ceux de la combustion, qui n'est elle-même qu'une combinaison, de même que toute combinaison n'est qu'une combustion, ce qui est fort bien exprimé dans le langage chimique, où tout corps combiné s'appelle souvent *corps brûlé* (1). On se ferait une bien fausse idée de la combustion et du feu, si on les regardait comme des causes de destruction et d'anéantissement; car elles sont en même temps des causes de production : la combustion n'est donc réellement autre chose qu'un changement de combinaison des corps. L'opinion généralement adoptée par les chimistes sur ce qui se passe dans toute combustion ou toute combinaison, est que chaque composé admet dans sa composition une quantité différente de calorique, et, dans tous les cas, les liquides en admettent plus que les solides, et les gaz plus que les liquides; en conséquence, par exemple, toutes les fois que, dans une combinaison un corps

---

ture. Ce renvoi de chaleur manquant sur les pics isolés des hautes montagnes, on a en grande partie l'explication du froid continuel qui règne sur celles-ci; je dis, en grande partie, car il est propable que plusieurs autres causes concourent à la production de ce phénomène. Quoi qu'il en soit, cette diminution de température, à mesure qu'on s'élève au-dessus du niveau de la mer, n'est pas la même dans tous les pays, elle est, au contraire, très variable, mais on évalue qu'elle est terme moyen, de 1° par 500 pieds.

Beaucoup de phénomènes tendent à prouver l'existence d'un feu central. Il est certain que la température de la terre augmente avec la distance au-dessous du sol, et en discutant les meilleures observations, on trouve que cette augmentation est d'environ 1° par 100 pieds. Les sources thermales nous indiquent probablement la température de couches où l'homme ne peut point pénétrer.

Les volcans nous décèlent l'existence de grands incendies intérieurs, on les avait jadis supposés locaux et peu profonds; mais la liaison qu'on a souvent remarquée entre des volcans fort éloignés les uns des autres nous porte à croire le contraire. Nous avons déjà dit que la structure des montagnes engageait à penser qu'à une certaine époque, à la vérité fort reculée, la terre avait du se trouver en état de fusion ignée. Des très belles observations de M. Elie de Baumont viennent à l'appui de cette hypothese, elles tendent même à prouver que les montagnes sont sorties de la terre. Z.

(1) Il suffit ici de dire qu'on ne nomme *corps brûlé* que le corps combiné avec l'oxigène. T. R.

passe de l'état gazeux à un état où il renferme moins de calorique, et c'est ce qui a lieu dans la plupart des combustions que nous avons occasion d'observer le plus fréquemment, à cause de la combinaison de l'oxigène de l'air; selon cette manière de voir, il doit se faire un grand dégagement de calorique; par là on explique tous les phénomènes du feu, et les productions de chaleur ou de froid qu'on remarque dans les combinaisons : car on conçoit, d'après cette explication, que, dans certaines circonstances, il devra y avoir du calorique absorbé plutôt que mis en liberté : et alors, par une telle combinaison, il y aura production de froid au lieu de chaleur (1). La théorie de la combustion appartient à la chimie; mais les idées généralement répandues sur le feu sont trop fausses pour que nous n'ayons pas dû nous efforcer de les rectifier en les présentant sous leur véritable point de vue. Au reste, nous devons dire qu'un beau travail de MM. Dulong et Petit, sur le calorique combiné, les a conduits à penser que l'opinion sur le dégagement du calorique dans l'action de la combustion pour-

(1) Cette théorie explique fort bien le développement de calorique dans la combustion proprement dite des corps solides, lorsque, dans cet acte l'oxigène se trouve condensé. Elle explique également bien le phénomène des mélanges frigorifiques dont nous allons citer un exemple ; le sel ordinaire a beaucoup d'avidité pour l'eau, mais la combinaison de ces deux corps ne peut avoir lieu qu'autant que l'eau est liquide, de là résulte que, si on mêle ensemble partie égale de sel et de neige, la tendance réciproque de ces corps à se combiner, détermine la fusion du dernier, ce qui, comme nous l'avons déjà dit, ne peut avoir lieu qu'en absorbant une quantité considérable de chaleur; le mélange doit donc se refroidir beaucoup, et en effet, lorsque les deux corps ont été pris à la température de 0° ; le thermometre y descend jusqu'à -17°, 77. Nous dirons, en passant, que c'est ce froid que Fahrenheit prenait pour 0° de son échelle thermométrique. Mais d'où vient la chaleur lorsque, par la réaction de corps solides ou liquides, il se produit des gaz, comme cela a lieu dans la détonation de la poudre et dans les fermentations? L'électricité paraît jouer un rôle très important dans la nature ; elle est peut-être la cause première de toutes les combinaisons ; elle est peut-être aussi la cause de la chaleur, non simplement dans le cas que nous considérons, mais dans les autres.

Z.

rait bien être erronée, et que ce dégagement est plutôt analogue à l'ignition sans combinaison, à laquelle M. Davy a soumis le charbon par une action électrique particulière. Cette manière d'envisager les phénomènes mérite, de la part des savans, la plus sérieuse attention, puisqu'elle peut changer toute la théorie chimique, et servir à résoudre la question de la nature de la chaleur.

189. Quoi qu'il en soit, il est inutile d'insister sur les nombreuses applications de la chaleur et de la combustion dans les arts économiques et industriels. Si la haute température qu'on obtient par la combustion de diverses substances, telles que le bois, le charbon, les huiles, les gaz inflammables, est peu de chose dans les sociétés humaines, le feu est un des agens les plus puissans dont on puisse faire usage : aussi est-il d'un emploi universel, non-seulement dans nos chambres où l'on n'a pour but que de profiter de la chaleur qu'il produit, non-seulement dans les arts chimiques, où il favorise les combinaisons, et dans nos cuisines, où on opère de véritables changemens chimiques; mais encore dans la plupart des arts industriels, où l'on a besoin d'une force motrice considérable, ou bien dans lesquels il est nécessaire de faire subir aux corps des modifications dans certaines de leurs propriétés physiques, telles que la dureté, la solidité, la ductilité, la fusibilité, etc., etc.

190. Plusieurs des êtres animés qui nous entourent, et nous-mêmes, sous la température ordinaire qui règne à la surface de la terre, sommes aussi des sources de chaleur; c'est-à-dire que la température particulière de notre corps est en général plus élevée que celle des corps ambians, et par conséquent nous les échauffons perpétuellement à nos dépens. Il paraît qu'on peut en général attribuer cette chaleur animale à l'effet des nombreuses combinaisons qui s'exécutent dans les corps vivans, notamment dans l'acte de la respiration; c'est un des plus beaux sujets des recherches qu'on puisse se proposer, mais il de-

mande le secours de la physique, de la chimie et de la physiologie (1).

191. Il existe aussi des causes de développement du calorique tout-à-fait mécaniques ; ainsi, en frottant avec vivacité deux corps l'un contre l'autre, on les voit bientôt s'enflammer ; en comprimant fortement un corps, soit par un choc violent et instantané, comme lorsqu'on frappe un caillou avec un corps très dur, soit par une compression subite, comme lorsqu'on refoule l'air dans le briquet

---

(1) Des physiciens très distingués se sont occupés de cette importante question, et l'ont presque complètement résolue ; ils ont déduit de leurs expériences, que la majeure partie de la chaleur animale provient de la combustion que le sang éprouve dans le poumon. Nous ne croyons pas superflu de donner ici une idée succinte de la respiration qui est la fonction la plus importante de notre économie, et qui se rattache immédiatement à la physique et à la chimie. Le cœur est, comme on sait, l'organe qui, au moyen d'un mouvement particulier de contraction dont il est doué, produit la circulation du sang ; il reçoit de celui-ci des veines et le chasse dans les poumons, où il se répand dans une foule de petits vaisseaux, et présente ainsi une grande surface de contact, à l'air qui arrive dans la cavité thorachique par la trachée artère. C'est là que le sang éprouve une véritable combustion, en cédant une partie de son charbon à l'oxigène de l'air ; aussi remarque-t-on que de noir qu'il était, il devient d'un beau rouge. Du poumon, le sang retourne au cœur qui le refoule dans les artères, dont l'office est de le conduire dans les différentes parties du corps, où après avoir été élaboré, il est repris par les veines. Cette combustion représente de 0,8 à 0,9 de la totalité de la chaleur animale. D'où vient le reste ? Faute d'une meilleure explication, on suppose qu'il est dû à une action nerveuse. Il se présente ici une question non moins importante ; pourquoi la température de notre corps, se conserve-t-elle à-peu-près constante dans les hivers les plus rigoureux, et dans les climats brûlans de la zone torride ? Pourquoi, en restant quelque temps dans une étuve fortement chauffée, la température de notre corps ne s'élève-t-elle que de 2° ou 3° ? On n'a jusqu'à présent répondu à ces questions qu'en présentant des conjertures ; il paraîtrait pourtant que la transpiration en est la cause principale.

Parmi les animaux, les uns ont le sang chaud, ou, pour mieux dire, à une température presque constante, l'homme est du nombre et sa température est d'environ 37° ; les autres animaux mammifères ont des températures comprises entre 37° et 40°. La température des oiseaux est en général un peu plus élevée, dans quelques espèces, elle va jusqu'à 43°. D'autres animaux ont le sang froid, ou, pour mieux dire, à une température qui diffère peu de celle du milieu dans lequel ils se trouvent, tels sont les reptiles et les poissons. Dans ces animaux la respiration est peu active et la transpiration extrêmement faible.

Z.

pneumatique, on produit également l'ignition. D'après la manière ordinaire d'envisager le calorique, on conçoit que, dans ces phénomènes, les molécules des corps étant subitement rapprochées ou modifiées de façon à ne plus pouvoir contenir le calorique qui était interposé entre elles, celui-ci est mis en liberté, et se précipite sur les corps qu'il rencontre; si la quantité de chaleur développée de la sorte est assez considérable, les corps pourront entrer en ignition. Sans vouloir combattre cette opinion, nous ferons remarquer que les mêmes moyens mécaniques qui développent de la chaleur dans un grand nombre de circonstances développent aussi de l'électricité.

192. Enfin, les phénomènes électriques nous offrent plusieurs circonstances où la chaleur est développée avec beaucoup d'intensité et d'énergie; on ne connaît même aucun feu qu'on puisse comparer à la foudre pour la puissance. Nous en imitons les effets au moyen des décharges de nos batteries électriques et des courans de nos piles galvaniques. On attribuait en général ces phénomènes à la même cause que la chaleur développée par compression; mais ces explications paraîtraient devoir subir de grandes modifications, d'après les idées nouvelles de quelques savans sur la liaison de l'électricité et du calorique; ce n'est point dans un ouvrage aussi élémentaire que celui-ci qu'il est possible de discuter ces opinions, l'exposé de la science est déjà une tâche essez vaste à remplir; mais ce sont de nouvelles preuves de l'analogie encore inconnue ou mal définie de ces deux agens.

SECTION II.

DE LA PROPAGATION DU CALORIQUE.

193. La chaleur tend perpétuellement à se mettre en équilibre dans tous les corps; ainsi, toutes les fois que l'un d'eux est plus chaud ou plus froid que ceux qui l'environnent, il envoie ou absorbe de la chaleur, afin de se mettre au niveau de leur température; mais par quel moyen se fait cette transposition réciproque de calorique? Est-ce par l'intermédiaire des molécules de l'air, ou des

autres corps qui séparent ceux dont la température est différente, c'est-à-dire *par contact?* est-ce à distance, de la même manière que la chaleur du soleil nous parvient, c'est-à-dire *par rayonnement?* enfin, les corps jouissent-ils au même degré de la propriété de transmettre le calorique, ou, s'il en est autrement, quelles règles peut-on reconnaître dans le mode de propagation de la chaleur, soit par contact, soit par rayonnement, de la part des différens corps? Telles sont les questions à l'examen desquelles nous allons nous livrer (1).

194. Lorsque deux corps sont à des températures différentes, le plus chaud partage son calorique avec le plus froid, tant par une transmission de rayons caloriques que par une propagation de proche en proche, de sorte qu'après un temps plus ou moins long les deux corps sont en équilibre de température. Pour le moment, nous ne considérons que l'échauffement par contact, dont l'abaissement ou l'élévation subite du thermomètre, dont la sensation de froid et de chaleur des différens corps nous donnent la preuve. En effet, si l'on plonge la boule d'un thermomètre dans un liquide chaud, le calorique du liquide se partagera aussitôt avec le corps en contact avec lui, et le thermomètre indiquera un effet beaucoup plus grand que si on l'avait simplement exposé à la chaleur rayonnante de ce liquide. Un effet analogue se présentera si on le plonge dans un liquide plus froid; dans ce cas, c'est le calorique du thermomètre qui se répandra dans le liquide, jusqu'à ce que l'équilibre de température soit établi. De même, pourquoi, au contact de certains corps, éprouvons-nous la sensation de la chaleur ou du froid? c'est que, ces corps ayant en ce moment une température plus haute ou plus basse que la nôtre, le contact établit une communication

(1) Le phénomène du briquet ordinaire trouve sa place ici. L'arête vive d'une pierre dure, comme, par exemple, celle de la pierre à feu ordinaire, détache de l'acier contre lequel on la frappe, des parcelles fortement chauffées par le choc, qui, en traversant rapidement l'air, en absorbent l'oxigène et produisent ainsi les étincelles. Z.

en vertu de laquelle nous enlevons du calorique au corps que nous touchons si sa température est plus élevée que la nôtre, et nous lui en fournissons si elle est moindre. L'habitude modifie aussi singulièrement nos sensations à cet égard ; il nous semble que la température du milieu qui nous entoure depuis quelque temps est égale à celle de notre corps, à moins que la différence ne soit très considérable, et cette habitude modifie nos jugemens lorsque nous ressentons une chaleur différente : voilà pourquoi la température des caves, qui est à-peu-près constante, nous paraît froide en été et chaude en hiver.

Mais, pourquoi éprouvons-nous une sensation de chaleur ou de froid plus vive au contact de certains corps qu'à celui d'autres substances, dans le cas où le thermomètre n'accuse aucune action, c'est-à-dire où réellement ces corps sont à une température égale? Cet effet dépend de la faculté conductrice plus ou moins grande de ces corps, faculté qui, tout en en offrant beaucoup de variations, est en général à-peu-près en raison de la densité. Ainsi, nous éprouvons une sensation de froid plus grande en saisissant un morceau de fer qu'en saisissant un morceau de bois, parce que le fer est meilleur conducteur de la chaleur que le bois; ceci va recevoir de nouvelles explications de l'étude des lois de la communication de la chaleur dans les corps.

195. La durée de l'échauffement ou du refroidissement d'un corps par le contact dépend de la faculté conductrice des substances qui lui transmettent cette chaleur ou ce froid; et, comme, sous ce rapport, les corps nous offrent de grandes différences, on les a distingués en *bons* et *mauvais conducteurs* du calorique : au surplus, cette communication est toujours fort lente et peu considérable, elle décroît très rapidement en s'éloignant du foyer de chaleur. On en aura une idée, en sachant qu'il serait impossible d'élever d'un degré la température de l'extrémité d'une barre de fer d'une toise de longueur, en appliquant à l'autre extrémité le feu le plus intense; cette extrémité serait en fusion, avant que l'autre fût échauffée sensiblement. Cependant la plupart des métaux sont appelés bons

conducteurs, parce qu'ils jouissent de cette faculté à un plus haut degré que les autres corps; mais ils présentent entre eux de grandes différences; l'or et l'argent sont les meilleurs conducteurs, le plomb et le platine sont les plus mauvais parmi les métaux. Dans d'autres substances, telles que le bois, le charbon, la laine, cette propriété est presque nulle. Qui ne sait qu'on peut tenir à la main un morceau très court de bois ou de charbon en ignition à une de ces extrémités? Il en est de même de la plupart des substances liquides et gazeuses: mais celles-ci paraissent d'autant mieux conduire la chaleur qu'elles sont plus denses.

196. Il est souvent très difficile d'apprécier exactement la faculté conductrice des liquides et des gaz, parce que chez ces corps l'effet est presque toujours compliqué, en vertu de l'extrême mobilité de leurs molécules : dès qu'une portion de la masse est réchauffée ou refroidie, et par conséquent dilatée ou contractée, elle change de place et produit ainsi des courans; or, ces mouvemens communiquent à la masse la température nouvelle, bien plus rapidement que ne l'eût fait le simple contact des molécules. Ces courans sont descendans si le corps se refroidit, ascendans s'il s'échauffe; ils paraissent être la cause du froid excessif qui règne dans les hautes régions de l'atmosphère : c'est M. Arago qui, le premier, a donné cette explication, qui rend parfaitement raison du phénomène (1).

---

(1) Les liquides sont de très mauvais conducteurs du calorique; il serait impossible, non-seulement de faire bouillir, mais même de chauffer de quelques degrés, une masse un peu considérable d'eau en plaçant le feu par-dessus. Un appareil très simple sert à constater ce fait; il se compose d'un petit vase en cristal contenant la boule d'un thermomètre, dont la tige sort horizontalement de la paroi; on remplit ce vase d'eau jusqu'à une ou deux lignes au-dessus de la boule du thermomètre, puis par-dessus l'eau, on verse une petite couche d'éther qui, à cause de sa légereté, reste à la surface. On enflamme l'éther, ce qui produit une température d'au moins 600° à 700°; cependant, le thermomètre, placé à une très-petite distance au-dessous, n'indique aucune élévation de température, ou une très petite, qui peut en grande partie provenir de la conductibilité des parois du vase. Z.

197. Nous venons de voir que tous les corps ne conduisent pas le calorique également bien : sous ce rapport, ils s'échauffent et se refroidissent donc inégalement et dans des temps inégaux ; l'étendue de leur surface, en faisant varier le nombre des molécules en contact, modifie puissamment cette durée. Nous allons voir qu'il en est de même du calorique acquis ou perdu par rayonnement, et de plus, que l'état et la couleur de cette surface sont une seconde cause qui influe très fortement sur le temps nécessaire pour mettre un corps en équilibre de température : ainsi, outre que chaque corps rayonne le calorique d'une manière différente, l'état de la surface entraîne encore de nouvelles variations (1).

Les corps les plus polis sont ceux qui absorbent le moins de chaleur, mais aussi qui en émettent le moins, et en général on peut dire que ces propriétés sont toujours corrélatives ; de là il suit que ces corps doivent s'échauffer et se refroidir très lentement. Les surfaces ternes et noires, au contraire, sont celles qui absorbent la plus grande quantité de chaleur, mais aussi qui en rayonnent davantage, en sorte qu'elles s'échauffent et se refroidissent très rapidement ; on conçoit combien ces connaissances ont d'applications dans les arts économiques, et doivent servir pour apprécier soit la chaleur des vêtemens, soit une multitude d'autres effets. L'état de la surface change totalement les propriétés rayonnantes d'un corps ; ainsi, en noircissant, en ternissant le corps le plus poli, on augmente énormément sa faculté d'absorption et d'émission de la chaleur. C'est au moyen du thermomètre différentiel de M. Leslie qu'on apprécie les plus petits rayonnemens de chaleur de deux corps : cet instrument,

---

(1) Dans le couvercle en bois d'une boîte en cuivre, on implante perpendiculairement, des cylindres égaux de substances différentes; leur bout inférieur doit pénétrer d'une même quantité dans l'intérieur de la boîte; on les enduit d'un mélange très fusible de cire et de térébenthine. Dans la boîte on verse de l'eau bouillante, ou mieux de l'huile chaude; le mélange fond à différentes hauteurs sur les cylindres, et indique par là, la différente conductibilité des substances dont ils sont faits.

qui ne sert qu'à indiquer des différences de chaleur, et que, pour cela, on appelle *thermoscope*, est représenté *fig.* 50, les deux tubes sont remplis d'air ; mais un petit cylindre d'acide sulfurique, qui, dans l'état de repos, est placé au milieu du tube horizontal, les empêche de communiquer ; le moindre changement de température éprouvé par une des deux boules dilate l'air intérieur, et par suite fait marcher le cylindre d'acide sulfurique.

198. Les corps, par leur rayonnement mutuel dans tous les sens, entretiennent et rétablissent perpétuellement l'équilibre de la température. En effet, un corps est-il plus chaud, il rayonne en plus grande quantité qu'il ne reçoit ; il doit donc se refroidir jusqu'à ce qu'il soit arrivé au même degré de chaleur ; est-il plus froid, tous les corps environnans lui envoient plus de chaleur qu'ils n'en reçoivent, et l'équilibre est de même bientôt rétabli ; enfin, cette température égale s'entretient par l'échange réciproque de chaleur que font tous les corps ; mais, s'il en est qui se trouvent placés de manière à rayonner sans recevoir, il est évident qu'ils devront se refroidir ; c'est ce qui se rencontre pour les corps placés à la surface de la terre, pendant la nuit, lorsque le temps n'est pas couvert, et c'est ce qui produit la rosée et la gelée blanche. Cette explication d'un phénomène journalier, donnée par M. C. Weels, est une des plus belles applications de la théorie du rayonnement ; elle montre pourquoi une gaze légère suffit pour abriter les plantes des fâcheux effets de ces gelées matinales (1) (2).

---

(1) Pendant une nuit calme et sereine, la terre rayonne vers l'espace la chaleur qu'elle avait reçue du soleil pendant le jour, et, comme rien ne peut la lui restituer, elle doit se refroidir considérablement, et en effet, un thermomètre placé à sa surface marque 6°, et même plus au-dessous de la température de l'air, à quelques pieds au-dessus du sol. Ce refroidissement peut, dans les saisons où l'air n'est pas trop chaud, donner lieu à la glace et causer ainsi la mort des jeunes plantes.

Au Bengale, on profite de ce phénomène pour se procurer de la glace ; dans des plaines fort étendues, on expose à l'air sur des couches de paille, des terrines plates contenant de l'eau ; le matin on trouve à la surface de celle-ci, une couche mince de glace.

199. La chaleur rayonnante suit absolument la même marche, est soumise aux mêmes modifications que la lumière : aussi nous bornerons-nous à leur énonciation. C'est ici que paraît dans toute son évidence l'identité de ces deux principes qui semblent se produire et se modifier l'un l'autre, que nous voyons soumis aux mêmes lois, en effet, le calorique se réfléchit comme la lumière à la surface des corps polis, en faisant l'angle de réflexion égal à l'angle d'incidence : comme la lumière, il se concentre aux foyers des miroirs réflecteurs et à celui des lentilles ; il est donc, comme la lumière, soumis à la réfraction, et, comme elle, il présente le phénomène de la dispersion

---

Le moindre nuage détruit ces effets en renvoyant les rayons calorifiques vers la terre. C'est ce qu'il est facile de reconnaître au moyen d'un thermoscope dont la boule focale se trouve au foyer d'un petit miroir parabolique tourné vers le ciel.

La terre refroidie, produit sur l'air chargé de vapeurs, le même effet que la bouteille qu'on tire de la cave pendant l'été. Un vent léger favorise la production de la rosée ; mais un vent trop fort l'empêche en mêlant ensemble les différentes couches de l'atmosphère.

Z.

(2) Les rayons calorifiques, se réfléchissent à la surface des corps polis de manière que le rayon incident et le rayon réfléchi, sont dans un même plan normal à la surface, et de plus, que les angles que les deux font avec la normale au point d'incidence sont égaux. Pour le prouver, on se sert de deux miroirs paraboliques égaux, qu'on place l'un vis-à-vis de l'autre, de manière que l'axe soit commun. Dans le foyer de l'un on met un corps chaud, par exemple, un boulet porté au rouge, et dans celui de l'autre un thermomètre bien sensible, et on remarque que celui-ci monte beaucoup plus que s'il était placé en un autre point à égale distance du corps chaud, ainsi donc ce n'est pas le rayonnement direct de ce corps qui a occasioné cette élévation, il faut que les miroirs aent produit une concentration qui ne peut s'expliquer qu'en admettant les lois de réflexion que nous avons énoncées. Lorsque les miroirs sont bien travaillés et bien polis, la distance qui les sépare dans cette expérience peut être d'un assez grand nombre de pieds. Ces miroirs servent en outre, à constater ce fait important qu'un vent très fort produit sur le chemin des rayons, n'en altère nullement la direction. La difficulté de travailler des miroirs paraboliques, fait qu'on se sert ordinairement de miroirs sphériques, et on démontre facilement par le calcul que, quand l'ouverture du miroir est une petite corde de la sphère sur laquelle il a été travaillé, il concentre les rayons parallèles à-peu-près aussi complètement qu'un miroir parabolique,

dans le spectre solaire. Nous étudierons par la suitece phénomène important; pour le moment, bornons-nous à dire qu'il existe des rayons calorifiques non visibles au-delà du rouge, et que l'intensité du calorique va continuellement en diminuant dans le spectre, à partir de cette extrémité jusqu'au violet. Enfin, M. Bérard a démontré récemment que le calorique, même entièrement obscur, est, comme la lumière, soumis à la double réfraction et à la polarisation; et plus récemment encore, M. Arago a reconnu qu'il présentait les mêmes phénomènes d'interférence, c'est-à-dire de destruction, par une double réunion au même lieu.

Si on fait l'expérience avec un corps volumineux placé devant un seul de ces miroirs, les rayons iront encore se concentrer au foyer, mais la température en ce point, sera considérablement diminuée si le miroir est dépoli; le miroir même s'échauffera dans ce cas, ce qui n'a pas lieu lorsqu'il est poli. Le miroir absorbe tout le calorique et ne renvoie rien au foyer, lorsque sa surface est recouverte d'une couche de noir de fumée.

Leslie a fait des expériences curieuses sur l'influence qu'exerce l'état de la surface d'un corps sur la faculté qu'il a d'absorber ou d'émettre le calorique. Supposons que le corps qu'on place devant le miroir soit un cube de 4 à 5 pouces de côté dont les quatre faces verticales sont recouvertes de lames de différentes substances et différemment polies; on remplit ce cube d'eau chaude dont la température est donnée par un thermomètre qui y plonge; cela posé, on observe que, lorsqu'on tourne vers le miroir une face métallique bien polie, le thermomètre focal, ou si on veut la boule du thermoscope, marque une très faible élévation de température; et, qu'en faisant sur cette lame un certain nombre de raies parallèles avec un instrument tranchant, l'élévation du thermomètre augmente, qu'elle est encore plus considérable lorsque la moitié des raies est dans un sens, et l'autre moitié à angle droit avec la première. Les métaux différens élèvent le thermomètre de quantités différentes; les corps les plus dépolis, surtout le noir de fumée, donnent la plus grande élévation. Les aspérités, les arêtes, les pointes surtout, sont donc de véritables issues pour la chaleur, tant pour entrer dans les corps que pour en sortir.

Les liquides ont de la peine à entrer en ébullition dans des vases métalliques ou de verre bien polis; on facilite leur ébullition en y introduisant des fragmens anguleux d'un corps insoluble quelconque; mais celui qui agit le mieux en ce cas est le platine en fil. Il faudrait se garder de les introduire lorsque le liquide a déjà acquis une haute température; car la production subite d'une grande quantité de vapeur pourrait produire une véritable explosion; nous avons eu occasion d'en faire l'expérience. Z.

200. Il est encore une observation sur la marche du calorique que nous ne devons pas omettre, c'est que celui qui accompagne la lumière, comme elle, traverse librement les corps diaphanes. M. Delaroche a prouvé qu'il en était de même pour la chaleur fournie par un foyer intense, tandis que celle inférieure à la température de l'eau bouillante est arrêtée ; enfin, des expériences délicates lui ont fait reconnaître que ce passage de la chaleur à travers les corps augmente à mesure qu'on approche du terme où le corps chaud devient lumineux, comme si le calorique, dans les premiers effets, était composé de molécules plus grossières que la lumière, comme s'il était produit par des ondulations trop étendues ou trop lentes pour se propager à travers les corps diaphanes et pour donner la sensation de la lumière, comme nous avons vu les vibrations de l'air, lorsqu'elles ne sont pas au nombre de trente-deux par seconde, produire des mouvemens manifestes, mais ne point donner à l'oreille la sensation d'un son : or, c'est ce que nous vérifierons en effet par la suite, lorsque nous serons parvenus à mesurer la longueur des ondulations lumineuses (1).

SECTION III.

DU CALORIQUE LATENT OU SPÉCIFIQUE, DE LA CAPACITÉ DES CORPS POUR LE CALORIQUE.

201. D'après la manière ordinaire d'envisager l'action du calorique dans les phénomènes chimiques, on conçoit que les corps, selon leur composition et leur état, sont susceptibles de contenir une quantité différente de chaleur; c'est cette différence de chaleur, qui, dans l'état ordinaire, est insensible au thermomètre, mais qui reparaît si

---

(1) Ne devrait-on pas chercher dans ces faits l'explication du phénomène que présente une goutte d'eau versée sur un fer rouge? On sait qu'elle ne se vaporise point, mais se forme en boule comme si elle éprouvait une répulsion.

le corps vient à changer d'état ou de combinaison, qu'on désigne par les noms de *calorique spécifique* ou *latent*, ou bien encore de *calorique combiné;* c'est cette propriété des corps, d'exiger des quantités de chaleur différentes pour demeurer au même état, qu'on nomme leur *capacité pour le calorique*.

Nous avons vu, en traitant de l'état d'agrégation des corps, que l'effet des changemens de température est d'augmenter ou de diminuer leur volume, et qu'ils offrent des termes différens, mais toujours constans, après lesquels ils deviennent solides, liquides ou gazeux; nous avons reconnu dans la fusion et la gazéification ce phénomène singulier, que cette limite dans la température d'un corps ne peut être dépassée tant que la masse entière n'a pas changé d'état, il paraît que, dans ce cas, tout le calorique ajouté s'emploie à liquéfier ou vaporiser les corps. Il nous reste maintenant à faire connaître qu'elle est la quantité de chaleur absorbée dans ces changemens d'état ou de combinaison.

202. Nous savons d'abord que les liquides renferment plus de calorique latent que les solides, les gaz plus que les liquides. Un corps ne passerait pas à ces formes nouvelles si on lui refusait la chaleur, ainsi la glace, pour devenir liquide, c'est-à-dire pour passer à l'état d'eau, a besoin de 75° de chaleur; car, si on mélange ensemble un kilogramme de glace à 0°, et un kilogramme d'eau à 75°, on aura deux kilogrammes d'eau à 0°. La quantité de chaleur nécessaire à la gazéification est bien plus considérable, elle est même énorme; et cela ne doit pas étonner, puisque le volume, dans ce cas, augmente dans une si grande proportion. On estime que le calorique nécessaire pour faire passer l'eau à l'état de vapeur, égale 5 fois 1/2 ce qu'il en faut pour l'élever de 0° à 100°. On peut juger, d'après ces exemples, qui se répètent pour les autres corps avec des nombres différens, mais dans le même sens, quelle quantité de calorique est absorbée, est rendue latente dans la fusion, et surtout dans la gazéification des corps. Cette remarque sert à l'explication d'une foule de phénomènes naturels; mais cette chaleur n'est

point détruite, elle n'est dissimulée que momentanément : le retour du corps à son état primitif la fera reparaître ; c'est ce que démontrent une multitude d'expériences. La chaleur, développée par la compression, et notamment dans le briquet pneumatique, peut être considérée comme un effet analogue ; en rapprochant les molécules, on augmente la force d'attraction aux dépens du calorique : une portion de celui-ci devient inutile et par suite libre, il se répand sur les corps environnans. Le briquet dont nous venons de parler est un cylindre de métal ou de verre ; en comprimant subitement l'air qui y est enfermé au moyen d'un piston, on allume un morceau d'amadou placé dans la capsule de ce piston (1).

203. Quant au calorique spécifique proprement dit, à celui qui est nécessaire aux corps selon leur combinaison, sa quantité ne peut être connue d'une manière absolue, puisqu'on ne possède aucun corps qui en soit entièrement dépourvu, et qu'il est probable qu'il n'en existe point dans ce cas ; cette quantité de calorique ne peut donc être appréciée que d'une manière relative, par la comparaison de la quantité que chaque corps, sous un même poids, absorbe ou perd en variant d'un certain nombre de degrés : ainsi, on reconnaît que, dans les corps homogènes, la chaleur se distribue uniformément, puisqu'en mêlant un kilogramme d'eau à 0° et un kilogramme d'eau à 60°, on a deux kilogrammes d'eau à 30° ; mais, si on fait le mélange avec des corps différens, on n'obtiendra plus le même résultat : on verra que chaque corps a une capacité différente pour le calorique, c'est-à-dire, demande des quantités de chaleur très différentes pour varier d'un même nombre de degrés ; par exemple,

(1) Qu'on pèse exactement une quantité d'eau, puis qu'on la fasse passer en vapeur dans une autre masse connue du même liquide à une température déterminée, on trouvera que la chaleur que prend cette dernière masse représente 650° dans le poids vaporisé. Suivant M. Clément, la somme de la chaleur sensible et de la chaleur latente de la vapeur est une quantité constante égale à 650° ; ainsi, par exemple, si la vapeur se forme à 200° elle ne contient que 450° de chaleur latente ; elle en contiendrait 600° si elle se formait à 50°.

si on mêle un kilogramme d'eau à 34° avec un kilogramme de mercure à 0°, le thermomètre placé dans le mélange indiquera 33°; d'où on conclut que la même quantité de chaleur nécessaire pour élever l'eau d'un degré a élevé le mercure de 33°; le calorique spécifique du mercure est donc 1/33 de celui de l'eau, qu'on prend généralement comme terme de comparaison pour tous les autres corps.

204. Les physiciens ont inventé divers moyens pour mesurer cette quantité de chaleur; mais une foule de causes d'erreur rend bien difficile l'estimation rigoureuse des résultats. On vient de voir qu'on peut connaître la chaleur spécifique par les mélanges; mais la méthode la plus généralement suivie est celle de Lavoisier et de M. de Laplace, par le moyen du *calorimètre*. Cet instrument, *fig.* 51, est composé de trois cavités : une intérieure destinée à recevoir le corps; sa cloison est un grillage : une intermédiaire qu'on remplit de glace pilée à 0°; elle est séparée de la cavité intérieure par le grillage, mais de l'autre, par une cloison mince; un robinet sert à la vider; la cavité la plus extérieure est destinée à recevoir de la glace pilée, également à 0°, et dont la destination est d'empêcher l'influence de l'air ambiant; elle se vide aussi par un robinet. La mesure de la capacité du calorique est basée, dans cette méthode, sur la connaissance de la quantité de glace fondue par chaque corps. On conçoit en effet que, si on place dans la cavité intérieure un corps dont la température soit au-dessus de 0°, il partagera cette température avec la glace qui est en contact avec lui, et dès-lors la fondra, puisqu'elle est à la température de 0° : en recueillant le produit de cette fusion, il sera facile d'en déduire la quantité de chaleur fournie par le corps. C'est par ces différens moyens qu'on a estimé la chaleur spécifique de la plupart des corps connus : on peut en voir les tables dans les ouvrages de physique de quelque étendue (1).

(1) N'oublions pas que, pour fondre un poids donné de glace, il faut autant de chaleur que pour élever un égal poids d'eau de 0° à 75°. Cela posé, supposons qu'un kilogramme de fer en se refroidissant de 100°

205. MM. Dulong et Petit, auxquels on doit de si belles recherches sur la chaleur, emploient une méthode différente; c'est celle qui est fondée sur l'observation et la comparaison du temps nécessaire au refroidissement des corps. Ils paraissent, par ce moyen, avoir atteint un plus haut degré de précision qu'on ne l'avait fait jusqu'alors; et, en combinant leurs recherches physiques avec la théorie chimique des atomes, ils sont parvenus à

à 0° fonde 147 gr. de glace, le même poids de fer en se refroidissant seulement de 75° à 0° ne fondait que 110 gram.; or, un égal poids d'eau en se refroidissant entre les mêmes limites fondrait 1000 gr. de glace, dont la chaleur spécifique, ou la capacité du fer, est, comparativement à celle de l'eau, 0, 11.

Pour avoir la capacité d'un liquide, on commence par évaluer la quantité de glace que fond le vase dans lequel on veut l'enfermer, puis on cherche celle que fond le vase plein du liquide, la différence entre ces deux quantités est ce qui est fondu par le liquide seul.

Les gaz demandent des opérations plus minutieuses dans le détail desquels nous ne pourons pas entrer.

Un appareil qu'on ne doit pas omettre c'est le calorimètre de Rumford; il sert à la recherche de la chaleur spécifique des gaz, mais il est principalement utile dans la détermination de la chaleur développée dans la combustion des différens corps. Il se compose d'une caisse rectangulaire en cuivre au fond de laquelle circule un serpentin; celui-ci aboutit d'un côté à un entonnoir placé sous le fond et de l'autre il s'ouvre dans l'air pour laisser échapper le gaz après le refroidissement. Un thermomètre dont la tige sort du couvercle marque la température de l'eau dont l'appareil est plein. Qu'il s'agisse, par exemple, de déterminer la chaleur qui se développe dans la combustion de la chandelle ordinaire. On en pèse une, on en engage le bout sous l'entonnoir et on l'allume. Après qu'elle a brûlé un certain temps on l'éteint et on la pèse de nouveau. On trouve ainsi le poids du suif brûlé; et le thermomètre indique de combien cette combustion a élevé la température de l'eau, d'ou, par un calcul assez simple, on déduit la chaleur cherchée. C'est par des procédés semblables qu'on a trouvé les résultats suivans qui sont d'une grande utilité dans la pratique. Le nombre écrit à côté de chaque substance indique le nombre de degrés dont un gramme de celle-ci éleverait, en brûlant, la température d'un gramme d'eau.

Hydrogène.	22125	Charbon . . .	7050
Huile d'olive.	10100	Coke	
Cire blanche	9989	Houille. . . .	
Huile de colza épurée. . .	9307	Alcool à 42°	6163
Suif	8369	Bois réel . . .	3466
Éther sulfurique.	8030	Bois séché à l'air.	2945
Phosphore.	7500	Tourbe ordinaire	1500

Z.

ce résultat important que les atomes de tous les corps ont la même capacité pour la chaleur, en sorte que cette capacité ne varierait dans les corps qu'en raison de ce que, sous un même poids, la quantité d'atomes est plus ou moins considérable : on conçoit sur-le-champ toute la fécondité des résultats d'une observation de cette importance (1) (2).

CHAPITRE II.

DE LA LUMIÈRE.

206. Nous sommes avertis de la présence des objets qui sont en contact avec nos organes par le sens du toucher, et par ceux de l'odorat et du goût, qui ne sont que

(1) Nous donnerons, d'après MM. Clément et Désormes, la table suivante des chaleurs spécifiques :

Table des chaleurs spécifiques de divers corps, celle de l'eau étant 1000.

SOLIDES.		LIQUIDES	
Glace.	720	Eau.	1000
Antimoine	51	Alcool.	640
Argent	56	Huile	500
Cuivre.	95	Sang.	1000
Étain.	95	Lait.	1000
Fer, fonte, acier.	112	Mercure	31
Laiton	90	Acide sulfurique.	340
Or.	30	Acide nitrique	570
Plomb	31	Acide hydrochlorique.	680
Zinc	92	Solution de nitrate saturée.	646
Soufre	188	Air atmosphérique.	250
Verre.	174		
Briques.	450		
Bois	500		

T. R.

(2) Le physicien se contente d'admettre que les corps sont composés de particules infiniment petites et indivisibles qu'il a pour cela appelées *atomes*; mais le chimiste a été plus loin, il a déterminé le poids spé-

des modifications du premier appropriées à certains corps ; l'ouïe nous fait apprécier ces mouvemens particuliers de l'air et des corps en vertu desquels ils deviennent sonores ; l'œil nous fait connaître des objets séparés de nous par de grandes distances, nous fait embrasser en un instant leurs formes et leurs contours, nous avertit des propriétés particulières, telles que les couleurs, qui, sans lui, nous seraient demeurées éternellement inconnue ; nous permet souvent d'avoir la perception d'objets entre lesquels d'autres corps sont interposés ; nous fait pénétrer dans l'immensité de l'espace pour nous en révéler l'ordre et l'arrangement : c'est un scrutateur exact qui franchit pour nous les espaces, et va au loin s'informer des propriétés et de l'état des corps pour nous en apporter l'avertissement avec une promptitude infinie. Que serions-nous sans cet admirable organe ? à quelles idées serions-nous limités si la perception de notre esprit, à tous, ne pouvait s'étendre

---

cifique de ces atomes ; ainsi, par exemple, il dit que l'atome de soufre pèse spécifiquement 201,165, ce qui signifie qu'on suppose que c'est là le poids de l'atome du soufre comparativement à celui de l'oxigène, qu'on représente par 100. Les bornes de cet ouvrage ne nous permettent point d'entrer dans les détails nécessaires pour faire connaître par quels moyens on peut parvenir à cette détermination, nous l'admettrons donc comme exacte. Cela posé, voici comment doit être entendu le principe de MM. Dulong et Petit : représentons par a et b les poids des atomes de deux corps quelconques, les nombres de ces atomes dans deux masses sont égales des deux corps seront inversement proportionnels à leur poids : ainsi, si on désigne par n le nombre de ceux dont le poids est a, $\frac{na}{b}$ sera le nombre de ceux dont le poids est b. Représentons en outre par A et B les chaleurs spécifiques des deux corps : celles de leurs atomes seront $\frac{A}{n}$ et $\frac{B}{\frac{na}{b}} = \frac{Bb}{na}$; elles seront entre elles comme ces valeurs $\frac{A}{n} : \frac{Bb}{na}$, ou comme $Aa : Bb$, c'est-à-dire dans le rapport des produits du poids de leurs atomes par la chaleur spécifique du corps ; or, l'expérience prouve que ces produits sont égaux, donc les chaleurs spécifiques des atomes le sont aussi.

plus loin que la distance où notre main palpe les corps? Nous serions sans doute réduits à une vie à-peu-près végétative. Mais que penserons-nous du génie de l'homme lorsque nous le verrons, profitant des découvertes des savans sur la marche de la lumière dans certains corps, trouver les moyens de rectifier les vices de nos organes, et de leur faire franchir des espaces dont la nature semblait nous avoir interdit l'accès!

Mais quelle est la matière qui forme ainsi l'intermédiaire entre les objets et notre organe, qui nous procure ainsi la sensation des corps éloignés? quelle est la cause de la visibilité? est-ce une matière émanée de notre œil, et qui va embrasser les corps, comme le pensaient les anciens? opinion qui se réfute assez d'elle-même; est-ce, au contraire, comme l'a enseigné Newton, une émanation de particules de la part du corps lumineux ou éclairé? ou bien, selon l'opinion la plus générale des physiciens modernes, est-ce un fluide universellement répandu, qui, par des mouvemens vibratoires analogues à ceux de l'air lorsqu'il nous transmet le son, produit les phénomènes de la vision? Dans nos considérations générales sur les fluides impondérables, nous avons essayé de donner une idée de la manière d'envisager les phénomènes dans ces deux théories; et, sans rejeter absolument celle des émanations, nous avons annoncé que nous adopterions celle des vibrations, comme embrassant l'universalité des phénomènes, et en rendant compte sans le secours des suppositions gratuites aussi fréquentes. Nous ne nous arrêterons pas de nouveau sur la comparaison de ces deux systèmes, dont le choix cependant, malgré que tous deux se prêtent plus ou moins bien à l'explication des faits observés, est loin d'être indifférent, puisque, ainsi que le remarque M. Fresnel, une hypothèse peut contribuer puissamment à l'avancement de la science, en expliquant d'avance les phénomènes, en dirigeant les expériences vers un certain but; puisqu'en second lieu la théorie de la lumière, ne faisant qu'un avec la théorie du calorique, peut changer totalement la manière de concevoir la plupart des effets chimiques. Nous allons voir d'abord avec quelle facilité la théorie des vibrations explique l'intensité diverse de la lumière, et, dans tout ce chapitre, à mesure que les phénomènes se présenteront, nous reconnaîtrons la fécondité de ses résultats et de ses applications.

207. La lumière, de même que l'obscurité, ne sont que des états relatifs à nos organes; nous sommes doués de la faculté de percevoir les objets seulement lorsque la lumière a une certaine intensité, mais d'autres êtres peuvent avoir d'autres limites de visibilité; et, en effet, l'histoire naturelle nous offre mille exemples d'animaux qui peuvent supporter une lumière plus intense que nous sans en être incommodés, ou qui voient avec une quantité de lumière qui est pour nous les plus épaisses ténèbres. De tels phénomènes ne doivent point nous étonner, lorsque nous reconnaissons autour de nous tant de causes de mouvement pour le fluide éthéré, que son repos est presque impossible; et on conçoit que, dès qu'il est en mouvement, il peut produire une impression sur certains organes. Au reste, ces phénomènes d'intensité de la lumière, qui n'étaient pas sans difficultés dans la théorie des émanations, sont une conséquence immédiate de celle que nous avons adoptée, et s'expliquent d'une manière absolument analogue à ceux des sons égaux en vitesse de transmission, mais inégaux en intensité; ainsi, de même que les ondes sonores, non par des variations dans leur longueur ni dans la durée des vibrations, mais bien dans l'amplitude des oscillations, nous ont présenté tous les intermédiaires entre le son le plus faible et le bruit le plus fort; de même les ondes lumineuses, par des modifications semblables, présenteront toutes les différences d'intensité imaginables. On conçoit sur-le-champ qu'un tel mouvement oscillatoire pourra avoir assez d'énergie pour agir sur un organe, tandis que son action sera nulle sur un autre: dans le premier cas, le son sera entendu, le corps sera visible; dans le second, il y aura obscurité, silence complet pour l'être doué de cet organe.

208. La lumière, à la surface de notre globe, provient d'un assez grand nombre de sources différentes; mais la plus puissante, celle dont l'importance dans la plupart

des phénomènes naturels est immense, c'est le soleil : sa nature, son mode d'action sur le fluide éthéré, nous sont inconnus, mais toujours est-il constant que, dès qu'il est au-dessus de notre horizon, il imprime au fluide qui nous environne un mouvement en vertu duquel et le soleil et tous les corps qui reçoivent son influence nous deviennent visibles ; de même, lorsqu'il s'abaisse au-dessous de l'horizon, une obscurité plus ou moins complète succède au grand jour : nouvelle preuve qu'une cause puissante de production de lumière a disparu.

Parmi les astres, il en est quelques-uns, tels que la lune, les planètes, qui ne nous sont visibles que parce qu'ils nous renvoient la lumière du soleil; mais le plus grand nombre paraissent lumineux par eux-mêmes, c'est-à-dire doués d'une propriété analogue à celle du soleil.

209. Ces sources de lumière sont générales, tandis que les autres ne paraissent être qu'accidentelles, mais elles suivent les mêmes lois; c'est pourquoi on rapporte indifféremment les expériences et les raisonnemens à la lumière solaire ou aux différentes lumières terrestres. Parmi ces dernières, celle qui accompagne un grand nombre de combinaisons des corps mérite surtout de fixer l'attention. Dans une multitude d'opérations chimiques, il y a production de lumière et de chaleur; les volcans en sont un exemple naturel; le feu que nous entretenons dans nos foyers, la lumière que nous produisons artificiellement pour nous éclairer, sont des combinaisons chimiques, causes productrices de chaleur et de lumière.

210. Les aurores boréales, l'électricité, sont encore des sources de lumière qui agissent dans certaines circonstances. Beaucoup de corps, même organisés, sont naturellement lumineux; ce sont ceux qu'on appelle *phosphorescens*. Qui n'a remarqué le lampyre ou ver luisant, qui semble une étincelle au milieu des champs? qui n'a entendu vanter par les voyageurs ces insectes, véritables lustres vivans des régions tropicales? Parmi les corps phosphorescens, les uns le sont continuellement, d'autres n'acquièrent cette propriété que par intervalles dans certaines circonstances. La plupart des corps qui ont été ex-

posés à une vive lumière sont ensuite lumineux pendant plus ou moins long-temps. Les corps blancs sont presque toujours visibles, soit par la grande quantité de rayons qu'ils réfléchissent, soit parce qu'ils sont phosphorescens. Enfin le choc, la compression, le frottement, ainsi que le démontrent une foule d'expériences, rendent lumineux les corps qui semblaient devoir se refuser le plus impérieusement à acquérir cette propriété (1).

Nous ne pouvons nier notre ignorance sur les causes primitives de tous ces phénomènes; mais nous devons dire que beaucoup d'analogies semblent les rapporter à des phénomènes électriques, de même que nous avons vu plusieurs effets calorifiques être attribués aux mêmes causes. Peut-être touchons-nous au moment où l'on démontrera que les phénomènes lumineux ordinaires sont une dépendance du même principe, et par conséquent que tous ces effets si singuliers sont le résultat de l'action modifiée d'un seul fluide.

211. Les corps, relativement à la lumière, présentent des différences très marquées; ainsi les uns, tels que le soleil, les corps en ignition, répandent de la lumière autour d'eux, c'est-à-dire sont des foyers qui mettent en mouvement le fluide éthéré : on dit que ces corps sont *lumineux* par eux-mêmes. Les autres renvoient en tout ou en partie la lumière qu'ils ont reçue, c'est-à-dire propagent le mouvement vibratoire du fluide en lui faisant subir diverses altérations. Ces corps, qu'on appelle *éclairés*,

---

(1) La variété de chaux fluatée, appelée *chlorophane*, possède cette propriété au plus haut degré, il suffit même de l'exposer à une température par trop élevée, telle, par exemple, qu'est celle de l'eau bouillante, pour la voir devenir lumineuse.

Plusieurs substances organiques acquièrent cette propriété lorsqu'elle commence à entrer en putréfaction.

Deux morceaux de quartz qu'on frotte l'un contre l'autre, un pain de sucre qu'on casse avec un couteau, et plusieurs autres corps, lorsqu'ils sont frottés ou frappés, laissent aussi dégager une faible lumière; mais ce phénomène, qu'on appelle de même *phosphorescence*, dépend probablement de l'electricité et ne doit pas être confondu avec le précédent. Z.

ne deviennent donc visibles que quand ils sont en présence des premiers. Parmi les corps éclairés, il en est qui laissent passer la lumière en plus ou moins grande quantité, tels que les gaz, la plupart des liquides, un grand nombre de cristaux, la plupart des solides, lorsqu'ils sont suffisamment amincis; on dit alors que ces corps sont *transparens* ou *translucides*. Mais il en est aussi qui arrêtent la lumière en tout ou en partie, ce sont les corps *opaques*. L'étude de ces diverses propriétés des corps a fait reconnaître et a conduit à l'explication de toutes les circonstances de la marche de la lumière, que nous exposerons dans des sections particulières.

212. Ainsi, après avoir indiqué sommairement les causes et les sources de la lumière, après avoir fait sentir toute l'importance de bien connaître la manière d'agir d'un être qui vivifie toute la nature, sans lequel nos connaissances seraient si bornées qu'il nous deviendrait impossible de soutenir notre existence, nous allons étudier les lois auxquelles il est soumis. L'optique, qui renferme tout ce qui concerne la lumière directe, sa marche, sa vitesse dans l'espace, sera l'objet d'une première section. Nous étudierons ensuite les phénomènes que la lumière présente en passant près des extrémités des corps, et au travers des lames minces; là, nous verrons sortir de la théorie des interférences, qui donne l'explication complète de ces phénomènes, et forme la base du système des ondulations, les plus fortes probabilités en faveur de cette hypothèse. Dans la section suivante, nous en ferons l'application aux divers phénomènes que présente la lumière, et nous exposerons ainsi sa théorie complète, ce qui facilitera infiniment l'intelligence des détails et abrégera leur étude. La catoptrique, qui comprend les phénomènes de la lumière réfléchie à la surface des corps, occupera une quatrième section : viendra ensuite la dioptrique, qui a pour but l'étude de la lumière réfractée, c'est-à-dire déviée de sa route naturelle en pénétrant dans les différens milieux. La chromatique, ou la science des couleurs, qui n'est que le résultat de la lumière réfléchie ou réfractée, et explique les phénomènes de la coloration des corps,

sera l'objet d'une sixième section; puis viendra l'explication des phénomènes de la vision et des erreurs d'optique, la description de l'œil, les moyens de remédier aux défauts de la vue. Dans une autre section, nous donnerons une idée de l'usage et de la construction des principaux instrumens d'optique; enfin, nous terminerons ce chapitre par l'exposition des phénomènes de la double réfraction et de la polarisation de la lumière, qui forment maintenant une portion de la théorie de la lumiere très étendue, et presque entièrement due aux travaux des physiciens modernes.

SECTION PREMIÈRE.

DE LA LUMIÈRE DIRECTE, OU DE L'OPTIQUE.

213. De même que nous l'avons reconnu pour le calorique, la lumière, dans le vide ou les milieux de nature et de densité homogènes, se propage constamment en ligne droite, soit qu'elle émane d'un corps rayonnant, lumineux par lui-même, ou d'un corps éclairé, lumineux par réflexion. On peut donc considérer tout corps lumineux comme un centre d'ébranlement qui imprime aux particules de fluide éthéré, qui sont en contact avec lui, un mouvement vibratoire analogue à celui qu'une corde élastique imprime à l'air, mouvement qui se communique ensuite indéfiniment de proche en proche, et forme une multitude de rayons qui se portent de tous côtés dans l'espace, et divergent continuellement en se propageant en ligne droite.

L'expérience nous fait reconnaître dans la lumière ces propriétés que le calcul indiquait devoir appartenir à un fluide matériel doué d'un mouvement vibratoire : ainsi, tout le monde sait qu'en interposant un corps opaque sur la ligne droite qui conduit de notre œil à un corps rayonnant, ce corps cesse de nous être visible; et telle est la cause de l'ombre des corps : de même, on a pu remarquer que la traînée de lumière qui passe dans une chambre obscure, où elle a pénétré par de petites ouvertures, et qui devient visible par la réflexion partielle opérée par les particules de poussière en suspension dans l'air, suit toujours une ligne droite. Quant à la divergence des rayons, la même expérience la fera reconnaître : en plaçant un écran à diverses distances du trou par lequel la lumière pénètre, on verra quelle forme un faisceau conique qui va continuellement en augmentant à partir du trou. Ces deux observations sur la marche de la lumière vont nous conduire à une foule d'applications importantes.

214. Si les rayons qui émanent d'un corps lumineux se propagent constamment en ligne droite, ils doivent continuellement se diviser et diverger en s'éloignant du point radieux, et, s'ils divergent de la sorte, l'intensité de la lumière reçue par un corps, et qui sert à l'éclairer, devra décroître en raison de la distance du point lumineux. En effet, à mesure qu'ils s'éloignent, les faisceaux de lumière embrassent un plus grand espace; la même quantité de mouvement s'applique à une plus grande surface, et dès-lors on conçoit que les corps qui sont éclairés par ces faisceaux ne peuvent manifester le même éclat que s'ils avaient été frappés par des faisceaux plus abondans en rayons. On reconnaît ainsi qu'à mesure qu'elle s'éloigne, la lumière se divise sur des surfaces qui croissent comme le carré de la distance, et par conséquent que son intensité est en raison inverse des carrés de cette distance : en d'autres termes, que, si la distance est 1, la clarté sera 1, si la distance est 2, la clarté sera 1/4 ; 3, elle sera 1/9, etc. Par-là on conçoit pourquoi les corps sont tantôt très éclairés, tantôt à peine visibles, tantôt tout-à-fait obscurs, du moins pour nos organes; car nous avons fait observer que ce qui est obscurité pour nous est clarté pour d'autres yeux (1).

Si, au lieu de considérer l'effet d'un faisceau de rayons, nous cherchons ce qui doit arriver à un même rayon lumineux dans sa marche dans l'espace, nous concevrons sur-

(1) Voyez la note de la page 208, elle s'explique à la lumière aussi bien qu'au calorique.

le-champ que son intensité devra demeurer constante dans un milieu aussi élastique que l'éther lumineux, et nous ne serons plus étonnés de la lumière très vive envoyée par les étoiles, auxquelles cependant l'astronomie ne trouve aucun diamètre sensible, qui sont à une distance dont on se fera tout-à-l'heure une idée, en sachant qu'il faut au moins trente ans à la lumière des plus proches pour arriver jusqu'à nous (1).

215. Une autre cause puissante de diminution d'intensité de la lumière, c'est l'absorption qu'en font tous les milieux, même les plus diaphanes, qu'elle traverse, et tous les corps, même les meilleurs réflecteurs, qu'elle vient frapper, ou, pour nous exprimer d'une manière plus exacte relativement au système des vibrations, c'est l'extinction de mouvement plus ou moins grande qui s'opère à la rencontre des corps : ainsi le soleil, à l'horizon, paraît d'un éclat moins vif, parce que la lumière traverse des couches d'air plus étendues et plus denses : ainsi nous pouvons le regarder en face lorsqu'un brouillard vient ajouter à la puissance extinctive ordinaire de l'air, ou lorsque notre œil est armé d'un verre qui ne laisse passer qu'une partie des rayons : ainsi, pour ce qui regarde les corps réflecteurs, on peut faire l'expérience que, par des réflexions suffisamment répétées, même sur les miroirs les mieux polis, on parviendra bientôt à éteindre complètement la lumière. Dans toutes ces circonstances, il paraît que les molécules des corps, tant en raison de leur densité que de leur nature, anéantissent une plus ou moins grande quantité du mouvement imprimé au fluide éthéré lorsqu'il vient à les rencontrer, de même que nous avons vu le son s'amortir instantanément sur certains corps, et surtout après quelques échos, de même que nous avons vu les corps élastiques ne rebondir qu'en partie après le

(1) On a soupçonné une parallaxe de 2" pour Sirius; cette parallaxe donnerait encore une distance prodigieuse. Cependant la lumière que cette étoile nous envoie mettrait encore environ *trois* années à parvenir jusqu'à nous. T. R.

choc. Au reste, nous aurons occasion de revenir sur cette absorption de la lumière, en traitant de la réflexion et de la réfraction.

216. Nous avons vu, dans l'expérience citée au commencement de cette section, que la lumière qui pénètre dans une chambre obscure par une petite ouverture forme des faisceaux divergens coniques : elle nous servira encore à reconnaître que chaque point d'un corps lumineux doit être considéré comme un centre d'ébranlement particulier, qui renvoie des rayons dans tout l'espace; car, si on reçoit l'image du faisceau lumineux à une distance suffisante de l'ouverture, on reconnaîtra qu'elle a constamment la forme du corps lumineux; nous en avons chaque jour la preuve sous nos yeux. En effet, si on examine les taches lumineuses produites par le soleil à travers les feuillages des arbres, on les trouvera constamment circulaires (1), tandis que, quand le soleil est en partie caché par une éclipse, ces taches ont la forme de la portion de son disque qui nous envoie de la lumière. La même même expérience fait encore voir, en premier lieu, que les corps nous paraissent colorés, parce que la lumière qu'ils nous envoient l'est elle-même, puisqu'en laissant pénétrer la lumière réfléchie d'un de ces corps au lieu de celle du soleil, nous la voyons présenter toutes les vibrations de couleurs de ce corps; et, en second lieu, elle nous explique pourquoi cette image, reçue derrière un plan percé d'une ouverture, est nécessairement renversée : il suffit de jeter les yeux sur la fig. 52, pour reconnaître que l'image du corps A B doit se peindre renversée sur l'écran E (2).

---

(1) Elles ne sont et ne peuvent être *constamment* circulaires, comme le prétend l'auteur; les rayons qui passent entre les feuilles peignent sur le sol des images *elliptiques* du soleil, quand ils tombent obliquement, ce qui a presque toujours lieu, et des images circulaires, quand ils tombent perpendiculairement, pendant les éclipses, ces images prennent des formes qui dépendent de l'obliquité du sol. T. R.

(2) Le faisceau des rayons solaires qui a passé par un petit trou circulaire donne sur un plan perpendiculaire à sa direction une image également circulaire dont le diamètre est d'autant plus grand que le

217. On a cru, pendant long-temps, que la transmission de la lumière était instantanée, et les expériences analogues à celles qui avaient fait découvrir la vitesse du son conduisaient à ce résultat. Mais Rœmer, en cherchant la cause des inégalités remarquées dans le mouvement des satellites de Jupiter par l'observation de leurs éclipses, reconnut bientôt qu'elle était due au temps nécessaire pour que la lumière qu'ils nous envoient parvînt jusqu'à nous. En effet, leur disparition apparente devançait celle calculée lorsque la terre se trouvait placée entre Jupiter et le soleil, et était en retard lorsque notre globe se trouvait de l'autre côté du soleil par rapport à Jupiter; cette différence était de 16 minutes 1/2 environ, d'où l'on conclut que la lumière mettait ce temps à parcourir l'orbite terrestre, et par conséquent qu'elle nous venait du soleil en moitié de ce temps (1). La lumière parcourt donc environ 33 millions de lieues en 8 minutes 13 secondes, c'est-à-dire environ 67,000 lieues par seconde, vitesse prodigieuse, dont on se fera une idée en réfléchissant qu'il faudrait plus de 32 ans à un boulet de canon pour parcourir ce même espace qui sépare le soleil de la terre (1).

---

plan est plus éloigné du trou. Cela posé, supposons dans une paroi trois petits trous circulaires, les rayons qui les traverseront formeront trois cônes qui projetteront trois images distinctes tant que le plan sera très près du trou : mais à une distance plus ou moins grande, les images empiéteront les unes sur les autres ; cependant leurs centres resteront toujours à la même distance respective qui pourra devenir très petite relativement aux dimensions des cercles tellement que ceux-ci paraîtront n'en former qu'un seul. Ce même raisonnement, appliqué à un nombre quelconque de trous formant un polygone, fait voir qu'une ouverture par trop grande, quelque irrégulière qu'elle soit, donnera toujours à une assez grande distance une image à-peu-près circulaire

Si le disque du soleil était échancré son image le serait également.

(1) Lorsque Jupiter s'approche de la terre, l'intervalle observé entre les différentes éclipses d'un de ses satellites est moindre que l'intervalle calculé, il est au contraire plus grand lorsque Jupiter s'éloigne. Cette différence et la connaissance exacte de la position relative de ces astres fournissent le moyen de calculer la vitesse de la lumière. Z.

218. Nous venons déjà d'acquérir quelques notions expérimentales sur la marche de la lumière, et de saisir quelques aperçus sur sa nature; déjà nous avons indiqué que la lumière envoyée par un corps lumineux, en arrivant sur notre globe, éprouve de la part des corps certaines modifications, qui consistent à être tantôt renvoyée en partie, tantôt divisée plus ou moins et de diverses manières. Avant d'entrer dans l'étude détaillée de ces phénomènes il est nécessaire de compléter les idées théoriques qu'on doit se former sur la cause de tous ces phénomènes dans le système des vibrations : par là, l'exposé de la théorie aura plus d'ensemble; nous pourrons nous dispenser de nous y arrêter longuement par la suite, et l'intelligence des phénomènes sera plus facile ; c'est pourquoi, après avoir exposé les phénomènes de la diffraction et de l'inflexion de la lumière, qui servent de base à la théorie toute moderne des interférences, théorie qui jette tant de jour sur toute celle de la lumière, nous indiquerons de quelle manière on peut concevoir que se produisent la réflexion, la réfraction et la coloration des corps.

SECTION II.

DE LA DIFFRACTION ET DE L'INFLEXION DE LA LUMIÈRE ; DES ANNEAUX COLORÉS ; THÉORIE DES INTERFÉRENCES.

219. En traitant de la théorie du son, nous avons vu que, dans les milieux de densité semblable, tous les sons, quelles que soient leur nature et leur énergie, se propagent avec la même vitesse, qu'ainsi leur intensité dépend de l'amplitude des oscillations, mais non de leur vitesse de transmission. Nous avons vu également que la nature des sons, c'est-à-dire le ton, dépend de la succession plus ou

(a) Il y a ici erreur de chiffre, sans quoi il faudrait admettre 500 pieds pour la vitesse du boulet, tandis qu'elle est d'environ 1500 pieds; ainsi le temps qu'il emploierait pour parcourir cette distance ne serait que d'une dixaine d'années. Z.

moins rapide des vibrations, succession qui ne change rien à la vitesse de propagation du son à travers les différens milieux, et est une conséquence de la longueur des ondulations. Nous avons encore vu, et c'est une conséquence de la nature des mouvemens vibratoires qui sont produits par des condensations et des raréfactions alternatives, que toutes les fois que deux ou plusieurs ondes sonores parviennent en un même point, elles s'ajoutent ou se combinent, lorsque, dans cet instant, leur mouvement se fait dans le même sens, et au contraire se détruisent, se neutralisent en tout ou en partie, lorsque ce mouvement est en sens contraire. On a pu remarquer les mêmes effets lorsqu'on jette une pierre dans l'eau : aux endroits où les groupes d'ondes à-peu-près égaux se croisent, l'eau demeure immobile, tandis qu'aux endroits où ils coïncident les ondes sont renforcées.

Ces principes, que l'expérience nous démontre, mais que le calcul prouve être inhérens aux milieux homogènes auxquels on communique un mouvement d'oscillation, s'appliquent entièrement aux phénomènes de la lumière, et servent à les expliquer avec une simplicité et une fécondité admirables. Mais indiquons d'abord les expériences qui ont servi de base à l'établissement de la théorie des interférences, due en premier lieu au célèbre physicien T. Young, et qui, en levant les principales difficultés opposées au système des vibrations, lui ont donné le plus haut degré de probabilité.

220. Déjà Newton et Grimaldi avaient observé que la lumière éprouve certaines modifications en passant près des extrémités des corps ou par de petites ouvertures; ce sont ces modifications qu'on a désignées sous le nom de *diffraction* ou d'*inflexion* de la lumière. Les physiciens modernes se sont beaucoup occupés de ces effets, et ont varié de mille manières les expériences, tant pour démontrer ce qui se passe dans ces phénomènes que pour en rechercher les lois : c'est assez dire qu'il nous sera impossible même d'indiquer leurs travaux ; nous devons donc nous borner à l'exposé succint des résultats.

Lorsqu'on reçoit l'ombre d'un corps sur un carton exposé au soleil, on remarque que la pénombre, qui est produite toutes les fois que le corps éclairant n'est pas un point sans dimension, par la portion des rayons du point S qui parvient en A, *fig.* 53, ainsi que l'explique sa simple inspection; on remarque, disons-nous, que la pénombre est entourée d'une auréole beaucoup plus lumineuse que le reste du carton; de plus, si le corps qui y projette son ombre est d'une petite dimension, en éloignant un peu le le carton, on remarque que les phénomènes changent, en ce que le milieu de l'ombre est éclairé, qu'il reste autour un anneau obscur, puis paraît ensuite une auréole lumineuse extérieure amplifiée.

221. Pour examiner le phénomène d'une manière plus complète, si nous faisons l'expérience dans une chambre obscure, où la lumière du soleil pénétrera par une petite ouverture, nous verrons l'ombre d'un corps très mince projetée sur le carton, non plus seulement entourée d'une auréole, mais de plusieurs franges alternatives colorées, séparées par des intervalles obscurs, et dont les couleurs se succéderont comme nous verrons qu'elles se succèdent dans les anneaux colorés; de même, si on observe l'intérieur même de l'ombre, on y verra aussi des bandes alternativement obscures et brillantes.

Enfin si, pour simplifier le phénomène, au lieu d'employer de la lumière composée comme la lumière blanche, nous nous servons d'une lumière homogène, c'est-à-dire d'une seule couleur, nous n'observerons plus des franges nuancées, mais d'une seule couleur, séparées par des bandes obscures, dont l'intensité ira continuellement en décroissant à mesure qu'elles s'éloigneront de l'ombre, nouveau phénomène analogue à ce que présentent les lames minces.

Maintenant, pour compléter l'exposé des phénomènes de la diffraction, remarquons que les franges se manifestent distinctement, d'autant plus loin du corps opaque que la lumière est plus homogène; ce qui doit être, d'après la cause de leur production, ainsi que nous le verrons tout-à-l'heure. En second lieu, qu'il n'est pas nécessaire de recevoir ces franges sur un carton pour les apprécier; mais qu'elles se forment dans l'espace, et que c'est en les mesurant de la sorte, au moyen des micromètres, et les observant à la loupe, qu'on a pu connaître avec la dernière précision, du moins pour quelques-unes, et leur largeur, et leur couleur, et leur véritable forme.

222. Il résulte des phénomènes que nous venons d'analyser, que la lumière, en passant près des corps, paraît s'infléchir en dedans et en dehors de l'ombre par bandes alternatives, et qu'en faisant varier certaines circonstances, là où se présentait une bande lumineuse sera une bande obscure, et *vice versâ*. Voyons maintenant quelle explication on donne de ces phénomènes.

Dans le système de l'émission, on est contraint de supposer l'action des forces attractives et répulsives; on est forcé de regarder la lumière réfléchie comme repoussée, la lumière transmise comme attirée, ainsi que nous le verrons plus loin; et pour les phénomènes de diffraction, il faut dire qu'elle est alternativement repoussée et attirée, tandis qu'elle sera alternativement attirée et repoussée en modifiant quelques conditions. Telle est l'origine de l'ingénieuse *théorie des accès* inventée par Newton, et dans laquelle il supposait les molécules lumineuses, depuis le moment de leur départ, prédisposées à être transmises ou réfléchies, attirées ou repoussées. D'abord, comment comprendre, de la part des corps qui ne varient point, des actions si diverses, surtout depuis qu'il a été démontré que l'épaisseur et la nature du corps opaque ne changent rien aux phénomènes de diffraction, surtout depuis qu'on a vu qu'on annulait les franges lumineuses intérieures de l'ombre en interceptant les rayons d'un seul côté et qu'on les faisait reparaître en amenant en ce point deux rayon semblables? Mais, maintenant qu'on prouve d'une manière directe et irrécusable qu'en ajoutant de la lumière à de la lumière on ne rend pas toujours son état plus intense, mais qu'on produit souvent de l'obscurité, ainsi que nous le verrons tout-à-l'heure, on peut dire que, dans l'état actuel des choses, les phénomènes de diffaction sont complètement inexplicables dans le système de l'émission; ils sont, au contraire, une conséquence nécessaire du principe des interférences.

223. Dans le système des vibrations, où l'on considère la lumière comme produite par un mouvement ondulatoire dans un éther éminemment subtil et élastique, on conçoit parfaitement que l'obscurité, c'est-à-dire la cessation du mouvement, pourra être produite par la coïncidence de deux ondes dans le même lieu ; il suffira pour cela qu'elles arrivent avec des mouvemens d'ordre contraire, c'est-à-dire l'une avec un mouvement en avant, que j'appelle de *condensation* : l'autre avec un mouvement en arrière, que j'appelle de *raréfaction*. C'est sur ce principe que repose toute la théorie des interférences, et voici l'expérience qui en démontre la vérité :

Si vous faites arriver en un point C, *fig.* 54, au moyen de deux miroirs A B formant entre eux un très petit angle, deux rayons partis de S, comme ils ont parcouru le même chemin et arrivent dans des circonstances pareilles, ils vibreront à l'unisson, leur mouvement s'ajoutera, la lumière sera augmentée en intensité. Maintenant si on recule un des miroirs de façon qu'un des deux rayons, ayant parcouru plus de chemin, parvienne en C en vibrant en sens contraire, il arrivera nécessairement que les mouvemens se neutraliseront, et il en résultera repos et obscurité en ce point. On conçoit qu'en reculant davantage le miroir on retrouvera la période de mouvement de même ordre, et par conséquent le point de coïncidence sera très éclairé. C'est ainsi qu'on aura alternativement des bandes obscures et lumineuses *r c*, dont l'observation conduira à ce résultat important de faire connaître la longueur et la vitesse de chaque ondulation, et par suite de la loi de la période des influences semblables ou contraires. En cherchant cette loi suivant laquelle les rayons, en raison des différences de chemin parcourues, s'ajoutent ou se détruisent en tout ou en partie, on a trouvé qu'ils se réunissent selon la période 1, 2, 3, 4, *d*, et se neutralisent dans les positions intermédiaires 1/2, 3/2, 5/2, 7/2, *d*, appelant *d* la différence des chemins parcourus (1).

---

(1) Il faut écrire *d*, 2 *d*, 3 *d*, 4 *d*, etc., 1/2 *d*, 3/2 *d*, 5/2 *d*, 7/2 *d*, etc.

224. C'est de la sorte qu'on a reconnu que la longueur moyenne des ondulations lumineuses est d'environ 1/2 millième de millimètre, et qu'on a calculé que la millionième partie d'une seconde suffit à la production de 564,000 ondulations. Nous avons dit la longueur moyenne; car, de même que nous avons vu les divers sons appréciables être produits par des ondulations de différentes longueurs, de même les rayons de diverses couleurs ne sont pas produits par des ondes égales; celles qui produisent la sensation du rouge sont presque doubles de celles qui produisent la sensation du violet (1).

225. On doit donc penser, et cette supposition semble bien naturelle, que les corps qui sont lumineux, soit par incandescence, soit par toute autre modification, ont des molécules dans tout état de vibration possible. Nous ne saurions trop le rappeler, ces vitesses d'oscillation, si différentes, si inégales, ne changent rien à la vitesse de transmission, ainsi que nous l'avons vu pour l'air, qui transmet également les sons les plus graves et les plus aigus, par la raison que, si la succession des condensations et des raréfactions est plus rapide, le rayon qu'elles em-

(1) *Tableau des longueurs des ondes déterminées par* Fresnel.

LIMITES des couleurs principales.	VALEUR extrême en millionièmes de millimètre.	COULEURS principales.	VALEURS moyennes en millionièmes de millimètre.
Violet extrême. . .	406	Violet. . . .	423
Violet indigo. . . .	439	Indigo. . . .	449
Indigo bleu	459	Bleu	475
Bleu-vert.	492	Vert	521
Vert-jaune	532	Jaune. . . .	551
Jaune-orangé. . . .	571	Orangé . . .	583
Orangé-rouge. . . .	596	Rouge. . . .	620
Rouge extrême . . .	645		

Z.

brassent est moins grand précisément dans le même rapport; mais cette inégalité de vitesse dans le mouvement primitif a pour résultat immédiat la formation d'ondes de longueur très différente; dans un milieu élastique et homogène comme l'éther, la répétition plus rapide des vibrations ne saurait avoir lieu si la longueur des ondes ne variait pas. On peut donc concevoir que le corps lumineux imprime à l'éther des oscillations de toute vitesse, y produit par conséquent des ondes de longueur très inégale. Toutes celles dont l'étendue varie entre 6 et 4 dix-millièmes de millimètre environ, sont visibles pour nos organes et par l'impression répétée de leurs vibrations, qui, en raison de la longueur des ondes, sont plus ou moins rapides, produisent en nous la sensation de toutes les couleurs, de même que les vibrations plus ou moins vives du corps sonore, transmises à notre oreille, nous donnaient la sensation des différens tons. Toutes les ondes dont la longueur excède celle que nous venons de mentionner sont invisibles pour nous, mais manifestent leur présence par des actions calorifiques; celles dont la longueur est moindre, et dont nous ignorons pareillement la limite, sont également insensibles à nos organes de vision, mais se manifestent par des actions chimiques, ainsi que nous le verrons en parlant du spectre.

226. D'après ce que nous venons d'exposer, il ne paraîtra plus extraordinaire que les phénomènes des interférences se présentent dans des circonstances si rares, à de si petites distances; que les franges, que les anneaux colorés (1) deviennent bientôt confus, se recombinent

---

(1) Si l'on place une lentille sur un verre plan, qu'on y dirige un faisceau lumineux élémentaire, et qu'on le place de sorte qu'on ne puisse recevoir que la lumière réfléchie, on aperçoit au point de contact des deux verres une tache noire. Cette première tache est entourée d'un cercle coloré, lequel est à son tour environné d'un anneau obscur, et ainsi de suite.

Si on est placé de manière à recevoir la lumière par transmission, on observera des phénomènes inverses, c'est-à-dire que le point de contact des deux substances sera coloré, puis entouré d'un cercle noir,

promptement : car, puisque les ondes des diverses couleurs n'ont ni la même vitesse ni la même longueur, leurs intermittences d'ombre et de lumière, dans l'expérience que représente la *fig.* 54, cesseront bientôt de se rencontrer exactement; et, quelque faible que soit cette différence, quand elle sera répétée un grand nombre de fois par la formation d'un grand nombre d'anneaux, elle produira nécessairement une opposition entre les modes d'interférence des différens rayons, opposition qui compensera l'affaiblissement des uns par le renforcement des autres, d'où résultera la recomposition de la lumière primitive. Cet effet sera d'autant plus retardé que la lumière employée sera plus homogène. Il est de plus nécessaire que la lumière émane d'une source commune; car, s'il est vrai que tout système d'ondes qui en rencontre un autre exerce sur lui son influence, il ne suffit pas que cette influence existe pour qu'elle nous soit sensible, il faut encore qu'elle agisse d'une manière permanente. Or, elle ne peut agir ainsi que quand deux systèmes émanent d'une même source; car les particules des corps éclairans qui, par leurs vibrations, ébranlent l'ether et produisent la lumière, doivent éprouver dans leurs oscillations des perturbations fréquentes et de toute nature, en raison des changemens qui s'opèrent autour d'elles : de telle sorte que ces changemens, étant trop rapides, nous sont insensibles, et la lumière paraît le résultat d'une émission régulière.

227. On peut encore produire directement les phénomènes d'interférences, en employant deux miroirs un peu inclinés l'un sur l'autre comme on le voit dans la *fig.* 55, que j'emprunte à M. Fresnel, et qui a l'avantage de représenter aux yeux les périodes des ondulations positives ou négatives, les lignes pleines représentant les points où

Si on reçoit sur l'appareil un rayon de lumière blanche, on remarque alors des cercles de toutes les couleurs simples; mais, ces cercles anticipant les uns sur les autres, le phénomène est peu sensible; c'est à cette série de phénomènes qu'on donne le nom d'*anneaux colorés*.

T. R.

les molécules sont animées du maximum de vitesse en avant, et les lignes ponctuées ceux où elles sont animées du maximum de vitesse en arrière; ce que nous avons également tâché de rendre sensible dans les deux autres figures qui représentent des phénomènes d'interférences, où nous appelons G le mouvement en avant ou de condensation, et R le mouvement en arrière ou de raréfaction. D'où l'on voit que les bandes brillantes doivent se rencontrer aux endroits où les arcs semblables se coupent, puisque là il y a accord parfait; et les bandes obscures aux intersections des lignes dissemblables, puisque là il y a discordance complète.

Au lieu de faire varier la distance ou l'inclinaison des miroirs, on peut encore produire ces phénomènes en faisant varier la densité ou la nature des milieux sur le passage d'un des systèmes d'ondulation, comme le représente la *fig.* 56. En effet, si nous supposons que, dans l'un des tubes où passe la lumière, on diminue la densité de l'air, ou bien on change la nature du milieu en y introduisant la plus petite quantité de gaz ou de vapeur, il arrivera que ce faisceau de lumière, hâté ou retardé dans sa marche, ne parviendra plus au point C dans le même temps et on le verra présenter avec l'autre rayon des alternances de coïncidence et de discordance. L'interposition de tout autre corps transparent, d'une épaisseur plus ou moins grande, produira les mêmes effets. Cette belle expérience, due à M. Arago, lui sert à expliquer la scintillation des étoiles, et lui fait apprécier les plus petites modifications dans l'état d'un corps

228. On conçoit maintenant comment la concordance et la discordance alternative de deux systèmes d'ondulations produit des franges ou des bandes alternativement obscures et brillantes; il sera facile d'en faire l'application aux divers cas de diffraction et d'inflexion de la lumière, en remarquant qu'on peut considérer les vibrations d'une onde lumineuse comme la résultante des actions partielles de chacun de ces points agissant isolément : que, dès lors son intensité, et par suite sa vitesse et sa longueur, demeurent uniformes, tant qu'aucune portion de l'onde

n'est ni interceptée ni retardée, puisque la résultante est la même pour tous les points, tandis qu'elle varie pour chacun d'eux, lorsqu'une portion de l'onde est interceptée; d'où il résulte que des variations d'intensité, de vitesse et de longueur se manifesteront, et produiront divers phénomènes d'interférences. Il arrive alors la même chose qu'aux cordes vibrantes, qui, en premier lieu, tout en exécutant une vibration totale de toute leur longueur, n'en exécutent pas moins un grand nombre de vibrations partielles qu'on peut rendre sensibles par l'expérience, dont on peut aussi apprécier les sons, et qui, en second lieu, sous l'influence de la moindre cause déterminante, changent leur ondulation primitive unique en plusieurs ondulations résultantes de la première.

229. L'action des lames minces s'explique d'une manière tout-à-fait analogue. Mais remarquons d'abord que les alternances d'anneaux obscurs et brillans, quand on emploie de la lumière homogène, et d'anneaux colorés, quand on se sert de lumière blanche, offrent une identité complète dans la disposition et les couleurs avec les franges et les bandes qui nous ont fait reconnaître le phénomène des interférences. Les effets des corps transparens de toute nature réduits en lames minces son donc identiques avec les précédens. Voici en quoi ils consistent: tous les corps transparens, réduits en lames minces et exposés à la lumière, produisent ce qu'on appelle des couleurs irisées plus ou moins nombreuses, plus ou moins nettes; c'est ce qu'on peut remarquer notamment sur les lames minces de mica et sur les bulles de savons: mais ces observations n'étaient susceptibles d'aucune précision. Newton, à qui on doit ces belles recherches, et qui s'en est servi pour fondre sa théorie des accès, remarqua qu'en pressant l'une contre l'autre deux plaques dont l'une est légèrement convexe et transparente, on produit des effets semblables; puisqu'on obtient ainsi une lame mince d'air, ou de tout autre substance fluide. Tel est le moyen d'obtenir les phénomènes des anneaux colorés. Comme, dans ce dernier cas, il est facile de reconnaître l'épaisseur de la lame mince par le calcul de la convexité de la plaque, on

conçoit qu'on déterminera de la sorte l'épaisseur où se produit chaque teinte, ou bien chaque anneau obscur et brillant (1).

230. C'est ainsi qu'on a reconnu que ces phénomènes étaient identiques avec ceux de la diffraction ; et qu'ils présentaient les mêmes phénomènes d'interférences, parce que la différence des chemins parcourus par les rayons qui sont réfléchis à la première et à la seconde surface de la lame mince, établit des accords ou des discordances semblables. C'est ainsi qu'on a reconnu que l'épaisseur de la lame était toujours correspondante à la longueur d'ondulation. On peut donc prédire à l'avance les endroits où se manifestera telle couleur, où sera un anneau obscur ou brillant. L'illustre Newton, qui avait reconnu cette loi, mais qui ne l'attribuait pas à la même cause, a déterminé l'épaisseur des lames d'air, d'eau et de verre pour sept ordres d'anneaux, faisant un total de trente couleurs (2). On conçoit facilement que, si les lames minces ne peuvent en manifester un plus grand nombre, elles n'en sont pas moins beaucoup plus multipliées, ou pour mieux dire, réellement infinies (3).

---

(1) Il faut ajouter à cela ce qui suit : l'espace entre les deux plaques serait vide que le phénomène aurait également lieu, ce qui prouve qu'il ne dépend pas de la substance de la lame, mais des modifications que la lumière éprouve aux deux surfaces qui séparent cette lame du milieu environnant. Z.

(2) Voyez le tableau de ces ordres de couleurs dans les Traités détaillés de physique, et spécialement dans l'*Optique* de Newton.

(3) Newton a trouvé, par des mesures directes, que les carrés des diamètres des anneaux d'une même couleur pris aux endroits les plus brillans sont dans le rapport des nombres impairs 1 : 3 :: 5 : 7, etc., et que ceux des diamètres des anneaux obscurs sont dans le rapport des nombres pairs 2 : 4 :: 6 : 8, etc. Soient D et L, fig. 7, les diametres de deux anneaux consécutifs. E, *e* les épaisseurs correspondantes de la lame qui les produit, R le rayon de la plaque convexe nous aurons $D^2 = E(2R - E)$, $d^2 = e(2R - e)$, voyez la figure. Mais E et *e* étant toujours très petits par rapport à R, on peut en négliger le carré, de manière qu'il reste $D^2 = 2ER$, $d^2 = 2eR$, et par suite $D^2 : d^2 = E : e$; c'est-à-dire que les épaisseurs donnant naissance aux anneaux de même couleur sont entre elles dans le rapport de 1 : 3 :: 5, etc., et celles correspondantes aux anneaux obscurs sont dans le

SECTION III.

THÉORIE DE LA LUMIÈRE.

231. Résumons maintenant les conséquences des observations précédentes, et, aussi bien pour mettre plus d'ensemble dans l'exposé de la théorie que, pour éviter d'y revenir en parlant de chaque phénomène particulier, voyons de quelle manière on peut concevoir que les choses se passent. Avec les données que nous a fournies l'observation des interférences, nous sommes en mesure d'expliquer tous les phénomènes que la lumière nous présente.

Un fluide éthéré éminemment subtil et élastique remplit tout l'espace : et nous ferons remarquer ici que l'existence d'un tel fluide, admis par Newton pour l'explication de la gravitation universelle, paraît maintenant démontrée

---

rapport de 2 : 4 : 6, etc. Il est évident que la différence des épaisseurs entre deux anneaux consécutifs, l'un lumineux, l'autre obscur, donne l'espace dans lequel la lumière passe d'un accès de facile réflexion à un accès de facile transmission, cet espace est donc égal à l'épaisseur du premier anneau lumineux. Le tableau suivant contient cet espace pour les différentes couleurs. On remarquera qu'il est justement le quart de la longueur de l'ondulation déterminée par Fresnel.

NOM des COULEURS.	EPAISSEUR DE L'AIR en millionièmes de millimètre.	EPAISSEUR MULTIPLIÉE par 4.
Rouge extrême . . .	161,15	645
Orangé-rouge . . .	148,95	596
Jaune-orangé. . . .	142,70	571
Vert-jaune.	133,01	532
Bleu-vert.	122,97	491
Indigo bleu. . . .	114,64	458
Violet indigo. . . .	109,80	439
Violet extrême . . .	101,51	406

par tous les phénomènes électriques ; puisque, pour concevoir la transmission instantanée des décharges, il est indispensable d'admettre un milieu électrique aussi élastique qu'il est nécessaire de le supposer pour la propagation de la lumière. Les corps lumineux, par les mouvemens oscillatoires de toute sorte que prennent leurs molécules, en vertu de causes qui nous sont inconnues, mais qui sont peut-être analogues aux courans électriques que nous verrons produire l'incandescence, impriment à cet éther des vibrations également de toute nature. Un milieu élastique comme l'éther ne peut exécuter des vibrations d'inégale vitesse, sans que les ondulations qui en résultent changent de longueur; mais ces modifications n'en apportent aucune dans la vitesse totale de la propagation du mouvement, les oscillations étant plus rapides, mais aussi plus courtes dans le même rapport; la seule différence est donc que les chocs reçus dans le même espace de temps sont plus multipliés; d'où résultent des impressions diverses. Quelle que soit la vitesse des vibrations, elle se propage autour du centre d'ébranlement dans tous les sens, en ligne droite, d'une manière égale et sans changer de nature, pourvu que le milieu demeure homogène. Le calcul démontre que toutes ces propriétés sont inhérentes aux molécules d'un milieu élastique, soumises à un mouvement, en avant ou en arrière, de condensation et de raréfaction. En effet, la molécule du corps vibrant imprime son mouvement en avant à la première couche de fluide, celle-ci le communique à la seconde, et ainsi de suite; mais aussitôt la molécule, rappelée en arrière, abandonne la couche de fluide; celle-ci, en vertu de son élasticité, revient donc sur ses pas; la seconde agit de même, et ainsi de suite.

232. Ainsi, nous voyons déjà que, lorsqu'un corps nous paraît lumineux, c'est qu'il imprime à l'éther des oscillations de toute vitesse, forme conséquemment des ondulations de toute longueur, ainsi qu'on peut se le représenter en voyant la *fig.* 57. Ces variations se succèdent si rapidement que chacune d'elles ne peut produire une impression; elle sera donc le résultat de leur effet composé, et on n'appréciera ni leur accord ou discordance, ni

leurs couleurs, c'est-à-dire, leur longueur d'ondulation; la lumière paraîtra blanche, accompagnée d'effets calorifiques et chimiques, et sans interférences. Mais si, par un moyen quelconque, nous séparons ces effets partiels, et les forçons à se continuer pendant un temps appréciable, dès-lors nous pourrons juger la longueur des ondes et les points où le mouvement vibratoire a lieu en avant ou en arrière. Dans ce cas, les couleurs, c'est-à-dire les tons de la lumière, nous seront appréciables, les effets calorifiques et chimiques pourront être produits sans lumière. Il est inutile de faire remarquer qu'aucune de ces circonstances, c'est-à-dire la nature de la lumière, l'ordre des mouvemens, la vitesse de propagation, ne sera modifiée par l'intensité de la lumière; car alors, de même que pour le son, l'amplitude seule des oscillations varie, mais, du reste, tout demeure dans le même état.

Tels sont les phénomènes que présente la marche de la lumière dans l'espace; tous démontrés par l'expérience, il sont aussi des conséquences nécessaires de l'existence d'un éther mis en mouvement vibratoire; nous allons voir qu'il en est de même des phénomènes de la réflexion, de la réfraction et de la coloration des corps. Tel est l'avantage du système d'Huyghens, ressuscité par M. Young, l'auteur de la théorie des interférences, si perfectionnée en ce moment par les travaux et les recherches de MM. Arago et Fresnel; c'est, en embrassant tous les phénomènes, de pouvoir d'avance les prédire; c'est, en se soumettant à toutes les expériences, de pouvoir les annoncer par le calcul; c'est enfin en se liant facilement aux phénomènes de la chaleur et de l'électricité, de rapprocher des effets qui manifestent si souvent leur analogie.

233. Dans un milieu élastique et homogène, tout ébranlement se propage constamment dans le même sens, en se communiquant de proche en proche. Ainsi, une bille qui vient en frapper une autre de masse égale lui communique tout son mouvement, et reste en repos; mais il n'en est plus ainsi lorsque les masses sont inégales; en effet, continuant l'exemple de la bille, si celle qui vient frapper l'autre est plus considérable, elle partagera son

mouvement avec elle, mais ne le continuera pas moins dans le même sens; au contraire, si elle est plus petite, tout en imprimant à la première un léger mouvement, elle sera repoussée en sens contraire de sa direction primitive. Ce n'est donc point la réflexion en elle-même qu'il est difficile de concevoir; car, d'après l'énorme différence qu'on doit supposer exister entre les molécules de l'éther et celles du corps, on voit que la réflexion doit être fort considérable; mais c'est comment il se fait que, sur des surfaces qui, pour la lumière, doivent être si inégales, la réflexion soit cependant si régulière, et fasse constamment l'angle de réflexion égal à l'angle d'incidence.

Dans la théorie d'Huyghens, cette singularité s'explique sans avoir besoin d'une surface parfaitement polie. En effet, dans ce vaste système, on a vu que, toutes les fois qu'une onde est brisée, ou en partie interceptée, il faut considérer chacun de ces points comme devenant un centre d'ondulation particulier; il s'ensuit que, lorsqu'une onde arrivera à la surface du corps réflecteur, les particules de ce corps la décomposeront et enverront des rayons dans tous les sens. Mais ces rayons seront invisibles à cause de leur isolement, ou détruits par les interférences à cause de l'inégalité des chemins parcourus, excepté ceux qui, envoyés par la portion des molécules du corps réflecteur placées dans le même plan, auront également dans le même plan les centres de leurs ondulations particulières; car alors aucun effet opposé ne peut détruire le mouvement, comme il arrive pour les autres points, et ces ondes particulières reformant une onde réfléchie semblable à l'onde incidente, auront acquis de nouveau les conditions nécessaires pour être visibles. La *fig.* 58 montre pourquoi cette ondulation réfléchie visible fait l'angle de réflexion égal à l'angle d'incidence; c'est qu'en effet, dans cette seule direction, l'onde primitive totale se retrouve composée avec une semblable vitesse par les ondes partielles que forme chaque point de la surface réfléchissante.

234. Nous avons vu, par les phénomènes des interférences, que les diverses substances transparentes ralentis-

sent le mouvement des ondulations : ceci va nous faire découvrir la cause de la réfraction. En effet, dès que le mouvement est ralenti par le milieu réfringent, et en raison de sa densité et de sa nature, il arrivera que l'onde totale, composée en route par la réunion des mouvemens élémentaires, se décomposera, et chaque point de la surface réfringente deviendra le centre d'une ondulation particulière. Mais, ainsi que nous venons de le voir pour les ondes réfléchies, chacune de ces ondes particulières ne produira pas une impression de lumière, par la raison qu'un seul rayon n'est pas appréciable; il n'y aura que ceux qui pourront se recomposer en suivant une même ligne, et parcourant un égal chemin avant d'arriver à la surface réfringente, qui seront visibles, et le calcul démontre que ce sont ceux dont le sinus de l'angle d'incidence est en rapport constant avec le sinus de l'angle de réfraction, puisque c'est suivant cette loi que se reproduisent dans les différens milieux les variations de longueur et de vitesse des ondulations, première cause des phénomènes de la réfraction : on en voit un exemple dans la *fig.* 59. Toutes les ondes particulières qui ne suivront pas cette route ne pourront donc se réunir pour reformer une onde totale sensible ; elles seront perdues ou détruites par les interférences. Nous savons que les rayons des diverses couleurs n'ont pas la même vitesse d'oscillation, ni par conséquent la même longueur d'ondulation; car nous avons vu que cette longueur variait pour les couleurs appréciables entre 4 et 6 dix-millièmes de millimètre; il en résulte donc qu'ils ne seront pas modifiés de la même manière en entrant dans les corps réfringens, et par conséquent qu'à leur sortie on les verra séparés dans l'ordre des couleurs du spectre, c'est-à-dire, dans l'ordre de leur réfrangibilité.

La réfraction des milieux de densité variable comme l'air s'explique de même très simplement par l'inégalité de vitesse des rayons, ainsi que le fera comprendre la *fig.* 60; car, si les rayons partis du point lumineux C, se propagent plus lentement dans la partie CT de l'atmosphère la plus dense que dans celle CZ la plus rare, l'observateur en A, au lieu de rapporter l'objet lumineux à sa véritable position C, le verra en D, où il est élevé par les inégalités de vitesse des rayons dans le trajet de C en A.

235. Venons-en maintenant à la coloration des corps : c'est un des points de la théorie de la lumière qu'on oppose comme une objection au système des vibrations; voyons donc comment, dans cette hypothèse, on peut expliquer les couleurs propres des corps. Nous avons dit que, dans un milieu homogène et élastique, les ondes de toute longueur se propageaient avec une vitesse égale, et le calcul prouve qu'il doit en être ainsi dans un fluide parfaitement élastique; mais on conçoit que, dans les milieux imparfaitement élastiques, il peut ne plus en être de même, et l'expérience nous démontre en effet que, dans certains liquides, les ondes qui se forment à leur surface se propagent plus vite quand elles sont plus larges que quand elles sont plus petites; nous voyons aussi divers échos ne renvoyer que certains sons. Ainsi, dit M. Young (1), à qui j'emprunte cette explication, l'éther, étant un fluide parfaitement élastique, toutes les ondulations s'y propageront avec la même vitesse, et la lumière directe nous paraîtra blanche; au contraire, toutes les substances naturelles transparentes ou demi-transparentes, comme sont les corps colorés, devant être considérées comme des corps imparfaitement élastiques, les ondes pourront s'y propager inégalement.

D'après cela, si nous cherchons à compléter l'explication des phénomènes, on comprendra d'une part pourquoi la réfrangibilité du violet est plus considérable que celle du rouge, puisque la lumière rouge est produite par des ondulations de longueur plus grande que la lumière violette, et d'une autre part comment se forment les couleurs propes des corps; en effet, on conçoit que les corps, ayant des degrés d'élasticité très divers, pourront renvoyer très

---

(1) Mémoire de M. Thomas Young, *Philosophical Transactions of the Royal Society of London*, years 1800-1802. Voyez aussi l'article OPTIC de l'*Encyclopedia of Edinburgh*.

diversement les ondulations de longueur différente qui viendront les frapper, et pénétreront en partie dans leur substance; on conçoit aussi que de cette diversité dans la dispersion des rayons de la longueur inégale il devra résulter une multitude d'interférences constantes qui concourront à la formation de la couleur du corps en neutralisant les autres couleurs. Ainsi, parmi les corps, les uns renverront également les ondes de toute longueur, et ils paraîtront blancs; les autres, en les laissant pénétrer dans leur intérieur, les éteindront, ou bien les renverront, de façon qu'il y aura toujours discordance complète entre les ondes qui se rencontreront, et par conséquent destruction du mouvement : ces corps paraîtront noirs; enfin, les autres, ayant des propriétés intermédiaires entre ces deux extrêmes, produiront aussi des effets intermédiaires, anéantiront certaines ondes, renverront les autres; ces corps présenteront des couleurs, des nuances aussi infinies que peuvent l'être les longueurs des ondes. Au reste, que des propriétés si compliquées dans leurs effets ne surprennent point; car elles dépendent uniquement de la position des molécules des corps et de la manière dont elles renvoient les ondulations, et on conçoit que cette position des particules élémentaires doit être aussi variée que la nature même des corps. Au reste, ne pourrait-on point supposer aussi que l'élasticité imparfaite des corps est cause que le mouvement vibratoire est détruit en tout ou en partie, ou bien, ce qui est peut-être plus probable, qu'il est modifié, ralenti par exemple, et par conséquent changé en tout ou en partie en vibrations invisibles, mais qui pourront encore produire des effets calorifiques? Cette opinion semble appuyée par la manière dont se comportent les différens corps dans le rayonnement de la chaleur.

Entrons maintenant dans le détail des faits et dans l'étude des phénomènes de la lumière, sans nous occuper de leur théorie.

SECTION IV.

DE LA RÉFLEXION DE LA LUMIÈRE, OU DE LA CATOPTRIQUE.

236. La lumière se réfléchit toujours plus ou moins lorsqu'elle frappe la surface des corps, même liquides ou fluides aériformes, de même qu'elle s'éteint toujours en partie, même à la surface des corps qui la renvoient le mieux. Parmi les corps réflecteurs, les uns dispersent la lumière, en renvoient certaines portions, et retiennent les autres, le plus souvent d'une manière constante, ce sont les *corps colorés*: les autres, qu'on nomme spécialement *réflecteurs*, renvoient la lumière aussi plus ou moins abondamment, mais avec régularité, c'est-à-dire qu'ils ne changent poins la lumière des corps dont ils renvoient les rayons, mait ne font que diminuer l'intensité de leur état : c'est de ces derniers que nous devons nous occuper dans cette section.

Pour obtenir une réflexion régulière, la première condition à laquelle il faut satisfaire, c'est de polir la surface du corps qui doit renvoyer une image distincte du point lumineux. Nous avons vu dans la section précédente pourquoi la lumière est dispersée à la surface des corps, même les meilleurs réflecteurs, lorsqu'elle est hérissée d'aspérités, mais, d'un autre côté, il ne suffit pas de polir un corps pour qu'il réfléchisse la lumière régulièrement, soit que, pour certains corps, les aspérités qu'on ne peut détruire soient encore trop considérables pour que la dispersion des rayons n'ait pas lieu, soit que ces corps, en absorbant certaines portions de la lumière, lui fassent éprouver des modifications, et ne puissent plus réfléchir que certaines couleurs. Les corps les meilleurs réflecteurs sont les liquides incolores, tels que l'eau, l'alcool, la plupart des métaux, des verres, des cristaux lorsqu'ils sont polis, le mercure.

237. Nous savons déjà que la lumière réfléchie fait avec

la surface réfléchissante (1) l'angle de réflexion égal à l'angle d'incidence (2) ; c'est pourquoi, pour analyser les phénomènes de la réflexion, nous ne choisirons point le rayon perpendiculaire, car il doit être renvoyé dans la direction même du rayon incident, et ainsi se confond avec lui ; nous ne choisirons pas non plus ceux qui sont presque horizontaux, à cause de l'incertitude de leur marche, mais nous observerons un de ceux qui tombent obliquement sur la surface réfléchissante. Faisant cette expérience dans une chambre obscure pour mieux apprécier les résultats, nous remarquerons alors les phénomènes suivans : les rayons qui parviendront obliquement à la surface d'une lame de verre, malgré sa transparence, seront en partie réfléchis, et, faisant l'angle de réflexion égal à l'angle d'incidence, projetteront l'image du corps lumineux dans une position qui dépendra de l'obliquité de la lame de verre ; l'observateur, placé dans cette direction, verra le corps lumineux très brillant, et il lui paraîtra placé de l'autre côté de la lame de verre, précisément dans la direction du rayon réfléchi; et, s'il peut juger des distances, à celle où il doit être en raison de la longueur du rayon brisé. D'un autre côté, le point de la surface réfléchissante où tombent les rayons du corps lumineux deviendra visible dans toutes les directions, mais avec une intensité très faible si on la compare à celle de l'image réfléchie régulièrement ; celle-ci en effet n'est que le résultat de la dispersion d'une portion de lumière opérée indifféremment dans tous les sens, comme si le corps n'était pas poli. Enfin, une autre partie de la lumière incidente pénètre dans le verre ; arrivée à la seconde surface, il s'en réfléchit une petite quantité qui se conduit alors comme celle réfléchie à la première surface, et le reste passe

(1) Il serait mieux de dire : fait avec la normale à la surface réfléchissante, etc.. T. R.

(2) N'oublions pas d'ajouter que le rayon réfléchi et le rayon incident sont dans le même plan passant par la normale et qui est, par conséquent, perpendiculaire au plan réfléchissant. Z.

sans se réfléchir (1). Si nous substituons au verre une surface métallique non transparente, nous observerons des phénomènes analogues, c'est-à-dire qu'une partie de la lumière incidente sera réfléchie régulièrement, une autre sera dispersée, et enfin une troisième sera non plus transmise, mais absorbée, éteinte, ce que nous pourrons reconnaître à l'aide de moyens *photométriques*, c'est-à-dire qui mesurent l'intensité de la lumière, que les physiciens ont inventés, et sur lesquels nous aurons occasion de revenir (2).

238. Tels sont les phénomènes que la lumière présente lorsqu'elle vient frapper une surface plane, phénomènes auxquels on peut facilement ramener, en les décomposant, tous ceux souvent très compliqués qu'offre la réflexion de la lumière, soit dans certaines circonstances particulières, soit sur des surfaces de diverses formes. Ainsi d'abord, en jetant les yeux sur la *fig.* 61, on reconnaîtra que les objets vus par réflexion dans un miroir plan, comme les glaces, doivent conserver leurs formes, leurs dimensions, leurs couleurs, et paraître derrière la glace aussi loin qu'ils en sont par-devant; on reconnaîtra de même, *fig.* 62, pourquoi les objets vus dans l'eau par réflexion paraissent renversés (3). Une analyse semblable

(1) Ce n'est pas toujours une petite partie de la lumière qui est réfléchie à la seconde surface ou surface de sortie d'un corps, elle est souvent très grande, et, dans quelques circonstances, c'est toute la lumière qui est réfléchie à cette surface, ainsi que nous le dirons en traitant de la réfraction. Qu'on mette une cuillière d'argent dans un verre contenant de l'eau et qu'on la regarde par-dessous, on verra la partie plongée se réfléchir à la surface de l'eau tout aussi bien que dans un miroir. Z.

(2) La quantité de lumière réfléchie par une même surface n'est pas la même pour toutes les incidences, elle est d'autant plus grande que le rayon s'écarte plus de la perpendiculaire; voilà pourquoi une vitre de croisée fait miroir lorsqu'on la regarde très obliquement. Z.

(3) Il n'est pas exact de dire en général que les objets vus par réflexion paraissent *renversés*; et, si l'auteur avait examiné avec attention sa figure 61, il aurait découvert l'erreur dans laquelle il tombe ici. On voit clairement en effet que la petite flèche, ainsi que son image, ont leurs pointes tournées dans le même sens relativement à l'observateur O; l'image est toujours *symétrique* de l'objet.

de la marche des rayons nous fera prévoir les phénomènes que présenent les miroirs courbes ou sphériques de tous genres ; car chaque point d'une surface courbe quelconque peut être considéré comme un plan placé dans la direction de tangente en ce point, et par conséquent les rayons doivent s'y réfléchir en faisant l'angle d'incidence égal à l'angle de réflexion (1) (2). Ainsi, sur un miroir concave, en vertu de la propriété des sections coniques, les rayons venus d'un point très éloigné S, *fig.* 63, en sorte qu'on peut les regarder comme parallèles, doivent se réfléchir sur le miroir de façon à concourir en un même lieu F, qu'on appelle le *foyer* ; ce foyer se trouve, dans ce cas, placé précisément à une distance égale de la surface et du centre du miroir : aussi l'appelle-t-on *foyer principal ;* il jouit de la propriété de réunir tous les rayons parallèles tombés sur le miroir, et par conséquent fournit une image du corps lumineux beaucoup plus intense que vue directement. C'est en concentrant de la sorte les rayons solaires au foyer de vastes miroirs qu'on est parvenu à fondre les métaux les plus résistans, en un mot, à obtenir une température beaucoup plus élevée que par le moyen de nos fourneaux les plus énergiques. Le foyer principal jouit encore de cette autre propriété, conséquence de la pre-

---

Pour obtenir une image symétrique d'un corps par rapport à un plan, on abaisse de chaque point de ce corps (*fig* 61) une perpendiculaire S s S' s'a ce plan, et on la plonge au-dessous de ce plan d'une quantité égale à elle-même ; en joignant les extremités de ces prolongemens, on obtient l'image symétrique. T. R.

(1) Il y a dans cette phrase plusieurs inexactitudes que je me vois encore forcé de relever. 1° On ne peut dire, par exemple, les miroirs *courbes* ou *sphériques de tous genres*, car on ne reconnaît point de spheres de plusieurs genres. Il faut donc lire *les miroirs sphériques et courbes de tous genres.* 2° Au lieu de *chaque point d'une surface courbe*, etc., il faut lire : *chaque point d'une surface courbe peut être considéré comme appartenant à un plan tangent à la surface en ce point.* Quelque peu géomètre qu'on soit, on doit sentir en effet qu'un *point* ne peut être considéré comme un *plan*, de plus que la *direction de la tangente* ne suffit pas pour déterminer la position de ce plan. T. R.

(2) Voyez ce que nous avons dit, page 208, au sujet de la réflexion des rayons calorifiques. Z.

mière, de rendre parallèles les rayons qui en émanent, ce dont on profite dans la confection des phares (1) (2).

Toutes les fois que les rayons ne sont pas parallèles, la position du foyer doit varier en raison de la distance du corps lumineux, et c'est ce qui arrive en effet. Ainsi on voit, *fig.* 64, où se trouvera le foyer des rayons émanés d'un objet SS', placé au-delà du centre du miroir, et pourquoi cet objet, vu par réflexion sur un écran, paraîtra plus petit et renversé; on voit, *fig.* 65, pourquoi un objet placé en-deçà du foyer, vu également par réflexion, paraît droit, plus grand, et situé derrière le miroir.

---

(1) L'auteur a encore confondu ici toutes les courbures, et il était important de les distinguer; dans l'impossibilité où je me trouve de consacrer un grand espace à de pareilles notes, je me bornerai aux remarques suivantes:

Un point lumineux placé au centre d'une *sphère* enverrait des rayons sur tous les points de la surface concave, et chacun de ces rayons reviendrait directement au centre après la réflexion.

Un point lumineux placé au foyer d'un *ellipsoïde* enverrait des rayons sur tous les points de la surface concave, et tous ces rayons iraient par les réflexions se réunir et se concentrer à l'autre foyer; puis, en continuant leur route, ils retourneraient au premier foyer après une seconde réflexion, reviendraient au second foyer après une troisième, et ainsi de suite.

Un point lumineux placé au foyer d'un *paraboloïde* enverrait des rayons qui se réfléchiraient tous parallèlement à l'axe et iraient se perdre à l'infini; réciproquement, un point placé à l'infini, et sur l'axe d'un paraboloïde, enverraient des rayons qui viendraient tous se concentrer au foyer. T. R.

(2) Tout le monde sait que les phares sont des feux qu'on entretient pendant la nuit pour avertir les navigateurs, soit du voisinage d'une côte, soit de celui d'un rocher dangereux. Au foyer d'un grand miroir perabolique dont l'axe est incliné vers l'horizon, on place une forte lumière, les rayons réfléchis produisent un cylindre lumineux qui, étant coupé très obliquement par le plan de la mer, éclaire celle-ci suivant une ellipse fort alongée dont la largeur est égale à celle du miroir; il résulte de là qu'il n'y aurait que les vaisseaux placés dans une bande fort étroite dirigée dans le sens du cylindre des rayons qui pourraient apercevoir le phare; on obvie à cet inconvénient en donnant au miroir un mouvement de rotation de manière à lui faire éclairer successivement tous les points de la mer. Ce mouvement a en outre l'avantage de présenter au marin des retours périodiques de lumière et d'obscurité qui lui donnent la certitude que ce qu'il aperçoit n'est pas un feu allumé au hasard. Dans les derniers temps on a remplacé les miroirs par de grandes lentilles composées de plusieurs segmens, ainsi que la *fig.* 8 le montre. Z.

339. Quant aux miroirs convexes, la même analyse fait sur-le-champ reconnaître leurs propriétés ; on voit, *fig.* 66, qu'ils dispersent les rayons parallèles, comme s'ils émanaient du foyer principal F ; et *fig.* 67, qu'un objet éloigné, vu par réflexion sur un de ces miroirs, paraît placé au-delà, aux environs du foyer, de dimension plus petite et droit. A mesure qu'on rapproche cet objet du miroir, la petite image s'en rapproche aussi en augmentant de dimension, jusqu'à ce qu'enfin elle coïncide avec la surface.

240. Les phénomènes que présentent toutes les autres sortes de miroirs se rapportent facilement à ceux-ci : il serait inutile de nous y arrêter ; il nous resterait donc à indiquer les applications qu'on a faites des propriétés des miroirs pour rapprocher, grossir et éclairer les objets ; mais elles se compliquent des effets de lentilles transparentes : ainsi, l'explication des télescopes, des microscopes et autres instrumens d'optique trouvera mieux sa place après l'étude de la réfraction. Mais, avant de quitter ce sujet, nous devons mentionner quelques phénomènes remarquables de réflexion. C'est d'abord celui que présentent les glaces parallèles ou peu inclinées ; on sait que les premières multiplient les objets, pour ainsi dire, à l'infini ; la raison en est simple, c'est que l'image réfléchie dans chaque glace devient elle-même pour l'autre objet principal, et est par conséquent réfléchie comme le serait un objet réel placé à la même distance derrière la glace ; il en est de même pour cette seconde image, et ainsi de suite ; mais on conçoit que l'intensité de ces images va continuellement en décroissant. Encore un phénomène curieux de réflexion, c'est qu'on peut se voir en entier dans une glace qui n'a que la moitié de votre hauteur, ainsi que l'explique la *fig.* 68, et que, dans une glace inclinée de 45 degrés, les objets horizontaux paraissent verticaux, et *vice versâ* ; les *fig.* 69 et 70 en font voir la cause (1).

(1) La théorie des miroirs sphériques est renfermée tout entière dans la formule suivante :

SECTION V.

DE LA RÉFRACTION DE LA LUMIÈRE, OU DE LA DIOPTRIQUE.

241. Nous avons examiné dans la question précédente ce qui arrive à la portion de lumière incidente qui se réfléchit à la surface des corps; suivons maintenant celle qui échappe à la réflexion et pénètre dans leur intérieur. Toutes les fois qu'un rayon de lumière pénètre obliquement d'un milieu dans un autre de nature ou de densité différente, il éprouve une déviation de la route en ligne droite qu'il parcourait; c'est ce phénomène qu'on appelle la *réfraction* de la lumière. Nous savons déjà que les différens milieux, en modifiant la vitesse, et par suite la longueur des ondulations lumineuses, sont la cause de cette déviation des rayons, laquelle a lieu en les rapprochant de la perpendiculaire, lorsqu'ils passent d'un milieu plus rare dans un milieu plus dense, et au contraire, en les écartant, lorsqu'ils passent d'un milieu plus dense dans un milieu plus rare. Nous savons aussi que, dans les milieux de densité variable comme l'air, les rayons sont continuellement infléchis, en sorte qu'ils suivent une ligne courbe (1) (2).

Soient
R le rayon de courbure du miroir.
O la distance de l'objet ou du point lumineux au miroir.
I la distance de l'image ou du foyer au miroir.
Ces distances étant comptées sur l'axe, on a

$$\frac{1}{I} = \frac{2}{R} - \frac{1}{O}$$

Si les miroirs sont convexes, on a au contraire

$$-\frac{1}{I} = \frac{1}{R} + \frac{1}{O}$$

Je laisse au lecteur géomètre le soin de discuter ces formules.
T. R.

(1) Le rayon réfracté et le rayon incident sont dans un même plan normale à la surface. Z.

(2) On a déjà dit plus haut que le rapport du sinus de l'angle de réfraction à celui de l'angle d'incidence est une quantité constante, cela

Ces phénomènes de réfraction sont établis d'une manière irrécusable par une multitude d'expériences, dont quelques-unes sont très familières, comme l'inflection d'un bâton plongé obliquement dans l'eau, où l'on reconnaît que les rayons qui en émanent sont rapprochés de la perpendiculaire, comme aussi l'expérience suivante qui prouve en outre que la lumière, en passant de l'eau dans l'air, est écartée de la normale : si l'on place une pièce de monnaie dans un vase à parois opaques, *fig.* 71, l'œil en O ne pourra la voir, si le vase ne renferme que de l'air ; mais si on remplace cet air par de l'eau, les rayons émanés de la pièce suivant la direction S C O la rendront visible à l'observateur placé au même lieu.

242. L'étude plus exacte des phénomènes a fait reconnaître que le pouvoir réfringent des différens corps est très variable, et qu'il n'est, en raison de la densité, que dans un milieu homogène, car la nature chimique le modifie puissamment ; ainsi, le pouvoir réfringent de l'alcool, de l'huile, est plus fort que celui de l'eau, malgré que leur densité soit moindre. En général, on a remarqué que la réfraction était très forte dans les corps combustibles, ou composés d'élémens combustibles, et c'est d'après cette observation que l'illustre Newton avait annoncé que

---

doit s'entendre pour les mêmes milieux, c'est-à-dire toutefois, par exemple, que le rayon passe de l'air dans l'eau; mais ce rapport, qu'on appelle *indice de réfraction*, change pour les différens milieux.

Si un rayon, en passant de l'air dans l'eau, se rapproche de la normale, réciproquement un rayon qui passe de l'eau dans l'air s'en écarte, et, comme le rapport des sinus reste le même dans les deux cas, il s'ensuit que, si un rayon S A, *fig.* 9 qui vient de l'air prend dans l'eau la direction A B, réciproquement un rayon A B qui vient de l'eau prend dans l'air la direction A S. Cela posé comme N A : ⊳ M A B, il y aura une position A B' du rayon A B pour laquelle le rayon réfracté A S sera justement dans la direction de la surface A D; il suit de là qu'un autre rayon quelconque, tel que A B, placé entre A B' et la surface A E ne pourra pas passer dans l'air, mais sera complètement réfléchie dans l'intérieur de l'eau. Si la portion A E de la surface était couverte d'un corps opaque, l'espace angulaire F A B' ne pourrait recevoir aucun rayon de l'extérieur. Z.

le diamant et l'eau, dont le pouvoir réfringent est considérable, renfermaient des substances combustibles, ce que la chimie a vérifié depuis en les décomposant. Mais on ignore encore quelle est la cause de cet indice d'analogie (1).

243. Avant de passer à l'étude de la réfraction, lorsque la lumière passe d'un milieu dans un autre, expliquons quelques phénomènes curieux dûs à la réfraction simple, ou à celle d'un même milieu de densité inégale. Le crépuscule, l'alongement des astres à l'horizon, leur apparition, ainsi que celle d'un vaisseau, lorsqu'ils sont encore réellement au-dessous de cet horizon, l'estimation exagérée de la hauteur des corps, sont des phénomènes de réfraction simple, ainsi que l'expliquent les *fig.* 60, 72 et 73. Celui du mirage, qui se présente dans plusieurs circonstances, mais spécialement dans les plaines sablonneuses et arides, comme celles d'Egypte, lorsqu'elles sont frappées des rayons du soleil, est produit par la réfraction différente opérée par des couches d'air de densité inégale.

---

(1) L'auteur a voulu dire que l'indice de réfraction est très différent dans les différentes substances; car nous devons avertir qu'on est convenu d'appeler *pouvoir réfringent* la quantité

$$\frac{N^2 - 1}{D},$$

dans laquelle N est l'indice et D la densité de la substance. Le numérateur $N^2 - 1$ porte le nom de *puissance réfractive*. Les raisons qui ont fait donner des noms particuliers à ces quantités tiennent à des considérations théoriques dans le détail desquelles il nous serait impossible d'entrer dans un ouvrage aussi élémentaire que celui-ci.

Nous ajoutons un tableau de l'indice de réfractions de quelques substances des plus connues. Le rayon est supposé venir du vide.

Chromate de plomb.	2,974	Sel gemme.	1,557
Diamant.	2,755	Glace de St.-Gobin. .	1,543
Phosphore. . . .	2,224	Crown-glass. . . .	1,534
Soufre fondu. . .	2,148	Gomme arabique. . .	1,512
Rubis.	1,779	Huile d'olive. . . .	1,470
Spath calcaire, ré-		Alcool	1,374
fraction ordinaire.	1,654	Eau pure.	1,336
réfraction ex-		Glace.	1,310
traordinaire. .	1,483	Air.	1,000294
Flint-glass. . . .	1,616	Hydrogène.	1,000138

Z.

Dans ce phénomène, qui n'a lieu qu'aux heures où le soleil a fortement échauffé le sol, et par conséquent dilaté la couche d'air qui repose sur lui, les objets éloignés paraissent entièrement environnés d'eau : la *fig.* 74 en fera facilement sentir la cause. En effet, les objets d'une part sont vus directement par le rayon A B, et paraissent dans leur véritable position; mais, les rayons dirigés vers le sol, pénétrant bientôt dans une couche d'air moins dense, y sont réfractés en s'écartant de la perpendiculaire, de sorte qu'ils pourront, comme le rayon S C, parvenir à l'observateur : ainsi, celui-ci verra une seconde image de l'objet, mais elle lui paraîtra renversée et entourée de l'image également réfractée du ciel, ce qui imitera parfaitement la réflexion des objets à la surface des eaux. Le docteur Wollaston a démontré cette explication en réalisant le phénomène sur des barres de fer fortement chauffées, et en faisant passer un rayon dans un mélange de liquides de densité variable (1).

244. Tant que la lumière parcourt un espace de densité et de nature homogène, elle suit une ligne droite; mais, lorsqu'elle passe d'un milieu dans un autre, elle se dévie de sa route primitive pour s'approcher ou s'éloigner de la perpendiculaire. Ainsi, la lumière, en passant de l'air dans l'eau ou dans le verre, se rapproche de la normale, et au contraire s'en éloigne en passant de l'eau ou du verre dans l'air; en sorte qu'après ces deux déviations semblables, les rayons sont encore parallèles. Telle est la marche de la lumière dans les corps transparens à surfaces parallèles; mais il n'en est plus ainsi lorsque les surfaces sont différentes, et il se présente alors un phénomène analogue à ce qui se passe dans un prisme, forme à laquelle on peut en effet toujours ramener la figure des

(1) Pour comprendre cette explication, il faut ajouter qu'il arrive un moment où le rayon a une inclinaison telle sur la surface de sortie de la couche dans laquelle il se trouve qu'il en est complètement réfléchi, et que; dès-lors, il se relève en décrivant une courbe semblable à celle qu'il a décrite en descendant. Z.

corps ainsi que nous allons le voir dans l'étude des lentilles (1).

On sait que l'effet d'un prisme de verre ou d'eau est de dévier les rayons vers la base du prisme opposée à l'angle aigu, ainsi qu'on le voit *fig.* 75, pour les rayons obliques, et *fig.* 76, pour les perpendiculaires. Cette propriété donne l'explication de tous les phénomènes de réunion ou de dispersion de la lumière par le moyen des lentilles ou des verres de toutes formes, phénomènes qui se rapprochent d'ailleurs beaucoup de ceux des miroirs réflecteurs, et sur lesquels, conséquemment, nous ne ferons que glisser légèrement. Ainsi, une lentille convexe, *fig.* 77, rend parallèles les rayons qui émanent de son foyer, réunit à ce foyer principal les rayons parallèles, et en d'autres lieux ceux qui font un angle sensible en arrivant à sa surface; parce qu'une lentille convexe n'est autre chose qu'un assemblage infini de prismes, dont la base est tournée vers le milieu de la lentille, comme le montre la *fig.* 78, où cette lentille est décomposée en prismes. De même les lentilles concaves, *fig.* 79, agissent en sens contraire des précédentes, parce que les prismes y sont tournés en sens opposé. Les verres de toute autre forme participent plus ou moins des propriétés de ceux-ci, selon qu'ils se

---

(1) Soit S D un rayon lumineux contenu dans un plan perpendiculaire à l'arête du prisme dont A (*fig.* 10) est l'angle réfringent, B C la base, et A C, A B les côtés. En D le rayon s'approchera de la normale et prendra la direction E D; en E, en sortant dans l'air, il s'en éloignera de nouveau; en vertu de cette double inflexion le rayon pourra parvenir dans l'œil O en même temps que le rayon direct O S; l'observateur apercevra donc une image en S', et pourra, au moyen d'un instrument gradué, évaluer l'angle S' O S qu'on appelle *la déviation* produite par le prisme. C'est au moyen de cette déviation, de l'angle A, et de la distance O S, qu'on peut calculer l'indice de réfraction. On peut voir dans les traités détaillés les modifications qu'il faut faire subir à l'appareil pour avoir l'indice des liquides et des gaz.

Nous dirons encore qu'un prisme ne peut pas toujours laisser passer un rayon lumineux, il faut, pour cela, que son angle réfringent soit au-dessous d'une certaine limite qui dépend de la substance du prisme. On conçoit en effet que le rayon qui a pénétré dans le prisme par le côté A C pourra rencontrer le côté A B de manière à en être complètement réfléchi. Z.

rapprochent ou s'éloignent de la convexité ou de la concavité (1).

243. C'est sur ces principes que repose la construction de l'œil, de même que celle de tous les instrumens d'optique, dont nous renvoyons l'étude et la description après celle de l'organe de la vision, dont ils ne sont que le complément et l'auxiliaire, quelquefois aussi le correctif. Dans cette section, achevons d'analyser les phénomènes des rayons réfractés.

246. Dans l'exposé de la théorie de la lumière, nous avons vu que les rayons des diverses couleurs, n'ayant pas la même vitesse d'ondulation, ne sont pas réfractés avec la même énergie. Ainsi, en passant d'un milieu dans un au-

---

(1) De même que la théorie des miroirs, celle des lentilles peut s'exprimer par des formules très simples. Tel est l'avantage du langage mathématique qu'il réduit souvent à une seule ligne une science tout entière.

Soient F la distance locale.
B la distance de l'objet.
M celle de son image.

Toutes ces distances comptées à partir du centre optique et sur l'axe.

R l'un des rayons de courbure de la lentille, R' l'autre rayon, N l'indice de réfraction de sa substance, on a

$$\frac{1}{M} = \frac{1}{F} - \frac{1}{B}$$

pour les lentilles convergentes, et

$$\frac{1}{M} = \frac{1}{F} + \frac{1}{B}$$

pour les lentilles divergentes,

On a de plus

$$F = \frac{R R'}{(N - 1)(R' - R)}$$

Les lentilles convergentes sont celles qui sont plus épaisses au centre que sur les bords.

Les lentilles divergentes ont au contraire leurs bords plus épais que leur centre. T. R.

tre, et surtout au travers d'un prisme dont le pouvoir réfringent est beaucoup plus considérable, la lumière blanche est décomposée, et, à sa sortie, le faisceau de lumière présente une image alongée et de différentes couleurs, image que nous étudierons tout-à-l'heure. Si cet effet n'est pas toujours sensible, c'est que la réfraction est trop peu considérable, et que les rayons de diverses couleurs, trop peu écartés les uns des autres, continuent à se superposer, et ainsi donnent la sensation de la lumière blanche. Les lentilles, pouvant être considérées comme un assemblage de prismes, produiront la dispersion même de la lumière toutes les fois qu'elles la dévieront fortement de sa route, d'où l'on voit que l'image qu'elles donneront sera confuse et colorée. Newton avait cru ce vice irrémédiable, mais Dollon, physicien anglais, ayant reconnu que certaines substances, avec un pouvoir réfringent inégal, dispersaient également la lumière, conçut la possibilité d'obtenir des images considérablement déviées, et cependant incolorées. Tel est l'*achromatisme*, et le principe sur lequel repose la construction des lunettes ou plutôt des verres *achromatiques*, dans lesquels on établit ordinairement la compensation par la réunion du verre ordinaire et du cristal où il entre du plomb, le crownt-glass et le flint-glass (1).

247. Nous savons qu'à chaque surface de séparation de deux milieux réfringens il s'opère une réflexion et une réfraction; ceci va nous donner l'explication d'un des phénomènes d'optique naturels des plus curieux : nous voulons parler de l'arc-en-ciel. Il est inutile de décrire

---

(1) Si nous réunissons, comme la *fig.* 11 le montre, deux prismes de même substance et de même angle réfringent, nous formons une lame à faces parallèles B et D qui, comme nous l'avons déja dit, ne produit aucune déviation dans la direction d'un rayon S M qui le traverse. Les couleurs de ce rayon sont bien séparées, mais, comme en sortant dans l'air elles forment un faisceau à côtés parallèles, l'œil ne les distingue point, et c'est pour cela, nous le disons en passant, qu'un corps qui est placé dans l'eau, ou dans le verre, ne nous paraît point avec des bords colorés comme quand on le regarde à travers un prisme. Cela posé, le but de l'achromatisme est de changer la substance et

dans quelles circonstances le phénomène se produit; chacun a pu remarquer que c'est lorsqu'il pleut que l'arc est diamétralement opposé au soleil, et l'observateur placé entre les deux; les rayons du soleil, en pénétrant à travers des gouttes d'eau, y éprouvent, comme le représente la *fig.* 80, plusieurs réfractions et plusieurs réflexions. Il en résulte qu'ils pourront parvenir en différens points o, o', o'' o'''; mais, à cause des réfractions, ils y parviendront disséminés, et par conséquent colorés. Ces réflexions et ces réfractions pouvant se continuer à l'infini, plusieurs arcs pourront paraître l'un au-dessus de l'autre, mais en diminuant continuellement d'intensité, puisqu'une portion de la lumière se perd à chaque réflexion; et dans des situations différentes, puisque les rayons qui en donneront l'image n'auront pas suivi le même chemin. Le plus ordinairement on ne voit que deux arcs-en-ciel, l'un intérieur, plus brillant, puisque les rayons n'ont éprouvé qu'une réflexion, et où les rayons rouges sont en dehors; l'autre plus faible, et où le rouge est en dedans. La *fig.* 80 fait suivre la marche des rayons dans les globules, et montre les réflexions et les réfractions qu'ils éprouvent. Le calcul fait voir qu'il n'y a que les rayons qui traversent d'une certaine manière les gouttes d'eau qui peuvent ainsi parvenir convenablement à l'observateur, et que tous les autres sont perdus pour lui.

---

l'angle de l'un des prismes de manière que le rayon soit dévié après la réfraction, mais que les rayons colorés dans lesquels il est décomposé restent parallèles. Supposons que nous diminuions l'angle A du prisme à droite sans changer sa substance, le rayon sera dévié, mais en même temps coloré; mais, si on change aussi la substance de ce prisme, on pourra la choisir telle que, le rayon restant dévié, les couleurs extrêmes sortent sensiblement parallèles : il faudra, pour cela, que son pouvoir dispersif soit plus fort que celui de la substance du prisme à droite. Ce que nous venons de dire d'un prisme s'applique également aux lentilles.

Nous avons vu que l'indice moyen du flint-glass est 1,616, et celui du crownt-glass 1,534, tandis que la différence entre l'indice du rouge et celui du violet est 0,0433 pour le premier, et seulement 0,0207 pour le second. C'est ordinairement avec ces deux espèces de verre qu'on compose les lentilles achromatiques. Z.

SECTION VI.

DE LA COLORATION DES CORPS, OU DE LA CHROMATIQUE.

248. Nous venons de voir que la lumière blanche éprouve, par la réfraction, une modification en vertu de laquelle les différentes couleurs qui la composent se montrent séparées, et ce phénomène est surtout apparent lorsqu'on fait passer la lumière à travers un prisme. On désigne l'image dispersée et irisée du soleil qu'on obtient alors sous le nom de *spectre solaire.* Nous savons aussi que, dans l'acte de la réflexion, les corps peuvent absorber, éteindre, rendre invisibles certains rayons, tandis qu'ils renvoient les autres; telle paraît être la cause de la coloration des corps dont la réflexion des anneaux colorés et des lames minces nous a déjà donné une idée. L'ensemble de ces connaissances forme la science de la *chromatique*, ou des couleurs, à l'étude de laquelle nous allons consacrer cette section.

Lorsqu'on fait passer un faisceau de lumière à travers un prisme réfringent, et qu'on le reçoit à une certaine distance après la sortie du prisme, on s'aperçoit, par l'image du corps lumineux qu'on obtient de la sorte, que la lumière non-seulement a été déviée de sa route primitive conformément aux lois de la réfraction, mais encore à cause de l'inégale réfrangibilité des rayons de diverses couleurs dont elle se compose, qu'elle a été décomposée et dispersée. Le spectre lumineux qu'on produit ainsi, et qui n'est autre chose que l'image du soleil alongée dans le sens de la réfraction par l'inégale réfrangibilité des rayons, se présente alors sous une forme oblongue, et teint des nuances les plus vives de l'arc-en-ciel. C'est en appliquant à cette image colorée différens moyens de décomposition très exacts, c'est en recevant à part les diverses portions de spectre, en les faisant passer par des fentes très étroites ou des trous très petits, que Newton, et d'autres physiciens après lui, sont parvenus à fixer les nuances et les propriétés des différentes parties du spectre.

249. On compte universellement sept couleurs principales dans le spectre, malgré qu'il renferme réellement toutes les nuances possibles, tant par les couleurs intermédiaires entre ces espèces primitives que par les variétés et le mélange en toute proportion. Mais dans l'impossibilité d'analyser toutes les teintes, on a dû les ramener à quelques types principaux dont on regarde les rayons comme homogènes, malgré qu'ils soient eux-mêmes composés d'un nombre infini de variétés; d'où l'on voit cependant que la lumière la plus homogène est celle qui fournit le milieu de chacune des couleurs principales. Certains physiciens ont soutenu qu'il n'y avait que cinq, et même que trois sortes de couleurs différentes, et que c'était leur mélange seul qui produisait toutes les nuances possibles : sans nier que le mélange de diverses couleurs est susceptible de composer une autre nuance, résultat de la combinaison de ces couleurs, ce qui est démontré par une foule d'expériences, telles que le mélange de diverses poudres, de divers liquides de couleurs dissemblables, et même par la lumière blanche, qui n'est que le mélange de toutes les nuances, on peut dire que cette explication des couleurs des corps, au moyen d'un aussi petit nombre de couleurs réellement différentes, est détruite par l'analyse plus exacte du spectre, et est contraire aussi bien à l'explication de Newton dans la théorie de l'émission qu'à celle que nous avons donnée ci-dessus dans la théorie des ondulations, où l'on voit également que toutes les nuances passent de l'une à l'autre par des dégradations insensibles, et que, dans leur séparation imparfaite, nous ne pouvons accuser que l'imperfection de nos moyens de décomposition, ce qui est d'ailleurs démontré par les phénomènes de la diffraction et des anneaux colorés, et expliqué par la théorie des interférences.

250. Les sept couleurs principales admises par Newton dans l'image du spectre sont placées de la manière suivante : à partir de la partie la moins réfractée, on trouve d'abord le rouge, puis l'orangé, le jaune, le vert, le bleu, l'indigo, et enfin le violet qui forme l'extrémité du spectre visible la plus déviée de sa route. En mesurant le plus exactement

possible l'espace occupé par chacune de ces couleurs, on reconnaît qu'il n'est point égal, ainsi qu'on le voit dans la *fig.* 61, qui fait connaître la nuance et la largeur de chaque espèce de rayons. On trouve ainsi ce résultat remarquable, que ces espaces, comparés entre eux, sont précisément dans le même rapport que les tons de la gamme musicale, et que le spectre peut être comparé à une corde vibrante qui donne les sons de la gamme, par son raccourcissement selon les mêmes nombres; de plus, l'analogie la plus grande paraît se rencontrer entre les rayons rouges et les rayons violets, ce qui faisait comparer à Newton lui-même le retour des teintes à la consonnance des octaves, nouveaux faits confirmatifs de la théorie que nous avons adoptée (1).

251. Au reste, le spectre ne renferme pas seulement des rayons colorifiques, il manifeste des effets de chaleur et des actions chimiques qui prouvent qu'il est aussi composé de rayons calorifiques et de rayons chimiques, ou plutôt que les ondes de diverses longueurs possèdent ces propriétés inégalement, tantôt isolées, tantôt réunies à la propriété colorifique; car l'étude attentive du spectre a fait connaître qu'au-delà même des deux extrémités visibles il existe des rayons obscurs susceptibles de développer de la chaleur ou de produire certains phénomènes de combinaison. Herschell le premier a même annoncé que c'était au-delà de la portion visible du spectre que ces rayons manifestaient leur action avec le plus d'intensité, et si tous les physiciens ne sont pas d'accord sur ce point, du moins paraît-il démontré que le centre de ces rayons particuliers est placé à l'extrémité même du spectre. C'est ainsi qu'on a reconnu, en plaçant un thermomètre fort sensible dans diverses portions du spectre, que les rayons calorifiques qui paraissent les moins réfrangibles vont

---

(1) Il ne faudrait point attacher trop d'importance à cette coïncidence qui, quand même elle existerait, ne serait jamais que fortuite. Disons d'ailleurs que les rapports de ces espaces varient suivant la nature de la substance réfringente. Z.

continuellement en décroissant d'intensité, à partir d'un point peu éloigné de l'extrémité rouge jusque environ au vert, où ils sont tout-à-fait inappréciables; de même, en exposant au spectre diverses combinaisons chimiques, et notamment le muriate d'argent, on a reconnu que les rayons chimiques qui paraissent les plus réfrangibles sont disposés en quantité décroissante, à partir de l'extrémité violette jusqu'au jaune, où ils ne manifestent plus aucune action. MM. Laroche et Bérard ont fait un grand nombre de recherches et d'expériences sur les actions diverses du spectre, et ont confirmé les résultats que nous venons d'énoncer. M. Arago, par des expériences toutes récentes, a prouvé que les rayons chimiques étaient soumis, comme les rayons colorifiques, aux interférences, puisqu'en faisant tomber ces rayons sur du muriate d'argent, dans les conditions nécessaires, il a obtenu des bandes alternativement noires et blanches. Ainsi, là où on devait s'attendre à une décomposition double, l'effet était nul. Cette expérience démontre d'une manière décisive l'identité de tous les rayons qui composent le spectre et de la cause qui détermine leur action; elle prouve qu'ils ne diffèrent entre eux que par leur vitesse et leur longueur d'ondulation, elle prouve enfin l'identité de la chaleur et de la lumière (1).

252. Nous venons de voir qu'en décomposant la lumière blanche, au moyen d'un prisme, on obtient sept couleurs principales, et ce phénomène nous indique déjà qu'elle est le résultat du mélange de ces diverses couleurs; mais on peut le prouver directement en faisant tomber au même lieu, par le moyen de prismes diversement inclinés, ces différens rayons, ou bien en mêlant des matières qui renvoient ces couleurs, ou bien encore en

(1) Frauenhofer, célèbre physicien allemand, a découvert une propriété très remarquable du spectre solaire; c'est qu'on y observe un grand nombre de lignes noires perpendiculaires à sa longueur. La disposition de ces lignes paraît fort irrégulière, mais elle reste constamment la même pour la lumière émanant de la même source. Z.

collant sur un carton des morceaux de papier peints de diverses couleurs prismatiques; en le faisant tourner rapidement, la sensation répétée de ces diverses couleurs produira l'impression du blanc. Il résulte donc de ces phénomènes que la lumière blanche, comme celle du soleil, d'une bougie, est un mélange de rayons hétérogènes, inégalement réfrangibles, et susceptibles de nous donner la sensation de diverses couleurs, lorsqu'ils sont séparés. On conçoit, en effet, comment l'absence d'une ou de plusieurs de ces couleurs, en partie ou en totalité, modifiera nécessairement la teinte totale du surplus, et ainsi produira des nuances variées à l'infini.

253. Ceci nous explique complètement la coloration des corps, en se rappelant, pour les couleurs réfléchies, ce que nous avons dit en traitant des lames minces et des anneaux colorés. En effet, les couleurs irisées, comme celles de la nacre de perle, des bulles de savon; les couleurs chatoyantes, comme celles de la queue du paon, du plumage d'un grand nombre d'oiseaux, sont produites par les différens rayons réfléchis sous diverses inclinaisons relatives à l'œil de l'observateur. On sait que, dans certains corps, les couleurs vues par réflexion et par transmission ne sont pas les mêmes. Ainsi, les dissolutions de divers bois de teinture paraîtront, par exemple, bleues par réflexion, jaunes ou rouges par transmission. On voit que ces corps demi-transparens ont la propriété de réfléchir les rayons bleus, et de laisser passer les autres en tout ou en partie. Lorsqu'ils les laissent passer en totalité, ce qui fort rare, ces couleurs, vues par transmission, sont complémentaires de celles vues par réflexion, ainsi qu'on devait s'y attendre; lorsque la transmission n'est que partielle, la couleur dépend de la nature des corps, tous n'absorbant pas les mêmes rayons, et aussi de sa transparence et de son épaisseur. Ainsi, les dissolutions dont nous venons de parler pourront paraître, dans un verre conique, rouges en haut et jaunes en bas, etc.

254. L'opacité complète n'est qu'un degré de plus de cette propriété, et elle dépend de la nature du corps. Ainsi, l'or, réduit en lames minces, devient transparent, et, vu

par transmission, paraît vert. Ici il y a absorption partielle; car le vert n'est point complémentaire du jaune, couleur de l'or par réflexion; mais bientôt l'opacité de ce corps sera complète, parce qu'aux rayons qu'il absorbait déjà il ajoutera ceux qu'il laissait passer : il ne sera plus alors visible que par réflexion. Toutes les fois que les rayons transmis sont complémentaires de ceux réfléchis, on en retrouve les nuances dans les anneaux colorés avec la dernière exactitude. Un autre résultat encore plus important et plus remarquable, c'est que, dans tous les changemens de couleur qui se font graduellement, comme dans les composés chimiques, dans l'acte de la végétation, on retrouve l'ordre ascendant ou descendant présenté par les anneaux colorés et le passage successif de l'un à l'autre. Ainsi, à l'automne, lorsque le commencement de la décomposition des feuilles annonce leur chute prochaine, du vert du troisième ordre elles passent successivement, dans l'ordre des anneaux, au jaune, à l'orangé et au rougeâtre. On reconnaît là l'effet d'une action qui se modifie petit à petit dans le même sens.

L'opacité des corps dépend principalement de leur épaisseur et de leur nature; mais elle tient souvent aussi à l'interposition des molécules d'un autre corps. Ainsi, l'eau agitée, battue, écumante, comme lorsqu'elle se brise sur les récifs ou les cascades, paraît blanche, mais non transparente, à cause de l'air qui s'est interposé entre ses particules; il en est de même du verre pilé, auquel on rend la transparence en remplaçant par de l'eau l'air qui occupait ses interstices : la même chose arrive à l'hydrophane. Un corps qui réfléchit toute la lumière paraît blanc par réflexion, opaque et noir par transmission ou réfraction; celui qui refracte et laisse passer toute la lumière paraît opaque et noir par réflexion, transparent et blanc par réfraction. Ces effets ne sont que partiels; l'apparence des corps, qui en est la conséquence, est par là modifiée, et telle est la cause des couleurs (1).

(1) En général, plus les deux milieux dans lesquels la lumière se meut sont différens en densité, plus la quantité de lumière réfléchie à

SECTION VII.

DE LA VISION.

255. La perception des objets produite par l'action de la lumière s'appelle *vision*, et l'œil, l'organe au moyen duquel cette impression nous est communiquée C'est un véritable instrument d'optique qui concentre les rayons venus des objets pour en projeter l'image à l'endroit où les houppes nerveuses en reçoivent la sensation; mais cet organe réunit toutes les conditions nécessaires pour s'approprier aux distances et détruire les causes d'erreur, telles que les aberrations de réfrangibilité et de sphéricité, à un bien plus haut degré de perfection que nous ne pouvons le faire dans nos instrumens, et est ainsi incomparablement plus parfait.

256. L'œil, chez l'homme et la plupart des animaux des premières classes, protégé à l'extérieur par des poils nommés *cils* et *sourcils*, et par des tégumens très délicats et très contractiles nommés *paupières*, est placé dans une cavité osseuse nommée l'*orbite;* il forme une masse globuleuse, *fig.* 82, renfermant trois milieux différens par leur forme et leur pouvoir réfringent, et faisant l'office de lentilles convergentes; elle est composée des parties suivantes: la membrane la plus extérieure est la *sclérotique* ou *cornée opaque*, dont la portion antérieure est plus convexe, appelée *cornée transparente*, est diaphane et amincie, imitant un verre de montre. La portion adjacente à la cornée transparente est blanche, et communément appelée le *blanc de l'œil;* toute cette partie est protégée par la peau

---

la surface de séparation est grande, voila pourquoi toute la lumière se perd dans l'intérieur de l'écume qui est un mélange d'air et d'eau. Voilà aussi pourquoi beaucoup des corps qui sont opaques à l'état sec deviennent transparens lorsqu'ils sont mouillés, c'est-à-dire lorsque l'air qui remplissait leurs pores a été remplacé par l'eau dont la densité se rapproche davantage de celle de leur substance. Z.

qui s'étend sur tout le globe de l'œil, mais y est transparente et d'une minceur extrême. La seconde membrane qui tapisse l'intérieur de la sclérotique, appelée la *choroïde*, et qui est noire intérieurement, de façon à former chambre obscure, s'étend sous la cornée transparente et compose cette partie colorée de l'œil appelée l'*iris*, qui est percée vers son milieu d'un trou nommé la *pupille* ou la *prunelle*, par lequel les rayons pénètrent dans l'œil. Ce trou peut être agrandi ou rétréci au moyen des fibres contractiles qui composent l'iris, et alors permet l'entrée d'un plus ou moins grand nombre de rayons. C'est ainsi que la pupille s'agrandit dans l'obscurité, se rétrécit lorsque l'éclat de la lumière est très vif; et c'est, par cette raison, qu'en passant de l'obscurité au grand jour, nous sommes éblouis, et quand nous passons du grand jour à l'obscurité, nous ne voyons pas, tant que notre pupille ne s'est pas élargie de façon à recevoir une plus grande quantité de rayons. Sous l'iris est une prolongation de la choroïde qui soutient le cristallin, c'est le *ligament ciliaire*. Au fond de la cavité de l'œil, mais non exactement sur le prolongement de l'axe de la pupille, est une continuation des parois intérieures : c'est par là que pénètre le *nerf optique*, dont la partie médullaire, en se ramifiant à l'infini, tapisse l'intérieur de la choroïde, et forme la *rétine;* les *houppes nerveuses*, infiniment petites, dont elle est composée, sont les organes qui reçoivent la sensation, et ils la communiquent au cerveau par le nerf optique, qui va se perdre dans la substance médullaire. Quant à l'intérieur de ses membranes, il est occupé d'abord par le *cristallin*, attaché au ligament ciliaire; c'est un corps consistant, transparent, ayant la forme d'une lentille convergente, mais plus convexe en dedans qu'en dehors. La cavité entre le cristallin et la cornée est occupée par l'*humeur aqueuse*, liquide assez semblable à l'eau; tout le reste derrière le cristallin, et qui est la plus grande partie de la cavité de l'œil, est rempli par l'*humeur vitrée*, liquide visqueux qui ressemble à du verre fondu (1).

---

(1) Le pigment noir de la choroïde semble destiné à diminuer l'ac-

257. L'œil des animaux est en général formé sur le même plan, mais cependant offre souvent de grandes différences, dont les unes sont évidemment appropriées aux habitudes de l'animal, ou les lui ont fait contracter, mais dont les autres sont chargées de fonctions qui nous échappent. Certains animaux voient parfaitement dans ce qui est pour nous l'obscurité la plus complète, sans doute, comme nous l'avons déjà indiqué; parce que leurs organes peuvent percevoir des rayons qui ne produisent nulle impression sur les nôtres. C'est particulièrement chez les oiseaux que l'œil paraît avoir été doué de la plus grande puissance; chez les poissons, il a été modifié convenablement au milieu qu'ils habitent; leur cristallin est sphérique. Enfin, un mode de vision tout particulier se rencontre chez les insectes, lesquels ont tantôt des yeux simples et lisses, comme les mouches, tantôt des yeux multiples, composés de facettes, pour ainsi dire, innombrables, puisqu'on en a reconnu environ dix-sept mille sur l'œil des papillons. Ne doit-on pas penser que, chez ces êtres, qui ont toujours les yeux fixes, l'organe sensitif est placé à la surface même de l'appareil de la vision, et perçoit directement les rayons? Mais nous devons laisser à l'histoire naturelle le curieux exposé des phénomènes de la vision chez les animaux; avertissons seulement qu'un très grand nombre d'entre eux sont privés de ces organes, et revenons maintenant à leurs fonctions chez l'homme.

258. On a pu voir, par la description que nous avons faite de l'œil, qu'il remplit l'office d'une chambre noire pourvue d'une lentille, et dont la rétine est le plan qui reçoit l'image des objets; c'est ce qu'on peut vérifier en regardant un œil en partie dépouillé de la sclérotique; on verra les objets placés à certaine distance peindre leur image avec toutes ses couleurs, en petit et renversée. Ceci

---

tion trop intense de la lumière; aussi observe-t-on que les animaux sont d'autant plus sensibles à celles-ci que ce pigment est en moindre quantité dans leur œil, et les Albinos, chez qui il manque tout-à-fait, ne peuvent point supporter la lumière du jour. Z.

peut paraître extraordinaire, puisque nous voyons les corps droits; mais il ne faut pas confondre l'image avec la sensation. Nous rapportons l'idée de la position des objets à la direction des rayons, comme nous jugeons leur grandeur et leur distance par leur croisement; mais, sous ce dernier rapport, comme sous plusieurs autres, notre jugement est influencé par l'habitude de notre expérience, et à notre insu. Ainsi, un objet vu de très loin, mais à côté d'un autre dont nous connaissons la grandeur, nous paraîtra aussi grand que s'il était beaucoup plus près, malgré que l'angle qu'il sous-tend dans notre œil soit bien moindre. Une autre singularité remarquable de la vision, c'est que les objets ne nous paraissent pas doubles, malgré que nous les regardions avec les deux yeux; il paraît que les différentes portions de la rétine, selon notre habitude, portent des sensations qui se confondent, et, par suite de cette habitude, nous dirigeons constamment nos yeux de façon à avoir une sensation unique et seulement plus intense; voilà pourquoi les personnes qui, par vice d'organisation ou par habitude, ne reçoivent pas cette sensation comme à l'ordinaire, louchent en plaçant leurs yeux de façon à ne recevoir qu'une sensation ; aussi ce défaut est-il beaucoup plus commun qu'on ne pense.

259. Un grand nombre d'observations prouvent que certaines personnes ne voient pas toutes les couleurs, ou ne les voient pas comme tout le monde : le poète Colardeau ne distinguait pas le rouge, et le célèbre chimiste M. Dalton a le même défaut dans la vision : cela semble prouver que ce ne sont point les mêmes houppes nerveuses qui donnent la sensation de toutes les couleurs. D'autres observations journalières conduisent au même résultat, en prouvant que l'action de la lumière peut fatiguer les houppes nerveuses par son éclat; car toutes les fois qu'on a regardé un corps vivement coloré, lorsqu'on détourne la vue, on n'a plus la sensation que des couleurs complémentaires de la première, comme si les nerfs qui la fournissaient étaient fatigués, et momentanément incapables de la transmettre. On sait aussi que l'action de la lumière sur l'œil n'est point instantanée; un boulet de canon est in-

visible; un corps incandescent qui tourne rapidement nous paraît un cercle embrâsé, etc. (1) (2).

260. Nous avons vu que l'œil est composé de plusieurs milieux réfringens; cette combinaison, ainsi que les formes diverses de ces milieux et de leur surface, ont pout but de détruire deux défauts que nous rencontrons dans nos instrumens; l'un est l'*aberration de sphéricité*; il consiste en ce que les bords d'une lentille ne font point converger exactement les rayons au même foyer que les parties centrales; la nature y a remédié par un changement de courbure ou de densité : l'autre est l'*aberration de réfrangibilité* qui colore les objets en les dispersant comme le prisme; la nature y a remédié par un véritable achromatisme. L'œil possède encore l'important avantage de se prêter à la vision des objets inégalement distans avec beaucoup plus de perfection, et dans une bien plus grande étendue que nos instrumens. On ignore à-peu-près par quel mécanisme; il paraît cependant que c'est par le changement de courbure du cristallin. Quant à la quantité inégale de rayons admise dans l'œil, nous avons vu qu'elle était facilitée par l'agrandissement ou le rétrécissement de la pupille.

261. Pour percevoir une image distincte des objets, il faut que les rayons qu'ils envoient convergent sur la rétine en un point sans dimension, autrement ils se croisent, se mêlent, et les houppes nerveuses, frappées de plusieurs images, n'en perçoivent aucune. Le lieu ordinaire de la vision distincte est environ à huit pouces de l'œil, et, tou-

---

(1) C'est encore sur cette propriété de la lumière que repose la théorie du thaumatrope. Voyez, pour plus de détails, *la Science enseignée par les Jeux*, 2 vol. in-18, imité de l'anglais, par T. Richard.—Paris, Roret; ouvrage dans lequel on a cherché à donner les théories scientifiques de tous les jeux des écoliers, et qui a obtenu d'honorables suffrages. (*Note de l'Editeur.*)

(2) La lumière doit agir quelque temps sur la rétine pour devenir sensible : mais, une fois qu'elle l'est devenue, son impression ne cesse pas instantanément, elle dure environ 0,1 de seconde. Le boulet de canon prouve le premier fait, et le charbon ardent en mouvement le second. Z.

tes les fois que l'objet est plus près ou plus loin, les rayons qu'il envoie sont trop convergens ou trop divergens, et la vision est plus ou moins confuse. Un grand nombre d'yeux ont ce défaut de faire toujours converger les rayons trop ou pas assez, de sorte que la vision n'est jamais distincte. On remédie à ces défauts par des lentilles de verre. Ceux qui ont la vue courte, chez lesquels le cristallin est trop convergent, et par conséquent où les rayons se réunissent dans l'humeur vitrée, avant la rétine, sont appelés *myopes* : on corrige le défaut de leur vue en reculant le point de convergence au moyen d'une lentille concave qui disperse les rayons. Lorsque le cristallin est trop plat, comme chez la plupart des vieillards qu'on appelle *presbytes* (car il paraît s'aplatir avec l'âge), les rayons, à la distance de la vision ordinaire, ne se réunissent que derriere la rétine : dans ce cas, on ne peut voir distinctement que les objets éloignés, à moins qu'on ne place devant cet œil une lentille convexe, laquelle commence à faire converger les rayons. Ces lentilles sont sujettes au défaut de l'aberration de sphéricité, en sorte que le champ de la vision est très restreint; mais M. Wollaston y a remédié au moyen de verres convexes d'un côté et concaves de l'autre : on les nomme *lunettes périscopiques;* leur construction exige les plus grands soins (1).

---

(1) C'est principalement la courbure de la cornée transparente qui fait converger les rayons lumineux, or celle-ci s'aplatit dans la vieillesse, parce que l'humeur aqueuse qu'elle contient diminue

Un défaut très remarquable de la vue, mais qui ne paraît jamais que passager, c'est la semi-vision; elle consiste en ce que la moitié de chaque objet, soit la droite, soit la gauche, devient invisible Wollaston explique ce fait en supposant que les deux nerfs optiques se partagent à leur point de croisement chacun en deux moitiés : que l'une des moitiés d'un nerf va a l'œil gauche et l'autre à l'œil droit. On conçoit dans cette supposition que si, par une cause quelconque, un des nerfs devient insensible avant le croisement, chacun des deux yeux sera aveugle a moitié.

Le point du fond de l'œil où le nerf optique perce la sclérotique est aveugle, on le prouve au moyen de l'expérience suivante : sur un mur blanc, on attache à la hauteur de l'œil, et sur la même ligne horizontale, deux petits corps noirs, par exemple deux pains à cacheter espacés de quelques pouces entre eux; on place l'œil droit devant le corps

SECTION VIII.

DES INSTRUMENS D'OPTIQUE.

262. Donnons maintenant une idée des principaux instrumens d'optique, qui ne sont que l'application et le développement des propriétés des lentilles et des miroirs; tous ces instrumens, même les plus composés, peuvent être considérés comme essentiellement formés de deux verres, ou d'un verre et d'un miroir; l'un reçoit la lumière des objets, et la concentre en un foyer : c'est l'*objectif;* l'autre se place près de l'œil, et sert à regarder l'image formée par le premier : c'est l'*oculaire.*

Pour donner à ces instrumens plus de perfection, on les complique le plus souvent d'un plus grand nombre de verres; on les dispose dans un tuyau formant chambre noire, afin d'absorber les rayons obliques; on les partage même dans ce but par des diaphragmes opaques, qui ne laissent passer que les rayons voisins de l'axe; enfin, on conserve la possibilité de faire glisser les pièces de l'instrument les unes sur les autres, afin de rapprocher ou d'éloigner les verres, et par conséquent d'obtenir des images distinctes d'objets placés à diverses distances. Les instrumens d'optique les plus utiles sont les microscopes et les télescopes, ou lunettes astronomiques, nautiques, terrestres, de spectacle, etc. Les premières servent à regarder des petits objets de fort près, et cependant avec netteté, ce qui amplifie beaucoup leurs dimensions; les seconds sont destinés à présenter les objets éloignés sous un plus grand angle qu'ils ne le font à l'œil nu.

263. Une lentille convexe, au foyer de laquelle on place

---

qui est à gauche, et on remarque qu'en général on aperçoit en même temps celui qui est à droite; mais, si on s'éloigne ou on s'approche lentement, on trouvera une position de l'œil pour laquelle le corps qui est à droite devient invisible. La mesure exacte des distances prouve que cela arrive lorsque l'image de ce corps se forme sur le point du fond de l'œil que nous avons indiqué. Z.

un petit objet, et qui, en rendant les rayons qui en émanent presque parallèles, permet de voir cet objet nettement à une bien plus petite distance que celle de la vision distincte, est un véritable microscope; on l'appelle *loupe* ou *microscope simple.* La confusion produite par les aberrations, dès qu'on se sert d'une lentille d'un foyer un peu court, limite beaucoup l'usage de cet instrument, qui ne permet que des grossissemens peu considérables : c'est ce qui a fait construire les microscopes composés qui sont formés d'un assemblage de verres convexes : on les complique quelquefois d'un ou plusieurs verres intermédiaires, d'après l'invention de Ramsden et de Campani, pour achromatiser les objets, le moyen que nous avons indiqué plus haut étant impraticable pour des lentilles d'un aussi court foyer. Dans le microscope composé, *fig.* 83, on place l'objet un peu au-delà de l'objectif A B; les rayons qui en partent iraient en peindre une image renversée en A' B'; mais arrêtés par la seconde lentille; l'image se forme en A'' B''; cette image qui devient l'objet de la vision; on la regarde avec une loupe, et elle paraît en A''' B''' très amplifiée. Il est nécessaire d'éclairer fortement l'objet réel à l'aide d'un miroir réflecteur pour qu'il soit encore visible après les nombreuses extinctions de lumières opérées par les lentilles. C'est par ces moyens qu'on est parvenu à grossir les objets vraiment d'une manière prodigieuse, et à découvrir un monde tout nouveau.

264. Les télescopes ou lunettes ont conduit à des résultats non moins nouveaux et encore plus importans, en nous permettant de porter un œil scrutateur sur la marche, l'arrangement, l'organisation des mondes, en nous faisant pénétrer dans l'immensité de l'espace, en multipliant à l'infini les astres qui nous entourent. On ne sait pas positivement quel fut le premier inventeur de ces instrumens; mais Galilée est celui qui en a construits d'abord de véritablement utiles. Il en existe de plusieurs sortes : ceux qu'on appelle *dioptriques* sont fondés, comme les microscopes, sur la convergence des rayons dans les lentilles; c'est absolument le même appareil, si ce n'est que l'objectif est plus grand, et que les rayons viennent

d'un objet éloigné, du reste, on y multiplie également les verres, tant pour leur effet que pour détruire l'aberration de réfrangibilité. On peut en outre y placer un objectif achromatique, c'est-à-dire composé de deux verres différens. Ces instrumens portent plus spécialement le nom de *lunettes*. Autrefois, ils ne servaient guère que pour les objets terrestres, et on les nommait *longue-vues*, *lunettes d'approche*, *lunettes d'opéra*, *lunettes nautiques;* mais maintenant on en construit qui ont jusqu'à trente-deux pieds, et par la combinaison parfaite des verres, on est parvenu à leur faire produire des effets aussi extraordinaires qu'aux plus grands télescopes, et avec beaucoup plus de précision et de netteté. Pour réunir l'avantage de mesurer exactement le diamètre des objets que l'on observe, on y ajoute toujours des *micromètres;* ce sont des instrumens très délicats, très compliqués, qui, au moyen d'un fil fixe et fil mobile, donnent l'angle que sous-tend un objet avec la dernière précision (1).

265. Les vrais télescopes sont des instrumens *catoptriques* ou plutôt *catadrioptriques*, c'est-à-dire qui sont basés sur les principes de la réflexion et de la réfraction de la lumière, et renferment des miroirs et des verres. Il en est de plusieurs sortes. Les principaux sont les suivans : celui de Grégori, *fig.* 84, dans lequel les rayons concentrés au foyer d'un miroir métallique A B, sont renvoyés par un petit miroir *f* légèrement concave, placé un peu au-delà de ce foyer, vers l'œil en O, armé d'une lentille convergente, et situé derrière le grand miroir, qui est en son centre percé d'un trou. On voit que, dans cet instrument, une partie du champ embrassé par le télescope est cachée par le petit miroir. Il en est de même dans celui de Cassegrin, qui ne présente d'autre différence, si ce n'est que le petit

---

(1) Dans la lunette astronomique, il n'y a qu'un objectif achromatique et un oculaire simple. Elle absorbe peu de lumière, mais renverse les objets; cette dernière circonstance ne peut point être comptée comme un inconvénient dans les observations astronomiques, mais la rend tout-à-fait inutile sur terre. Pour redresser les images, ou pour faire une lunette terrestre, on compose l'oculaire de quatre verres. Z.

miroir, au lieu d'être concave, est convexe, et placé un peu en avant du foyer : il a l'avantage de cacher moins d'espace, et surtout de diminuer le croisement des rayons, croisement dans lequel il s'opère toujours une destruction de lumière par les interférences insensibles. Le télescope de Newton, *fig.* 85, produit le même résultat, en rejetant les rayons de côté au moyen d'un miroir plan et incliné : on observe alors l'image de l'objet sur le côté de l'instrument, et avec une loupe. Enfin, dans le télescope d'Herschell, qui paraît dû à Lemaire, *fig.* 86, les rayons sont reçus de côté sur le miroir concave, et par conséquent renvoyés hors du champ du télescope en O, où ils se concentrent, et où l'on observe l'image avec une loupe : il a l'avantage d'éviter une réflexion, et de ne cacher aucune partie de l'espace que l'instrument peut embrasser. Herschell en a construit de trois pieds de diamètre et de quarante de long, avec lesquels il a fait dans le ciel les découvertes plus curieuses. Le grossissement qu'ils opèrent est estimé à plus de six mille fois le volume de l'objet (1).

266 On a composé une foule d'instrumens d'optique de tout genre, dans un but utile ou agréable, mais qu'on ne peut comparer, pour leurs applications, à ceux dont nous venons de parler; cependant il en est quelques-uns dont il est bon de connaître le mécanisme et l'usage.

La *chambre noire* est un appareil dans lequel un objectif, placé à une petite ouverture, apporte l'image des objets extérieurs renversée et de petite dimension, lorsqu'ils sont éloignés : on peut la redresser au moyen d'un miroir, comme dans la *fig.* 87, et la recevoir sur un carton. Cet appareil portatif, mais embarrassant, sert pour le dessin des paysages. Un autre appareil, peut-être plus commode, est la *camera lucida*, due à M. Wollaston, *fig.* 88 : l'image des objets est apportée par un prisme. Si on le dispose de façon que la moitié de l'œil seulement reçoive cette image, on verra en même temps un carton

(1) Voyez les nombreux mémoires de ce savant, insérés dans les *Philosophical Transaction of the Royal Society of London.*

placé au-dessous dans la direction de la vue, et c'est sur lui que l'image paraîtra se peindre : rien n'est donc plus facile que de l'y copier avec un crayon ou un pinceau.

267. Lorsque, dans une chambre noire, au lieu de recevoir l'image des objets éloignés, on place près de l'objectif un objet fortement éclairé, on obtient alors, dans la chambre noire, une image dont on fait varier les dimensions à volonté, en approchant l'objet de la lentille, et reculant le carton qui reçoit son image : c'est ce qu'on appelle un *mégascope*; instrument qui sert à faire diverses copies. Si, au lieu d'un grand objectif, vous ajoutez à l'ouverture une loupe très forte, devant laquelle vous placez de petits objets très éclairés, vous aurez le *microscope solaire*, au moyen duquel on obtient les plus forts grossissemens. Enfin, si, au lieu de la lumière solaire, vous employez celle d'une lampe, si vous placez devant l'objectif des figures peintes sur verre ou renversées, vous aurez la *lanterne magique*, qui n'est autre chose qu'un mégascope portatif; et, si vous faites varier la distance de ces figures à l'objectif pour changer leurs dimensions, vous créerez toutes les apparences de la *fantasmagorie* (1).

---

(1) L'auteur a oublié de nous parler de la photométrie. On appelle ainsi la partie de l'optique qui s'occupe de la mesure de l'intensité relative de la lumière, et tout instrument servant à cette mesure est appelé un *photomètre*. Les photomètres qu'on a imaginés jusqu'ici sont des instrumens susceptibles de peu d'exactitude, cependant, dans la pratique, on peut se servir avec avantage des deux que nous allons décrire :

1° On fixe une tige opaque perpendiculairement sur un plan bien blanc, puis, par des tâtonnemens, on place cet appareil à une distance telle des deux lumières qu'il s'agit de comparer, que les deux ombres de la tige sur le plan soient sensiblement d'égale intensité. Il est évident qu'à cette distance les deux lumières éclairent également. Or, nous savons que l'intensité de la lumière est inversement proportionnelle au carré de la distance à la source; cela posé, ayant mesuré exactement les distances des deux lumières à la tige, il sera facile d'en conclure leur intensité relative. Soient I et *i* les intensités à l'unité de distance, A et *a* les distances à la tige. L'intensité I deviendra $\frac{I}{A^2}$ à la distance A, et l'intensité *i* deviendra $\frac{i}{a^2}$ à la distance *a*, et puisque à ces distances les intensités sont égales,

SECTION IX.

DE LA DOUBLE RÉFRACTION ET DE LA POLARISATION DE LA LUMIÈRE.

268. Pour compléter l'esquisse rapide des phénomènes de la lumière, il nous reste à parler de certaines particularités singulières qu'elle présente dans diverses circonstances, particularités qui ont beaucoup occupé les physiciens modernes. Malus est le premier qui ait commencé à porter de la précision dans les observations de ce genre, et à les soumettre au calcul ; depuis, on a beaucoup ajouté à ses travaux ; mais, comme les faits de cet ordre sont infiniment compliqués, que leur cause est à-peu-près inconnue, et que leur application ne se présente que bien rarement, il nous suffira de les énoncer.

Lorspu'on fait tomber un faisceau lumineux sur un assez grand nombre de substances cristallisées, mais particulièrement sur le carbonate de chaux, ou spath calcaire, on remarque qu'il se divise dans son intérieur en deux autres faisceaux qui suivent des routes différentes, et donnent ainsi une image double du point lumineux. C'est ce phénomène qu'on désigne sous le nom de *double réfrac-*

---

on aura $\frac{I}{A^2} = \frac{i}{a^2}$ d'où $I = \frac{i\,A^2}{a^2}$;

2° Au milieu d'un tuyau carré de 8 à 10 pouces de longueur, *fig.* 12, et 1 à 2 pouces de côté, noirci en dedans et ouvert aux deux bouts, on place sous l'inclinaison de 45° deux petits miroirs égaux dont les arêtes supérieures se rencontrent au milieu d'une ouverture rectangulaire fermée par une plaque de verre dépoli On peut surmonter l'ouverture d'un autre tuyau qui porte un petit trou par où on regarde. On dirige l'axe de ce tuyau dans la ligne qui joint les deux lumières et on le promène dans cette direction jusqu'à ce que la lumière réfléchie par les deux miroirs sur la plaque dépolie paraisse sensiblement d'égale intensité des deux côtés de la ligne de séparation, alors on mesure les distances aux deux lumières et on achève le calcul comme ci-dessus. Z.

tion. Lorsqu'on analyse la marche de ces deux faisceaux, on reconnaît que l'un a suivi la loi de la réfraction ordinaire, et on dit qu'il a été réfracté *ordinairement*, et que l'autre suit une loi particulière de déviation, d'où l'on dit qu'il se réfracte *extraordinairement.* Dans les cas les plus simples, on remarque bientôt que ces phénomènes se passent autour d'une certaine direction qu'on appelle l'*axe du cristal*, parce qu'on suppose que cette direction dépend de l'arrangement des molécules cristallines. Il est des cristaux à plusieurs axes, qui par conséquent donnent lieu à des réfractions multiples.

269. Cette déviation des rayons est nulle toutes les fois qu'ils sont parallèles ou perpendiculaires à l'axe du cristal; mais, dans le premier cas, on a reconnu qu'ils se propageaient avec la même vitesse, tandis que, dans le second, ils présentent une grande différence. C'est sur cette base qu'Huyghens, dans la théorie des ondulations, à une époque où cette partie de la physique avait été peu étudiée, MM. Biot et de Laplace, dans celle de l'émission, ont fondé les lois d'analyse de la double réfraction : elles sont fort compliquées, et, dans les deux systèmes, très ingénieuses; il semble cependant que celle d'Huyghens, complétée par les travaux de MM. Fresnel et Arago, et de M. Brewster, présente plus de simplicité, et se ramène plus facilement à la théorie générale de la lumière, sans exiger la supposition hypothétique d'un grand nombre de propriétés particulières, soit dans les molécules lumineuses, soit dans les substances douées de la double réfraction (1).

(1) Toutes les substances cristallisées dont la forme ne peut point être dérivée du cube possèdent naturellement la double réfraction. Les autres corps solides, cristallisés ou non, peuvent aussi l'acquérir, mais seulement sous l'influence de certaines actions, comme par exemple une forte pression s'exerçant inégalement dans les différens sens.

On a reconnu des cristaux à un axe de double réfraction, et des cristaux à deux axes. Dans les premiers, l'axe optique se confond toujours avec l'axe minéralogique, c'est-à-dire avec une certaine ligne par rapport à laquelle les parties du cristal se trouvent symétriquement placées. L'axe optique du reste n'est pas une ligne unique, c'est simplement une direction; de manière qu'on peut concevoir un axe par

270. Malus a donné le nom de *polarisation* à la modification éprouvée par la lumière dans la double réfraction, modification en vertu de laquelle elle ne se comporte plus comme la lumière directe. C'est surtout dans les phénomènes de la polarisation qu'on rencontre une complication extrême et des variations sans nombre, que cependant nos savans physiciens, par des expériences multipliées de toute façon, par des explications aussi ingénieuses que savantes, s'aidant du secours de l'analyse la plus transcendante, ont commencé à soumettre à des lois : mais leur cause est totalement ignorée, et l'explication qu'on cherche à donner de ces phénomènes, soit en admettant des oscillations transversales, soit en supposant que les molécules lumineuses ont différentes faces de polarisation, autour desquelles elles oscillent dans certains cas, est loin d'être complètement satisfaisante. Cependant, des observations récentes semblent mettre sur la voie des découvertes : ainsi, M. Wheastone vient de prouver expérimentalement

---

chaque point du cristal. Nous allons indiquer en quelques mots les circonstances principales de la marche du rayon extraordinaire dans les cristaux à un axe.

Tout plan mené par l'axe perpendiculairement à une face du cristal, soit naturelle, soit artificielle, est appelé *section principale*. Tout plan perpendiculaire à l'axe est appelé *section perpendiculaire*. Toutes les fois qu'un rayon incident est contenu dans la section principale il se bifurque, mais le rayon extraordinaire reste, comme le rayon ordinaire, dans le plan d'incidence. Pour une autre direction quelconque du plan d'incidence le rayon extraordinaire s'en écarte, et cet écartement atteint son *maximum* lorsque le plan d'incidence fait un angle de 90° avec la section principale. Le rayon extraordinaire reste encore dans le plan d'incidence toutes les fois que celui-ci est une section perpendiculaire. Enfin, le rayon n'éprouve point de bifurcation lorsqu'il se meut dans le cristal parallèlement à son axe.

Dans la section perpendiculaire le rayon extraordinaire suit la loi fondamentale de la réfraction ordinaire, mais son indice de réfraction est dans quelques substances plus grand, dans d'autres plus petit que celui du rayon ordinaire.

Dans les cristaux à deux axes les lois de la double réfraction sont très compliquées ; nous nous contenterons de dire qu'en général les deux rayons sont extraordinaires, mais qu'il existe deux sections telles que dans l'une c'est l'un des rayons, et dans l'autre l'autre rayon qui suit la loi de la réfraction ordinaire. Z.

la double réfraction et la polarisation du son (1); ce qui, en apportant de nouvelles probabilités en faveur de la théorie des ondulations, pourra aussi faire découvrir la cause et les lois de ces phénomènes; ainsi encore, M. Brewster avait reconnu, depuis long-temps, que les substances qui n'ont pas la même densité dans une direction que dans l'autre sont douées de la double réfraction, et M. Fresnel vient de s'assurer que la chaleur dilate moins le sulfate de chaux parallèlement que perpendiculairement à son axe; ce qui avait été reconnu dans un autre sens, pour le spath d'Islande, par M. Mitscherlich. Peut-être ces variations, qui doivent influer sur la forme des ondes, donneront-elles quelques notions sur la cause de la double réfraction.

271. Lorsqu'on reçoit sur un second cristal de spath d'Islande la lumière doublement réfractée dans un premier, on trouve que chacun des faisceaux continue le même genre de réfraction, et n'éprouve plus de division, d'où l'on voit que cette lumière qu'on nomme *polarisée*, c'est-à-dire disposée d'une certaine manière, présente une différence essentielle avec la lumière directe. Aussi M. Arago a-t-il proposé ce moyen pour découvrir si une lumière, comme celle d'une comète, par exemple, est directe ou réfléchie; car ce n'est pas seulement la lumière qui a traversé un cristal doué de la double réfraction qui est polarisée, mais c'est aussi celle qui est réfléchie sous certains angles. De même, en passant d'un cristal dans l'autre pour qu'il y ait polarisation, une condition nécessaire est que les sections principales soient parallèles; toutes les fois, au contraire, qu'on fait passer dans un rhomboïde de spath d'Islande un rayon réfléchi sous l'inclinaison convenable, ou bien doublement réfracté, mais sans disposer la coupe principale parallèlement ou perpendiculairement, les mêmes phénomènes n'ont plus lieu. En effet, dans le cas où le plan est parallèle, toute la lumière est réfractée

(1) Voyez *Annals of Philosophy*, août 1823.

ordinairement; dans le cas où il est perpendiculaire, elle est entièrement réfractée extraordinairement, et dans toutes les positions intermédiaires, elle est en partie réfractée de l'une et l'autre manière; en sorte qu'il y a quatre rayons émergens d'égale ou d'inégale intensité, selon l'inclinaison qu'on donne au plan de polarisation.

272. Certaines substances produisent encore d'autres effets de polarisation, et c'est ce qui rend l'étude de ces phénomènes si difficile : ainsi, deux lames de tourmaline, placées dans le même sens, polarisent la lumière, comme nous venons de le voir; mais, placées à angle droit, ne laissent passer aucune lumière. Le mica, placé dans un certain sens, a de même la propriété de diviser en deux rayons polarisés, mais, de plus, les images qu'il produit sont teintes de couleurs complémentaires, c'est-à-dire dont le mélange forme le blanc. Ces couleurs dépendent de la position et aussi de l'épaisseur de la lame, en sorte qu'elles paraissent avoir beaucoup d'analogie avec celles des anneaux colorés. Enfin, ce ne sont pas les cristaux seulement qui offrent des phénomènes de polarisation, la plupart des corps plus ou moins réflecteurs et des corps transparens en présentent aussi des effets diversement modifiés, et encore très peu connus.

273. La propriété des lames minces de mica, découverte par M. Arago, a été mise à profit par lui pour la solution de diverses questions relatives à l'état des corps célestes, entre autres, pour prouver que le disque du soleil envoie les mêmes couleurs et la même intensité de lumière de toutes les parties de son diamètre. M. Biot a tiré parti des mêmes propriétés dans l'invention du *colorigrade*, instrument à l'aide duquel il compare et ramène les couleurs propres des corps à celles des anneaux colorés.

274. L'esquisse des phénomènes de la polarisation que nous venons de présenter est sans doute bien imparfaite et bien incomplète; mais l'espace ne nous permettait autre chose, si ce n'est d'en donner un aperçu. C'est dans les

travaux de MM. Malus (1), Arago (2), Biot (3), Brewster (4), et autres savans physiciens, qu'il faut rechercher les expériences et les lois de cette branche de la physique, aussi vaste et aussi compliquée que nouvelle.

CHAPITRE III.

DE L'ÉLECTRO-MAGNÉTISME.

275. Les phénomènes qu'il nous reste à exposer formaient tout récemment encore plusieurs branches distinctes de la physique; l'électricité, le galvanisme et le magnétisme, malgré leurs nombreuses analogies, demeurèrent long-temps séparés, parce qu'on n'avait pas découvert l'anneau qui les unit. On ne tarda pas à reconnaître que le galvanisme n'était qu'un cas particulier de développement de l'électricité, et presque à sa naissance il y fut réuni; mais il n'en fut pas de même des phénomènes de l'aimant. Si leurs effets analogues semblaient indiquer qu'ils n'étaient que des modifications d'un même principe, on ne les avait point encore vus se produire les uns par les autres, et les plus savans physiciens, suivant la route lente, mais sûre de l'expérience; s'abstenaient de prononcer sur leur identité. Enfin, la découverte des courans électriques, due à M. Oersted, mais mise dans tout son jour et analysée par M. Ampère, ne laissa plus aucun doute sur cette identité, et

(1) Voyez sa *Théorie de la double réfraction*, 1 vol. in-8°.

(2) Voyez les *Mémoires de l'Institut*, le *Journal de l'Ecole polytechnique*, les *Mémoires de la Société philomatique*, et les *Annales de Physique et de Chimie*.

(3) Voyez son *Traité de Physique*, 4e vol.

(4) Voyez les articles Light, Optic, Polarisation, etc., de l'*Encyclopedia of Edinburgh*, et surtout les Mémoires de M. Brewster, insérés dans les *Phylosophical Transactions of the Royal Society*, for the years 1815-16-17, principalement 1818, article XIII.

rangea les phénomènes magnétiques parmi ceux dûs à l'électricité. Peut-être touchons-nous au moment où la découverte de quelques lois plus générale permettra de regarder également les phénomènes de la chaleur et de la lumière comme des modifications d'un même principe ; c'est du moins ce que semblent indiquer les nombreuses analogies ; les rapports intimes qui rapprochent tous ces effets.

Les anciens n'eurent aucune connaissance des phénomènes électriques et magnétiques ; ils avaient seulement remarqué, mais sans s'y arrêter beaucoup, les effets de l'*ambre jaune*, en grec *è lectron* ; et de la pierre d'*aimant* en grec *magnès* ; d'où, à la renaissance des sciences, lorsque ces actions commencèrent à occuper les savans, on a tiré les dénominations d'*électricité* et de *magnétisme*. Maintenant que ces deux ordres d'effets sont réunis, on a préféré à une nouvelle dénomination celle d'*électro-magnétisme*, qui indique sur-le-champ l'union de ces deux sciences.

276. Quelle est la nature de l'électricité ? quelle est la cause de tous les phénomènes singuliers qu'elle produit ? telles sont les premières questions qui s'offrent à résoudre ; mais, à cet égard, nous sommes forcés d'avouer notre ignorance. Nous voyons bien que ces effets exigent la présence de fluides éminemment subtils et élastiques. Mais quels sont ces fluides ? sont ils les mêmes que ceux qui produisent la chaleur et la lumière ? Si les analogies permettent de penser qu'il en est ainsi, on ne peut point encore le dire d'une manière décisive : c'est ce que nous avons déjà fait remarquer dans nos considérations générales sur les fluides impondérables. Nous avons également cherché à donner une idée des deux systèmes qui partagent les physiciens dans la manière d'envisager les phénomènes électriques. Comme leur explication diffère fort peu dans l'un et dans l'autre système, nous abandonnerons toutes ces idées théoriques dont nous ne sommes point encore en état de donner une solution complète, et nous rappellerons seulement les bases fondamentales des deux opinions sur la cause de l'électricité.

Dans la plus ancienne, qui paraît avoir été émise d'abord par Dufay, mais qui a été complétée par Symmer, on conçoit deux fluides qui ont une grande tendance à se combiner, à se mettre en équilibre, et qui manifestent divers effets lorsque cet équilibre est rompu dans un corps : cette opinion est la plus généralement adoptée en France ; elle se prête peut-être plus facilement à l'intelligence des phénomènes. L'autre est due au célèbre Francklin ; on n'y suppose l'existence que d'un seul fluide susceptible de pénétrer tous les corps, et dont les diverses proportions en plus ou en moins dans ces corps produisent tous les phénomènes d'attraction et de répulsion : de là vient la dénomination d'*électricité positive* ou *en plus*, lorsqu'on suppose le corps chargé d'un excès de fluide par rapport aux autres corps ; d'*électricité négative* ou *en moins* lorsqu'on le croit dans un état contraire. Ce système, plus généralement suivi en Angleterre, où on l'appuie même de quelques expériences, se recommande par sa simplicité, et semble plus satisfaisant aux yeux de la raison que celui qui suppose gratuitement l'existence de deux fluides identiques dans leurs effets et dans le mode de leur développement. Dans ce dernier système, on désigne aussi les deux électricités sous les noms de *positive* et de *négative*, mais plus ordinairement de *vitrée* et de *résineuse*, parce que la résine et le verre sont constitués le plus souvent dans des états électriques contraires.

277. Pour mettre de l'ordre dans l'étude des phénomènes de l'électro-magnétisme, nous verrons d'abord dans quelles circonstances ce fluide, qui est universellement répandu dans la nature, qui paraît y jouer un si grand rôle, qui existe toujours en plus ou moins grande quantité dans les corps, se manifeste ostensiblement par des actions inattendues, surprenantes, bizarres même, enfin différentes de toutes celles que nous avons étudiées jusqu'ici. Nous ferons ensuite connaître les moyens à l'aide desquels on est parvenu à se rendre maître de ces phénomènes, à les produire à volonté, à les amplifier, à reconnaître leur présence lorsqu'elle paraît tout-à-fait cachée, à distinguer, pour ainsi dire, leur nature, enfin, à leur

faire produire des effets dignes de la plus haute attention. Les phénomènes naturels, dûs à l'électricité nous occuperont dans une troisième section; dans une quatrième, l'électricité par contact nous donnera l'explication de plusieurs faits extraordinaires, et deviendra un instrument de décomposition des plus puissans comme des plus singuliers, instrument qui peut même mettre sur la voie de la nature intime des corps; les phénomènes des courans électriques, qui ont fait reconnaître l'identité du magnétisme et de l'électricité, fixeront ensuite notre attention; enfin, nous terminerons par l'exposé des effets des aimans et des corps aimantés, et par celui du magnétisme du globe terrestre.

SECTION PREMIÈRE.

DU DÉVELOPPEMENT DE L'ÉLECTRICITÉ.

278. La véritable cause productrice des phénomènes électriques est inconnue; mais l'expérience à fait reconnaître plusieurs circonstances dans lesquelles ils se développent avec plus ou moins d'énergie. Le nombre de ces conditions de développement de l'électicité s'accroît chaque jour, à mesure que les expériences se multiplient, que les moyens d'investigation se perfectionnent; en sorte qu'il est naturel de penser que les corps n'éprouvent aucune modification sans qu'il s'opère une production d'électricité, c'est-à-dire un changement dans la quantité du fluide électrique qu'ils contiennent. Mais c'est principalement par le frottement et le contact de certains corps qu'on obtient les effets électriques les plus puissans. La chaleur, la compression, diverses combinaisons chimiques, plusieurs animaux, sont aussi des causes de production d'électricité.

279. Lorsqu'on frotte un bâton de cire d'Espagne ou de verre avec un morceau de drap, une peau de chat, on remarque que, si on approche le doigt, on obtient de petites étincelles; que, si on le place à peu de distance de corps légers, ceux-ci se précipitent sur lui avec impétuosité; de plus, dans l'orbscurité, le bâton de verre pa-

raît légèrement lumineux. Au bout d'un certain temps, après le frottement, ces effets cessent de se manifester, mais on peut les reproduire à volonté en frottant le corps de nouveau. Ce n'est pas le verre et la résine seulement qui développent ainsi de l'électicité par frottement: un très grand nombre de substances sont dans le même cas et il paraît même que toutes peuvent l'acquérir lorsqu'elles sont isolées; car, lorsqu'une personne est placée sur un gâteau de résine, par exemple, on en tire des étincelles en la frappant avec une peu de chat. On voit donc que le frottement que nous avons vu produire de la chaleur est un puissant moyen de développer l'électricité, et c'est en effet celui qu'on emploie dans les diverses machines électriques.

280. Si la compression n'est point une cause de production de la vertu électrique aussi puissante, il paraît qu'elle est du moins générale : toute les fois que l'on comprime deux ou plusieurs corps les uns contre les autres, ils prennent des états électriques différens; c'est ce que prouvent les nombreuses expériences de M. Becquerel sur ce sujet. Le simple contact de deux substances suffit aussi chez un assez grand nombre pour développer l'électricité, et on est même pervenu à donner à ce moyen tant d'énergie, à lui faire produire des effets si particuliers, que nous devrons lui consacrer une section à part.

281. Dans une multitude d'opérations chimiques comme le changement d'état ou de combinaison des corps, il s'opère encore un dégagement d'électricité qu'on peut regarder comme le résultat de la compression ou du contact des molécules de diverse nature. Enfin, en chauffant diverses substances, on leur fait manifester des signes évidens d'électricité, et il existe plusieurs poissons pourvus d'un appareil au moyen duquel ils provoquent instantanément le dégagement d'une grande quantité d'électricité, et dirigent ainsi sur leurs ennemis ou leur proie des commotions foudroyantes.

282. Toutes les fois qu'il y a dégagement d'électricité, soit par le frottement de deux corps, soit par contact, soit par tout autre moyen, ces corps producteurs d'élec-

tricité sont toujours constitués en des états électriques différens, c'est-à-dire que, si l'un est électrisé positivement, l'autre le sera négativement. Ils présentent alors le phénomène constant de repousser les corps chargés d'électricité de même sorte, et d'attirer ceux doués d'électricité contraire, phénomène qui se manifeste à distance; d'où nous devons conclure que ces effets ont lieu, parce que, dans le premier cas, les deux corps sont déjà surabondamment pourvus du fluide électrique, ou en manquent tous deux; tandis que, dans le second, l'un étant plus chargé que l'autre, ils tendent mutuellement à se rapprocher, afin de partager leur quantité de fluide et de rétablir l'équilibre.

283. La sphère d'activité d'un corps électrisé s'étend tout autour de lui, et décroît en raison inverse du carré de la distance; c'est ce que Coulomb a démontré. Il en résulte que tous les corps qui sont dans la limite de la sphère d'activité de ce corps doivent être influencés par son électricité. Deux corps électrisés différemment pourront donc paralyser mutuellement leur action en tout ou en partie, et par suite ne donner de signes d'électricité que lorsqu'ils cesseront d'étendre leur sphère d'activité à la même distance. Cet effet ne peut avoir lieu que quand un obstacle s'oppose à leur réunion; car, sans cela, la tendance au rétablissement de l'équilibre provoque le corps surchargé à se débarrasser de l'excès de ce fluide sur l'autre corps, ce qui s'opère par une communication insensible, ou bien par une décharge explosive le plus souvent accompagnée de lumière.

284 Les corps, par rapport à l'électricité, peuvent être rangés en deux classes, en bons et en mauvais conducteurs: on n'a découvert aucune propriété en rapport avec la faculté conductrice; mais l'expérience a appris que les métaux et la plupart des liquides, ainsi que la vapeur d'eau, les substances végétales et animales à l'état frais, et aussi la paille, le lin, sont de bons conducteurs, et qu'au contraire, les substances résineuses et vitreuses, les graisses, le soufre, la soie, les gaz secs sont de fort mauvais conducteurs. On appelle *bon conducteur* le corps qui transmet et

abandonne instantanément toute l'électricité surabondante dont il est surchargé ou qu'on lui fournit, et *mauvais conducteur* celui qui ne partage que peu-à-peu, et par petites portions, son état électrique avec les corps environnans; ces derniers sont ceux chez lesquels l'électricité se développe avec le plus d'énergie; aussi, les Anglais les appellent-ils indifféremment *corps électriques* ou *non conducteurs:* on s'en s'ert pour communiquer l'électricité et l'accumuler sur les autres corps au moyen d'*isoloirs*. En effet, si on entoure de toutes parts un corps conducteur avec des substances non conductrices, et qu'on lui communique de l'électricité, il sera forcé de la conserver jusqu'à ce qu'on lui présente un écoulement, ou bien jusqu'à ce que, surchargé trop abondamment, il se produise une explosion et une décharge de l'électricité accumulée, Un corps conducteur dans lequel l'électricité est ainsi retenue par les corps non conducteurs est dit *isolé*, et il doit être disposé de la sorte pour produire un effet; car, par sa faculté conductrice même, il transmettrait sur-le-champ toute l'électricité qu'on lui fournirait au *réservoir commun*, et un tel corps serait incapable de manifester le moindre effet. Le globe est ce qu'on appelle le réservoir commun.

Puisque l'électricité ne demeure dans les corpsconducteurs que parce que ceux qui ne le sont pas s'opposent à sa transmission, on doit s'attendre à la trouver en entier accumulée à leur surface; et en effet l'expérience a fait reconnaître que le centre d'un tel corps ne manifeste aucun effet. L'air est très mauvais conducteur lorsqu'il est sec, mais sa faculté conductrice augmente considérablement avec son humidité; c'est ce qui rend quelquefois les expériences électriques si difficiles. Au reste, les corps paraissent toujours s'opposer plus ou moins à la transmission du fluide électrique; car dans le vide il se répand avec la plus grande facilité et sous la forme d'une lumière blanche continue. On n'a pas encore pu déterminer sa vitesse de transmission; car, de même que celle de la lumière, elle est instantanée pour nos espaces terrestres.

SECTION II.

DES MOYENS DE PRODUIRE ET DE RECONNAÎTRE L'ÉLECTRICITÉ.

285. Lorsqu'en présentant le doigt à un corps on en tire des étincelles, on reconnaît qu'il est électrisé, mais ce procédé n'est point un moyen de mesure, il n'indique ni la nature ni la quantité de l'électricité: en outre, il n'est point sans danger dans le cas où la charge serait très forte et le corps bon conducteur. Aussi les physiciens ont-ils bientôt dirigé leur recherches vers la découverte d'instrumens à l'aide desquels on peut reconnaître la présence et la nature de l'électricité, et apprécier le degré de son énergie: tels sont les *électroscopes* ou les *électromètres*, tous fondés sur les propriétés attractives et répulsives des corps, en raison de la quantité de fluide électrique qu'ils renferment, tous composés de petits corps légers et mobiles; tantôt c'est simplement une ou deux balles de moelle de sureau suspendues à un fil de lin, et placées dans diverses positions sur différentes machines, ou bien sur un support isolant *fig.* 89; tantôt ce sont deux lames d'or ou de paille très minces, enfermée dans un flacon de verre, et communiquant à une tige métallique qui sort par le goulot *fig.* 91; tantôt enfin, comme dans l'électromètre de Haüy, c'est une tige métallique mobile sur un pivot. La balance de torsion de Coulomb, que nous avons décrite page 73, avec quelques légères modifications, devient aussi un électromètre; c'est même le plus susceptible d'exactitude; et on le nomme souvent *balance électrique*. Dans tous ces appareils, lorsqu'on approche les corps mobiles à l'état naturel, ou les fils conducteurs qui les soutiennent, d'un corps électrisé, on est averti de la présence de l'électricité, parce qu'ils sont attirés lorsque l'électromètre est composé d'un seul mobile, et s'écartent l'un de l'autre lorsqu'il y en a deux; ce dernier effet est produit par l'influence du corps électrisé, qui communique

aux deux mobiles un excès d'électricité du même genre, d'où il suit qu'ils doivent se repousser. On conçoit que l'effet produit par cette action doit être en raison de la force agissante; on pourra donc apprécier l'intensité de cette force en mesurant l'écartement des mobiles. Ces effets se manifestent, que le corps soit électrisé positivement ou négativement; mais, pour déterminer l'espèce d'électricité du corps qu'on soumet à l'expérience, il suffit d'examiner s'il attire ou s'il repousse un mobile auquel on a préalablement communiqué une espèce d'électricité connue.

286. Le développement d'électricité qu'on obtient en frottant un bâton de verre ou de résine est peu considérable; aussi y supplée-t-on toutes les fois qu'on désire des effets énergiques par les *machines électriques*. Il en est de plusieurs sortes; mais la plus en usage est celle représentée *fig.* 90; c'est un plateau de verre PP, de dimensions plus ou moins grandes, pressé entre quatre coussins de soie C rempli de crin, et accompagnés d'une enveloppe de taffetas verni TT; lorsqu'on tourne le plateau au moyen de la manivelle, il se développe une grande quantité d'électricité qui, en vertu de la propriété des pointes, est soutirée peu-à-peu; et va s'accumuler dans le corps conducteur H, auquel on donne telle forme et telle dimension que bon semble, mais dont on termine les extrémités par des boules, afin de mieux retenir le fluide. En faisant communiquer les coussins avec le réservoir commun, on possède ainsi une source constante et abondante d'électricité, au moyen de laquelle on peut faire une foule d'expériences curieuses.

287. Nous avons vu que les corps à l'état naturel sont attirés par un corps électrisé; mais ils présentent dans leurs effets une différence, selon qu'ils sont ou non conducteurs. Dans ce dernier cas, ils demeurent appliqués l'un à l'autre, et, au contraire, lorsqu'ils sont conducteurs, à cause de la décomposition et du partage de tout le fluide qu'ils contiennent, à peine le contact a-t-il lieu, qu'ils se repoussent; mais si, par un moyen quelconque, on enlève l'électricité d'un de ces corps, ils s'attireront de nouveau; c'est

sur ce principe que repose la constr uction de quelques appareils curieux et amusans, nommés *carillon*, *moulin*, *danse électrique*, appareils dans lesquels différens corps sont alternativement attirés ou repoussés, et par suite peuvent frapper un timbre à coups redoublés, tourner ou sauter en l'air.

288. Les effets de la machine électrique, déjà très puissans; peuvent encore être considérablement amplifiés par l'accumulation de l'électricité dans un corps. Lorsqu'on communique des électricités contraires aux deux surfaces d'un corps électrique, ou bien à deux corps conducteurs séparés par un non conducteur suffisamment mince, ces deux électricités ne peuvent se réunir ni se détruire par leur union, mais elles exercent l'une sur l'autre une puissante influence; on dit que le corps, dans cet état, est *chargé*, et on appelle *décharge* ou *commotion électrique*, la réunion de deux électricités, qu'on opère en faisant communiquer les deux surfaces ou les deux corps par le moyen du conducteur. On conçoit que cette décharge est d'autant plus forte que les corps sont plus électrisés, et que cette accumulation dépend de l'influence plus ou moins grande qu'ils exerçaient l'un sur l'autre, jusqu'à cette limite où la force de l'attraction électrique serait suffisante pour rompre l'obstacle qui s'opposait à la réunion des fluides. C'est sur ce principe que repose toute la théorie de l'*électricité accumulée*, et la construction des nombreux appareils au moyen desquels on parvient d'une part a apprécier les plus petites quantités en les ajoutant, et d'un autre côté à obtenir des décharges très énergiques.

289. L'*électrophore* et le *condensateur* sont les appareils à l'aide desquels on parvient à reconnaître la présence d'une très petite quantité d'électricité développée. Ces instrumens, auxquels on donne différentes formes, que l'on compose de diverses substances, sont essentiellement formés, ainsi que nous l'avons indiqué ci-dessus, de deux corps conducteurs, séparés par une substance non conductrice; quelquefois il n'y a qu'un corps conducteur placé sur la surface électrique. Lorsqu'on communique une légère quantité d'électricité au corps conducteur, il arrive

que le fluide de l'autre corps est décomposé par son influence de façon à paralyser son action; on peut donc ajouter de nouvelles quantités d'électricité qui agiront de même, et s'accumuleront successivement. On pourra alors, en faisant cesser l'influence du conducteur, apprécier cette électricité accumulée comme à l'ordinaire. En faisant communiquer le corps collecteur au réservoir commun, cette accumulation n'a d'autre limite que l'instant où la force d'attraction l'emporte sur la résistance de la substance conductrice, ou bien des corps isolans; auquel cas, il se fait une explosion et une combinaison des deux électricités.

Ceci nous fait comprendre sur-le-champ tous les appareils à l'aide desquels on accumule de grandes quantités d'électricité, et on obtient ainsi des effets remarquables par leur violence. En effet, tous ne sont autre chose qu'un condensateur de diverse forme, dont on fait communiquer un des plateaux avec le réservoir commun, et dont l'autre est aussi en contact avec une machine électrique en mouvement. La décomposition successive du fluide s'y opère, comme nous l'avons vu ci-dessus, et, avant que la résistance du corps isolant puisse être vaincue, les deux plateaux sont constitués en des états électriques très différens: tant qu'ils restent isolés, leur effet se paralyse mutuellement, et est insensible; mais si on établit la communication au moyen d'un corps conducteur, la combinaison a lieu sur-le-champ, et une violente commotion se fait sentir. Aussi, dans la pratique, n'opère-t-on ces décharges qu'avec le secours d'un *excitateur*, *fig*, 92, qui est un arc métallique conducteur de l'électricité pourvu de manches isolans.

290. Les machines les plus usitées, pour produire ces violentes déchanges sont les suivantes : le *carreau fulminant* qui est composé d'une plaque de verre, recouverte sur chaque face d'une feuille d'étain; la *bouteille de Leyde*, découverte par hasard par Musembrock, et qui conduisit à l'invention de tous les autres appareils. C'est un bocal de verre, *fig.* 93, recouvert à l'extérieur d'une lame d'étain, et rempli de feuilles d'or pour faire garniture inté-

rieure; une tige métallique, terminée par un bouton, plonge dans cette appareil, que l'on charge en tenant à la main la garniture extérieure, et en présentant le bouton de cuivre au conducteur d'une machine électrique; afin d'obtenir des effets encore plus énergique, on réunit plusieurs bouteilles au moyen de conducteurs communs; c'est ce qu'on appelle une *batterie électrique*, par les décharges de laquelle on peut brûler le fer, l'or, la plupart des métaux; tuer des animaux à de grandes distances, enfin produire un grand nombre de phénomènes très remarquables (1).

SECTION III.

DES PHÉNOMÈNES NATURELS DE L'ÉLECTRICITÉ.

291. Nous venons de voir les batteries électriques manifester une grande puissance, et produire des effets très violens; ces considérations vont nous conduire à la découverte des principaux phénomènes de l'électricité naturelle, et spécialement de la foudre et du tonnerre, qui sont de véritables décharges électriques.

---

(1) Tous les phénomènes électriques se passent comme s'il existait dans les corps un fluide particulier appelé *fluide naturel*, résultant de la combinaison de deux quantités égales d'électricité vitrée et d'électricité résineuse. Ces deux électricités ont la propriété de s'attirer mutuellement dans le rapport inverse du carré de la distance, mais les molécules de la même électricité sont dans un état continuel de répulsion, et cette répulsion se fait suivant la même loi que l'attraction. C'est ce principe qu'on peut démontrer au moyen de la balance de torsion de Coulomb qui, soumis au calcul, donne la disposition de l'électricité dans les corps.

Expliquons d'abord comment se font les répulsions et les attractions des corps électrisés. Le calcul indique, et on peut facilement le constater par l'expérience, que l'électricité libre ne peut point rester dans l'intérieur des corps, mais qu'elle se porte tout entière à leur surface, où elle forme une couche qu'on peut supposer plus ou moins dense et qui y est retenue par la pression de l'atmosphère. Sur une sphère la couche est également dense dans tous les points tant qu'il n'y a pas d'influence des corps extérieurs; mais, vient-on à placer à peu de distance l'une de l'autre deux sphères électricisées de la même manière,

Notre globe est un réservoir commun qu'on peut considérer comme une source immense d'électricité; nous ne serons donc point étonnés que, dans la multitude d'opérations de tous genres qui se passent à sa surface, une portion du fluide électrique devienne libre ou soit absorbée, d'où résultera une rupture d'équilibre. Nous connaissons déjà les propriétés des pointes; on doit penser par consé-

---

aussitôt leurs électricités se repousseront et iront se condenser dans les deux points les plus éloignés sur la droite qui passe par les centres; là elles détruiront en partie la pression atmosphérique, de manière que celle-ci, devenue prépondérante entre les deux sphères, les forcera à s'éloigner. Le contraire a lieu lorsque les deux sphères sont électrisées d'électricités différentes; car, dans ce cas, les deux électricités s'attirant viennent se condenser entre les deux corps, et un raisonnement semblable au précédent fait voir que la pression atmospherique doit les pousser l'un contre l'autre. Nous avons pris pour exemple deux corps sphériques afin de simplifier les raisonnemens, mais on n'aura point de peine à concevoir que tout ce que nous venons de dire s'applique également à des corps d'une forme quelconque.

Sur un ellipsoïde de révolution l'électricité ne forme pas une couche d'une épaisseur uniforme, elle se trouve accumulée aux extrémités du grand axe, et d'autant plus que celui-ci est plus grand par rapport au petit, tellement que, lorsque l'ellipsoïde est très long, l'électricité acquiert à ses extrémités assez de tension pour rompre l'enveloppe atmosphérique et s'échapper dans l'espace, c'est l'effet que produisent les pointes qu'on peut toujours assimiler aux extrémités d'un ellipsoïde très alongé.

Un corps électrisé décompose à distance le fluide naturel d'un autre corps conducteur qu'on lui présente; il en attire dans la partie qui lui est plus proche le fluide de nom contraire au sien, et repousse celui de même nom dans la partie la plus éloignée. Si le conducteur soumis à son influence n'est pas isolé toute l'électricité repoussée s'échappe dans le sol, et si, après cela, on interrompt la communication, le corps se trouvera contenir une certaine quantité de fluide libre.

L'étincelle qui se produit lorsqu'on approche un corps conducteur d'un corps électrisé est une conséquence de cette décomposition d'électricité par influence; en effet l'électricité du corps primitivement électrisé et celle que celui-ci a développée dans le conducteur font un effort pour se réunir, et cet effort augmente à mesure que les deux corps s'approchent; il arrive donc un moment où la couche d'air interposé n'offre plus assez de résistance pour s'opposer à cette tension, et les deux électricités se précipitent l'une sur l'autre en produisant de la lumière et un bruit plus ou moins fort.

Dans les machines électriques ordinaires le corps frotté, qui est le verre, prend l'électricité vitrée, tandis que la résineuse passe dans les frottoirs ou coussins, d'où elle s'échappe dans le sol; et il faut bien faire attention que la communication avec celui-ci soit établie. Le verre élec-

quent que c'est particulièrement par les éminences qui hérissent la surface du globe, par les pointes déliées des arbres, que s'opère le dégagement et l'absorption du fluide électrique dans l'atmosphère ; c'est au reste ce que confirme l'expérience; puisque nous voyons les orages n'être nulle part aussi fréquens que dans les pays entrecoupés de montagnes et de forêts, et la foudre tomber ordinairement sur les objets élevés, et surtout sur ces arbres qui menaçent les nuages de leurs flèches (1).

292. Puisque les pointes ont aussi bien la propriété de soutirer que de dégager le fluide surabondant (2), il en résulte qu'elles tendent perpétuellement à rétablir l'équilibre par des actions lentes et insensibles ; mais elles ne peuvent point agir ainsi dans toutes les circonstances. En effet,

---

trisé agit par influence sur le conducteur, en sépare les deux électricités ; la vitrée est repoussée, mais la résineuse se précipite par les pointes pour venir neutraliser celle du verre, ce qui fait que la vitrée du conducteur reste libre. Il faut donc voir dans une machine une décomposition et une recomposition continuelle d'électricité.

L'électrophore est un appareil dont l'usage est fort différent de celui du condensateur avec lequel il faut se garder de le confondre. C'est une véritable machine électrique qui, une fois chargée, fournit plus ou moins long-temps de l'électricité. Il se compose d'un gâteau de resine qu'on électrise en le frottant avec un morceau de flanelle ou avec une peau de chat; sur ce gâteau ainsi électrisé, on place un plateau conducteur d'un diamètre un peu moindre et muni d'un manche isolant. L'électricité de la résine décompose le fluide naturel du plateau, en attire la partie vitrée et repousse la partie résineuse : en touchant le plateau on enlève cette dernière, et, le prenant ensuite par le manche isolant, on peut en tirer une étincelle de l'électricité positive qui y était restée. Z.

(1) Est-ce la forme des montagnes qui détermine la production des orages? Elle y contribue peut-être pour quelque chose, mais la cause principale parait être la condensation qu'éprouvent les vapeurs entraînées par les courans ascendans lorsqu'elles viennent frapper les cimes qui, comme nous l'avons dit, sont toujours froides. Z.

(2) Ce double pouvoir attribué aux pointes de soutirer et de dégager l'électricité est une espèce de contradiction que M. Pouillet a signalée dans ses cours publics; cependant, comme c'est à l'aide de cette double propriété qu'on a jusqu'ici expliqué les phénomènes, nous nous bornerons à cette simple remarque, et nous engageons ceux de nos lecteurs qui voudraient approfondir cette théorie, à consulter l'ouvrage de l'illustre professeur. T. R.

si nous supposons qu'une portion de fluide, par une cause quelconque, est mise en liberté, elle aura aussitôt une tendance à se répandre, et, favorisée par l'action des pointes, elle se répandra dans l'atmosphère; là elle pourra suivre les courans de vapeur d'eau, qui sont meilleurs conducteurs que l'air, et, par suite, s'accumuler dans les nuages, comme nous avons vu l'électricité s'accumuler dans un corps conducteur isolé; on doit aussi penser qu'une portion de l'electricité de l'atmosphère est produite par l'évaporation de l'eau (1) et la condensation et la raré-

---

(1) L'électricité de l'atmosphère n'est point produite par l'évaporation de l'eau, comme on l'avait cru long-temps. Voici, au surplus, quelques observations qui serviront à compléter ce que dit l'auteur sur l'électricité atmosphérique.

Les nuages orageux sont électrisés, les uns positivement, les autres négativement. Ces électricités se recomposent et se détruisent l'une l'autre, et l'*éclair* n'est autre chose que cette recomposition. Il se reproduit donc, dans le cours d'une année, dans l'atmosphère, autant d'électricité qu'il s'en détruit par les orages et les autres phénomènes électriques Quelle peut être l'origine de cette prodigieuse quantité d'électricité? Volta pensait que les corps prennent de l'électricité en changeant d'état, et que la vapeur d'eau qui s'élève sans cesse sur les continens et les mers doit être électrisée par le fait seul de son passage à l'état de fluide élastique. Des expériences faites par M. Pouillet, avec le soin et le talent qu'on lui connaît, n'ont point confirmé cette hypothèse de Volta; elles l'ont conduit, au contraire, à penser que ce n'est jamais le changement d'état des corps qui dégage de l'électricité, mais qu'il faut attribuer ce dégagement à une action chimique qui s'exerçait dans les expériences faites avant lui, entre les élémens des corps et les vases qui les contenaient.

Sans entrer dans le détail des expériences de M. Pouillet, nous donnerons, d'après lui, les résultats auxquels il a été conduit.

Les gaz dégagent de l'électricité lorsqu'ils se combinent, soit entre eux, soit avec les corps solides ou liquides. Dans ces combinaisons l'oxigène dégage toujours l'électricité positive, et le corps combustible, quel qu'il soit, l'électricité négative; réciproquement, quand une combinaison se défait, chacun des élémens, manquant alors de l'électricité qu'il avait dégagée, se trouve dans un état électrique opposé. Or, les diverses parties des plantes agissent sur l'air atmosphérique; tantôt elles forment aux dépens de l'oxigène une assez grande quantité d'acide carbonique qui se dégage insensiblement, et tantôt elles exhalent de l'oxigène pur, provenant de quelque combinaison qui s'opère dans l'intérieur de la plante. Mais tout l'acide carbonique est électrisé vitreusement au moyen de sa formation; il en résulte que les plantes doivent produire dans l'air, par l'expiration de cet acide, une quantité

faction des vapeurs, phénomènes dans lesquels on rencontre une foule de circonstances qui tendent à prouver l'identité du fluide de la chaleur et de celui de l'électricité. Quoi qu'il en soit, si la quantité du fluide dont un nuage est chargé continue à augmenter, s'il approche suffisamment d'un lieu du globe ou d'un autre nuage électrisé contrairement, il arrivera un instant ou une décharge aura lieu. On peut alors comparer tous les effets qui se manifesteront à ce qui se passe dans les décharges électriques de nos machines, où il y a production de lumière, de bruit, combustion, etc. Il faudra seulement amplifier les résultats, à cause de l'énergie de la cause qui les produit. De cette manière, on peut facilement expliquer la formation des orages, l'éclair, le tonnerre, la production de la grêle, et la plupart des effets si singuliers, si bizarres même de la foudre; il en est de même du choc en retour ou de la foudre ascendante, qui est due au rétablissement instantané de l'équilibre dans un corps (1) (2).

---

d'électricité vitrée plus ou moins considérable. L'action des végétaux sur l'oxigène de l'air est donc une des causes les plus puissantes de l'électricité atmosphérique; et si l'on considère qu'un gramme de charbon pur, en passant à l'état d'acide carbonique, dégage assez d'électricité pour charger une bouteille de Leyde, et, d'une autre part que le charbon qui est engagé dans la constitution des végétaux ne donne pas moins d'électricité que le charbon qui brûle librement, on peut conclure, dit M. Pouillet, que, sur une surface de végétation de cent mètres carrés, il se produit en un jour plus d'électricité qu'il n'en faudrait pour charger la plus forte batterie électrique. T. R.

(1) Lors même qu'on est fort loin du lieu où la foudre éclate, on peut être gravement blessé ou même tué par suite de l'explosion. Qu'un homme en effet se trouve placé verticalement sous l'une des extrémités d'un long nuage électrisé vitreusement et dans sa phère d'activité, le fluide vitré étant refoulé dans la terre par l'action répulsive de l'électricité du nuage, cet homme sera électrisé résineusement. Qu'une cause quelconque détermine alors la nuée totale à se décharger sur la terre par son extrémité, à l'instant même le fluide vitré, ne se trouvant plus repoussé, reviendra du sol dans le corps de l'homme avec une rapidité et une abondance d'autant plus grande que l'énergie électrique du nuage avant l'explosion était elle-même plus considérable. Ces mouvemens subits du fluide électrique, dirigés de bas en haut, ont été appelés des chocs en retour. (*Annales de Physique.*) T. R.

(2) Toutes ces questions paraissent très simples au premier abord;

293. C'est sur la propriété des pointes de soutirer l'électricité (1), et sur la tendance qu'elle a de suivre les corps conducteurs, que Franklin a conçu l'idée des *paratonnerres*; ils sont en effet composés d'une tige métallique plus ou moins haute, qu'on place sur les lieux les plus élevés, et qui communique au réservoir commun par le moyen d'une chaîne de métal ou bien d'une corde de fils de fer ou de fils de laiton. Les *pa-*

---

mais on est fort étonné d'y rencontrer des difficultés presque insurmontables lorsqu'on les soumet à un examen plus approfondi. Quelle est la cause de ce bruit épouvantable que nous appelons *tonnerre*? Après une discussion bien exacte il faut se résigner à avouer qu'on n'en sait rien. On suppose que la foudre en traversant l'air en ébranle fortement les molécules; on ajoute qu'elle laisse derrière elle un vide dans lequel l'air, en se précipitant, produit le bruit. Mais il est extrêmement probable que l'électricité n'éprouve jamais de translation, dès-lors toutes ces suppositions, qu'il serait d'ailleurs facile de réfuter, même dans la supposition de la translation, n'ont aucune valeur. Quoi qu'il en soit, le bruit paraît provenir de l'ébranlement des molécules d'air, et est d'autant plus fort que la masse de ces molécules ébranlées en même temps est plus grande. cela peut nous servir à expliquer ce roulement si remarquable du tonnerre; en effet, la forme du nuage peut être très irrégulière; tantôt enflée, tantôt extrêmement amincie; l'intensité du bruit produit dans les différentes parties pourra donc être très différente, et, comme d'ailleurs le mouvement du son n'est pas très rapide, ces bruits parviendront à l'oreille successivement dans l'ordre des distances.

La théorie de la formation de la grêle proposée par Volta, toute ingénieuse qu'elle est, ne soutient pas une discussion rigoureuse. Elle est sans doute *vraie* en ce sens que l'électricité y est pour beaucoup; mais, comme c'est tout ce que nous pouvons affirmer, il faut regarder le problême comme non résolu.

La foudre ascendante ne doit pas être confondue avec le choc en retour. Plusieurs expériences fort curieuses font voir que l'étincelle électrique *semble* marcher du côté positif ou négatif; or, comme les nuages sont le plus souvent positifs, on suppose que la foudre tombe du nuage sur la terre. Si le nuage était négatif il faudrait admettre le contraire et la foudre serait ascendante. Du reste, nous le répétons, ce mouvement de l'électricité est une pure supposition, il paraît qu'il y a transmission d'action, mais non mouvement de matière. Z.

(1) Ainsi que nous l'avons remarqué, les pointes ne soutirent point l'électricité; au contraire, elles laissent échapper celle de nature à se combiner avec celle du nuage orageux, et servent ainsi à rétablir l'équilibre des deux fluides. T. R.

ragrêles (1) inventés récemment par M. Lapostolle, ne sont autre chose que des paratonnerres, mais plus simples et moins dispendieux dans leur construction; ce sont de longues perches, que l'on implante dans le sol, et qui sont terminées par de petites pointes métalliques; celles-ci communiquent au réservoir commun par un fil de laiton et par une enveloppe de paille qui garnit toute la perche. Ces appareils diminuent l'intensité de l'électricité accumulée, en la soutirant petit à petit, et ont de plus l'avantage, en présentant au fluide un écoulement facile, de préserver les corps environnans, dans le plus grand nombre de cas, lorsqu'une décharge a lieu.

294. Toutes les fois que l'électricité passe d'un corps dans un autre, subitement et à distance, c'est par étincelle ou explosion, et par conséquent avec dégagement de lumière (2). L'éclat de cette lumière et la force du bruit qui accompagnent l'explosion dépendent de la quantité de fluide. La couleur de cette lumière est le plus ordinairement légèrement violâtre, mais elle change selon les milieux que le fluide traverse; elle se produit également dans l'eau. Lorsque la communication de l'électricité se fait par le moyen de corps plus ou moins bons conducteurs, il ne se manifeste que de très petites étincelles, et le fluide paraît passer par un jet continu : nous avons déjà dit que, dans le vide, ce jet est lumineux et préparé de certaine façon; il produit ce qu'on appelle des *aigrettes lumineuses*. On en voit aussi quelquefois à l'extrémité des pointes, quand le dégagement de l'électricité est très considérable.

---

(1) Les meilleurs paragrêles sont sans contredit les assurances mutuelles, et les Sociétés d'agriculture acquerront des droits à la reconnaissance publique, lorsqu'elles favoriseront d'aussi utiles établissemens. (*Annales de Physique.*) T. R.

(2) Les physiciens anglais reconnaissent généralement que les étincelles qu'on tire d'un corps électrisé positivement ou négativement ne sont pas semblables; observation importante par laquelle ils appuient le système de Franklin. Voyez *Treatise on electrisity* by Cavallo, et ses *Elements of natuual philosophy*, 3e vol.

295. Lorsque l'électricité se dégage en abondance, on sent une odeur assez semblable à celle du phosphore; reçue sur la langue, elle cause la sensation d'un goût particulier; communiquée à une partie quelconque de notre corps, elle produit un frémissement plus ou moins désagréable, en raison de la force de la décharge et de la sensibilité de la personne. Lorsque cette décharge est considérable, elle produit dans les organes une secousse violente et très pénible; elle peut même sur-le-champ frapper de mort les animaux et les végétaux.

296. L'électricité paraît jouer un très grand rôle dans la plupart des phénomènes naturels, particulièrement chez les êtres organisés; mais nous sommes forcés d'avouer que nos connaissances à cet égard sont fort peu avancées. Du moins son action sur la plupart des corps est incontestable; ainsi l'eau, soumise à des décharges répétées, dégage de l'hydrogène et de l'oxigène, ce qui indique qu'elle est décomposée en partie: une autre expérience prouve que l'électricité place les molécules de l'eau, probablement de tous les corps, dans un état répulsif extraordinaire; en effet, dans un vase duquel l'eau ne s'échappait par des orifices capillaires que goutte à goutte, on la voit s'élancer en jets divergens. On sait que l'électricité active la végétation, augmente la transpiration des animaux, l'évaporation des fruits, des feuilles, en général de tous les corps. Les décharges électriques changent aussi la couleur de certaines fleurs délicates, et produisent une multitude de combinaisons et de décompositions chimiques; une très petite étincelle suffit pour enflammer plusieurs substances inflammables; une commotion peut détruire la propriété magnétique d'un aimant, ou l'augmenter, ou bien renverser ses pôles; enfin, ce fluide présente une multitude d'autres phénomènes qu'on n'est point encore parvenu à soumettre à l'analyse, et qu'il serait trop long de mentionner.

297. Nous avons annoncé que, dans certains corps, la chaleur développe la propriété électrique; nos connaissances à cet égard sont aussi fort bornées; mais on sait que, dans plusieurs substances minérales, et surtout dans

la tourmaline, on produit ainsi des pôles d'attraction et de répulsion, qui se conduisent, par rapport aux corps électrisés, absolument de même que les aimans par rapport aux corps magnétiques.

298. Enfin, on connaît quatre poissons qui ont la propriété de produire à volonté des commotions électriques très violentes : ce sont la torpille, espèce de raie, le gymnote électrique ou anguille de Surinam, le silure et le tétraordon électriques. On voit bien que les organes qui développent le fluide sont composés de cellules remplies de matières gélatineuses, et on pense que c'est par une réaction des parties musculeuses sur les parties gélatineuses que cette production s'opère; mais on ignore, à vrai dire, ce qu'il en est, et comment cette réaction est mise en jeu.

SECTION IV.

DE L'ÉLECTRICITÉ PAR CONTACT, OU DU GALVANISME.

299. Nous avons déjà annoncé que le contact de certaines substances développait une électricité très puissante; en effet, c'est un des moyens d'isolement du fluide électrique des plus énergiques, et par conséquent tous les phénomènes qui sont le résultat de cet isolement doivent s'y manifester avec la même intensité. Il paraît que, dans certaines circonstances, tous les corps mis en contact deux à deux, et, pour quelques-uns, les fragmens d'un même corps, dans des positions différentes, sont susceptibles de développer de l'électricité, et dès-lors on conçoit combien ces effets doivent se rencontrer fréquemment, combien aussi ils doivent avoir d'influence dans la production des nombreux phénomènes naturels. Mais, en nous bornant à ce qu'il y a de positif dans cette partie de la science, nous devons faire connaître quelles substances agissent avec le plus d'énergie et dans quelles conditions; nous indiquerons ensuite les principaux résultats de cette action.

300. Galvani fut le premier physicien qui remarqua le développement de l'électricité par le contact de deux sub-

stances; en préparant des grenouilles, les ayant par hasard touchées avec du fer et du laiton, il fut frappé de violentes contractions qui se manifestèrent dans leurs muscles, et des convulsions qui agitèrent leurs membres. Entre les mains de ce savant habile, cette observation ne demeura point stérile, et, en variant les expériences, il reconnut que ces effets étaient dûs au contact de deux métaux, et se reproduisaient aussi lorsqu'on faisait communiquer un nerf et un muscle, d'où il conclut l'existence d'une électricité particulière, qu'il appela *animale*, et qu'il supposait circuler lorsque des substances hétérogènes étaient mises en communication. Les physiciens, adoptant généralement ses idées, furent conduits à admettre un nouveau fluide, qu'ils nommèrent *galvanique*, du nom de celui qui en avait le premier découvert les effets. Mais bientôt l'analyse plus exacte des phénomènes démontra l'identité complète de l'électricité et du galvanisme. Le célèbre Volta remarqua d'abord que les convulsions produites dans les membres des grenouilles, et en général de tous les animaux, n'étaient manifestes que lorsqu'on mettait en communication les nerfs et les muscles, au moyen de deux métaux, de même qu'en appliquant sur chaque surface de la langue une plaque d'un métal différent, à l'instant du contact des deux plaques, on ressent une saveur particulière, et on aperçoit dans les yeux une légère étincelle. Ces remarques le conduisirent à penser que les convulsions de la grenouille et tous les phénomènes galvaniques étaient dûs à ce que les deux métaux et en général deux substances hétérogènes prennent des états électriques différens, lorsqu'on les met en contact immédiat; il en conclut aussi que la grenouille, et en général le corps conducteur interposé entre les deux substances, servait à établir la communication entre elles, ce qui l'amena à la découverte de l'instrument si remarquable qu'on appelle *pile de Volta*, *pile galvanique*.

301. Le physicien que nous venons de citer, en essayant l'application de diverses substances, reconnut que le meilleur excitateur était le zinc mis en contact avec le cuivre ou l'argent, et en communication par un liquide,

et surtout un liquide acidulé; en conséquence, la pile qui eût d'abord la forme d'une colonne, *fig.* 94, composée de disques de cuivre et de zinc soudés ou mis en contact, chacun de ces couples étant séparé par des rondelles de drap humide; qui fut ensuite composée de plaques de diverses formes et de diverses dimensions, renfermant également zinc et cuivre soudés ensemble, et plongeant dans une auge remplie d'un liquide acidulé, que l'on construit ordinairement aujourd'hui comme le représente la *fig.* 95, est toujours essentiellement formée de zinc et de cuivre mis en contact intime, dans la vue de produire un développement d'électricité. Un appareil composé d'une paire de plaques fournit une quantité d'électricité insensible, et qu'on ne peut rendre appréciable qu'au moyen du condensateur; mais, en réunissant plusieurs paires au moyen d'un bon conducteur, comme un liquide acidulé, en leur donnant d'assez grandes dimensions, enfin, en faisant communiquer un des élémens avec le sol, cet instrument agit avec une énergie remarquable. On sait que la quantité d'électricité développée, toutes choses égales d'ailleurs, c'est-à-dire le contact et la communication étant aussi parfaits que possible, est en raison de la quantité et de la surface (1) des plaques (2).

302. Lorsqu'un appareil de ce genre est isolé, il ne peut puiser le fluide, qui prend deux états différens, que sur lui-même; il en résulte donc que la plaque centrale ne manifestera aucune tension électrique, et que celle des autres augmentera à mesure qu'elles s'éloigneront du centre, mais autant positive d'un côté et négative de l'autre. Si, au contraire, l'instrument communique avec le réservoir commun, c'est lui qui fournira le fluide décomposé, et alors la tension électrique augmentera continuellement

---

(1) La tension électrique dans les piles ne dépend que du nombre et non de la surface des plaques. T. R.

(2) M. Mollet, de Lyon, annonçait dernièrement qu'on obtient des effets très énergiques avec un appareil composé d'un très petit nombre de pièces de cinq centimes et de disques de zinc semblables : il était parvenu, avec cette pile modeste, à décomposer l'eau.

dans chaque plaque, à partir de celle qui est unie au sol; dans ce cas, l'électricité qu'on obtient est ordinairement(1); positive lorsque c'est le cuivre qui communique avec le réservoir commun, et négative lorsque c'est le zinc (2).

---

(1) C'est *constamment* qu'il fallait dire et non *ordinairement* : il ne peut en être d'autre manière. T. R.

(2) Nous croyons nécessaire de donner plus de développement à la description de cet appareil qui est si utile au physicien et au chimiste.

Volta découvrit, au moyen de son électromètre condensateur, 1° que deux plaques, l'une de zinc et l'autre de cuivre, qui se touchent, prennent deux quantités égales d'électricité : la première prend toujours l'électricité vitrée et la seconde toujours l'électricité résineuse; 2° que, quand l'une de ces plaques, par exemple, celle de cuivre, est en communication avec le sol, sa tension devient o, et celle de l'autre double de ce qu'elle était dans le premier cas. D'après cela, on peut dire qu'en ayant égard aux signes dont on affecte ordinairement les électricités de noms différens, leur différence dans les deux plaques est une quantité constante qu'on pourra désigner par E; 3° il trouva en outre qu'il existe des corps bons conducteurs de l'électricité, mais qui ne sont pas électromoteurs, c'est-à-dire qui n'ont pas la faculté de développer une quantité sensible d'électricité lorsqu'on les met en contact avec d'autres; telle est, par exemple, une rondelle de papier ou de drap imbibée d'eau, ou mieux, d'une dissolution saline. C'est en partant de ces principes que le célèbre physicien parvint à construire sa pile.

Soit $c\,z$, *fig.* 12, un couple formé de deux rondelles égales de cuivre et de zinc, et supposons d'abord le cuivre en communication avec le sol; d'après ce que nous avons dit plus haut il sera à l'état naturel, tandis que le zinc possédera $+$ E. Sur ce couple mettons une rondelle mouillée, et sur celle-ci un second couple $c'\,z'$; si ce dernier n'était pas électromoteur il prendrait aussi la tension $+$ E'; car il est en communication avec le zinc du premier couple; mais, à cause de la force électromotrice seulement, le cuivre sera $+$ E, le zinc aura un E de plus, c'est-à-dire $+ 2$ E. En étendant ce raisonnement à un nombre quelconque de couples superposés et séparés les uns des autres par des rondelles mouillées comme les deux premiers, il sera facile de voir que le n.me cuivre contiendra $+ (n - 1)$ E et le n.me zinc $+ n$ E: ainsi donc la pile ne contient que de l'électricité positive, toute la négative a passé dans le sol. La pile serait toute chargée d'électricité négative, si, au lieu de commencer par le cuivre, elle commençait par le zinc. La dernière plaque de la pile est ce qu'on appelle son pôle. Si on double l'étendue des plaques on double aussi la quantité d'électricité; mais la tension ne change pas, car sur l'unité de surface il y a encore la même quantité l'électricité.

Supposons maintenant la pile placée sur un isolateur, alors rien ne pourra s'échapper dans le sol et sa charge se composera de quantités égales de fluide positif et de fluide négatif, la somme de ces fluides de-

303. L'indentité de l'instrument que nous venons de décrire avec les machines électriques, mais avec ces machines, si elles pouvaient continuellement réparer leurs pertes, fournir par conséquent un courant continu au lieu

---

vra être égale à zéro; d'après cela, il sera facile de déterminer la disposition de l'électricité dans les déffèrens élémens.

Désignons par x E la quantité d'électricité contenue dans le premier cuivre $(x+1)$ E sera celle du zinc correspondant; le second cuivre devra contenir encore $(x+1)$ E et le zinc correspondant $(x+2)$ E, et ainsi de suite. On trouvera de cette manière que la charge est exprimée par

$$x\,E + 2(x+1)E + 2(x+2)E +, \text{etc.}, = 0.$$

Pour donner un exemple, supposons le nombre des couples égal à quatre, nous aurons l'équation

$$x\,E + 2(x+1)E + 2(x+2)E + 2(x+3)E + (x+4)E = 0$$

qui se réduit à

$$8\,x\,E + 16\,E = 0 \text{ d'où } x = -2\,E'$$

d'où on déduit la disposition suivante de l'électricité dans les élémens,

$$-2\,E, -E, -E, 0, 0, +E, +E, +2\,E;$$

ainsi donc une moitié, celle qui commence par le cuivre, est toute négative, et l'autre, celle qui commence par le zinc, est toute positive; le milieu est à l'état naturel; c'est tout comme si on avait réuni par leurs extrémités deux piles non isolées montées en sens inverse.

Aujourd'hui on ne fait plus usage de piles montées comme nous venons de le dire; le célèbre physicien Wollaston leur a donné une disposition particulière très commode qui a été généralement adoptée. Dans une feuille de cuivre c ployée comme la *fig.* 14 le montre, se trouve une lame z de zinc qui en est séparée par des corps non conducteurs; le zinc est soudé à une feuille de cuivre c' semblable à la première dans laquelle se trouve un second zinc z', et ainsi de suite. Chaque lame de cuivre, avec le zinc qu'elle contient, plonge dans un vase de verre contenant de l'eau aiguisée d'un acide fort, par exemple d'un mélange d'acide sulfurique et d'acide nitrique. Il est facile de reconnaître les couples de Volta dans les assemblages de lames de zinc soudées à des lames de cuivre, on n'a réellement fait autre chose que changer leur forme de manière à ce qu'on puisse employer un liquide conducteur sans qu'on ait besoin d'avoir recours aux rondelles de drap. Le premier cuivre ne sert qu'à recevoir l'électricité qui vient du zinc qu'il enveloppe; il est donc positif. Cette pile est, toutes circonstances égales d'ailleurs, beaucoup plus forte que celle de Volta. Son énergie est d'autant plus grande que le liquide conducteur est plus acide, ce qui porte à croire qu'il ne fait pas simplement l'office de conducteur, mais qu'il contribue puissamment au développement d'électricité par son action chimique sur les métaux dont sont formés les couples; cette action est en effet très considérable, l'eau se trouve décomposée et le zinc rapidement dissous. Cette pile a en outre l'avan-

de décharges successives, est rigoureusement démontrée, puisqu'on peut y charger des bouteilles de Leyde, reconnaître son action sur les électroscopes, voir que la pile agit sur les électromètres précédemment électrisés, comme le serait un bâton de résine ou de verre. Les effets de commotion, de combustion qu'elle présente sont aussi à-peu-près semblables; mais, dans la décomposition des corps, elle agit avec une puissance incomparablement plus considérable. C'est avec son recours que les chimistes modernes ont obtenu des résultats de la plus haute importance; ils ont décomposé l'eau, les oxides, les acides, enfin les alcalis et certaines bases qu'on avait jusqu'alors considérées comme des corps simples. Dans tous ces phénomènes, il paraît que l'action de la pile consiste à décomposer le fluide naturel contenu dans les corps, et à l'isoler chacun des élémens constituans; il arrive alors que les élémens électrisés de la sorte positivement s'accumulent au pôle négatif de la pile, et ceux électrisés négativement, au pole positif. Il est remarquable que l'oxigène, qui est le corps le plus universellement repandu dans la nature, manifeste toujours un état électrique *négatif*. Il est aussi bien remarquable que ces décompositions peuvent avoir lieu lorsque les fils qui amènent l'électricité des pôles de la pile ne se rendent pas dans le même vase; ainsi, dans la décomposition de l'eau, on peut obtenir l'oxigène dans un vase, et l'hydrogène dans un autre, en sorte qu'on est forcé d'admettre que l'un ou l'autre de ces corps a été transporté d'un vase dans l'autre par l'action de la pile. C'est un phénomène des plus importans, mais qu'il est bien difficile d'expliquer dans l'état actuel des choses.

304. Les expériences des physiciens ont conduit à attribuer au galvanisme un très grand nombre de phénomènes présentés par les corps vivans ou organiques; mais

---

tage très considérable de pouvoir être mise en action et arrêtée à volonté dans un instant.

Dans les derniers temps on a construit des piles dont les élémens ont une grandeur gigantesque: pour qu'elles soient plus maniables, on a imaginé d'en contourner en spirale les parties *c z*, *fig.* 14. Z.

aucun lieu ne les unit; ils ne s'offrent jusqu'à présent que comme des hypothèses plus ou moins ingénieuses; nous devons donc nous abstenir de les mentionner.

SECTION V.

DES COURANS ÉLECTRIQUES, OU DES PHÉNOMÈNES ÉLECTRO-MAGNÉTIQUES.

305. Nous venons de voir que la pile voltaïque est une source constante d'électricité, et que, par là, elle exerce une grande influence sur les corps; dans cette section, nous allons examiner ce qui se passe lorsqu'on réunit ses deux pôles au moyen d'un fil conducteur : on conçoit en effet que, dans ce cas, il ne doit point y avoir destruction d'électricité, mais production d'un *courant*, puisque la source du fluide est permanente; ce fluide doit donc circuler sans cesse d'un pôle à l'autre; et, quant à ses effets, on peut considérer ce courant comme double, l'un s'établissant du pôle positif au pôle négatif, et l'autre, en sens contraire, du pôle négatif au pôle positif.

On savait déjà que, dans ces circonstances, l'action électromotrice de la pile ne cessait point; ainsi, malgré que la tension électrique ne se manifeste plus alors à l'électromètre et au condensateur, on savait que les décompositions chimiques pouvaient encore se produire. M. Davy avait surtout fait connaître cet important phénomène d'incandescence, de chaleur et de lumière, produit dans le vide, lorsqu'on place les deux fils conducteurs des pôles de la pile à peu de distance, ou qu'on établit le circuit au moyen d'un charbon; ce corps brille alors de la lumière la plus vive; il en émane une chaleur intense, et cependant aucune combustion n'a lieu, aucun atome de ce corps n'est consumé: nous avons déjà fait remarquer combien cette expérience avait d'importance, puisqu'elle peut totalement changer la manière d'envisager les phénomènes chimiques, et conduire à la découverte de la cause de la chaleur et de la lumière. Mais, quoi qu'il en soit, ces observations ne conduisaient à aucun résultat, lorsque M.

Oersted reconnut que le courant électrique agissait sur l'aiguille aimantée. Dès lors, cette partie de la science devint le but des recherches d'un grand nombre de physiciens, et, grâce aux beaux travaux de MM. Ampère et Arago, changea totalement de face par la démonstration de l'identité du magnétisme et de l'électricité.

306. M. Ampère reconnut d'abord que les courans électriques se comportent exactement de même que des aimans, c'est-à-dire s'attirent ou se repoussent réciproquement, selon qu'ils ont lieu dans le même sens ou en sens opposé; c'est-à-dire qu'ils donnent lieu à des pôles différens; c'est-à-dire enfin qu'on peut les toucher sans leur faire perdre aucune de leurs propriétés, ce qui distingue le conducteur des courans des conducteurs électriques ordinaires. Le conducteur mobile, qui avait fait reconnaître à M. Ampère l'attraction et la répulsion des courans, lui fit voir que le globe, qui dirige les aimans dans un certain sens, qui, sous ce rapport, agit comme M. Oersted avait démontré qu'agissait le fil conducteur, manifeste une action semblable sur les courans électriques. D'un autre côté, M. Arago montra que le fil conducteur des courans attire la limaille de fer, d'acier, de nickel, de cobalt, tous corps auxquels on a reconnu la propriété magnétique, mais n'attire pas les autres corps légers absolument comme le ferait un aimant. Enfin, il parvint à aimanter des barreaux d'acier en les soumettant aux courans d'un conducteur contourné en spirale, et même au moyen des décharges successives de la machine électrique ou d'une bouteille de Leyde; en sorte qu'on peut dire que, par les expériences de ces savans, l'identité du magnétisme et de l'électricité est un des points de physique les mieux démontrés. Il nous reste à exposer comment on peut concevoir la production des phénomènes de ce genre.

307. Il résulte de ce que nous venons d'exposer que l'aimant, tous les corps magnétiques, et le globe lui-même, doivent être considérés comme des corps où règnent des courans électriques. On se rendra facilement compte des phénomènes, en supposant que, dans tous les corps électriques ou magnétiques, en vertu de la décomposition du

fluide, il s'établit des courans autour de chacune des molécules constituantes, mais que ces courans ont lieu tantôt régulièrement, tantôt irrégulièrement. Dans les corps où ils ont lieu irrégulièrement, et ce sont les corps électrisés ordinaires, il pourra y avoir des phénomènes d'accumulation et de décharge du fluide ; dans ceux où les courans s'établissent d'une manière uniforme, et ce sont les corps magnétiques, les phénomènes que nous venons d'exposer se manifesteront : l'action de ces corps est la résultante de la combinaison de toutes les actions partielles des particules; ce que M. Ampère a prouvé, par le calcul, devoir exister nécessairement dans cette supposition : dès-lors, on conçoit comment ces actions, qu'on peut considérer comme s'exécutant dans deux sens différens, produisent deux pôles où chacune de ces actions est à son maximum.

308. Lorsqu'un courant électrique est établi, soit dans un fil conducteur, soit dans un aimant, ou bien lorsqu'on laisse agir celui du globe, si on y soumet un corps magnétique, c'est-à-dire un corps dans lequel des courans analogues peuvent s'établir, il arrivera que le courant tendra à diriger ce corps de façon à ce que la circulation ait lieu dans le même sens. Il attirera par conséquent le corps doué du même courant, et le dirigera parallèlement à lui ; il repoussera le corps doué du courant contraire, et lui fera faire une demi-révolution, s'il est mobile sur un axe. Ces phénomènes sont produits à chaque instant dans les fils conducteurs et dans les aimans de toute sorte. On reconnaît en effet que les courans s'y établissent constamment perpendiculairement à l'axe. Ainsi, autour du globe terrestre les courans ont lieu de l'est à l'ouest, et l'observateur, étant supposé placé dans cette direction, ayant le dos tourné vers l'axe de la terre, a le pôle austral à sa droite et le pôle boréal à sa gauche ; de même, dans un aimant de forme quelconque, l'observateur ayant la même position relativement à l'axe, les courans se feront dans le même sens, et il aura également le pôle austral à sa droite et le boréal à sa gauche; enfin, dans les fils conducteurs, un des courans s'établit aussi à sa droite et l'autre

à sa gauche. C'est en ramenant à ces positions les actions diverses des aimans qu'on retrouve l'accord le plus parfait entre la théorie et les phénomènes d'attraction et de répulsion magnétiques, et qu'on reconnait que les courans de même sorte se dirigent constamment dans le même sens. On conçoit alors pourquoi une aiguille aimantée se place toujours dans le méridien magnétique perpendiculairement aux courans électriques.

309. Nous ne pouvons mieux faire, pour aplanir les difficultés que pourrait encore présenter ce sujet, bien difficile à exposer clairement en si peu de mots, que de transcrire le passage suivant, extrait des mémoires de M. Ampère (1) : « En considérant tous les phénomènes qu'of-
« frent les aimans comme des phénomènes purement élec-
« triques, le pôle boréal et le pôle austral ne sont distin-
« gués l'un de l'autre que par leur différente situation re-
« lativement aux courans qui entourent l'axe de l'aimant.
« Cette situation est la même que celle des pôles de même
« nom de la terre par rapport aux courans du globe. Or,
« dans celui-ci, les courans vont de l'est à l'ouest; et par
« conséquent en y plaçant un observateur, comme nous
« l'avons supposé placé dans le fil conducteur, cet obser-
« vateur a les pieds à l'est, la tête à l'ouest, et la face
« tournée vers les points extérieurs du globe sur lesquels
« le courant doit agir. Il tourne donc le dos à l'axe du
« globe, et a le pôle austral à sa droite et le pôle boréal
« à sa gauche. Il en est de même pour les aimans, en con-
« cevant toujours que l'observateur, qui est placé dans
« leurs courans, tourne le dos à l'axe pour faire face aux
« points extérieurs sur lesquels ces aimans agissent. Nous
« dirons donc que, dans les aimans, comme dans le globe,
« le pôle austral est à droite des courans que nous admet-
« tons, (ce qu'on peut voir dans l'aimant A B, *fig*, 96).
« Cette seule différence de situation suffit pour rendre
« raison des effets contraires que produisent les deux pô-

(1) Voyez le *Supplément à la Chimie de Thompson*, 1822.

« les de l'aimant dans tous les cas où ils n'agissent pas de « la même manière. » A B est la direction de l'axe de l'aimant ou du globe, et la direction même du fil conducteur.

Ainsi, puisque nous admettons que les courans électriques réguliers qui donnent lieu aux phénomènes magnétiques exécutent leur mouvement de rotation de l'est à l'ouest, dans la direction perpendiculaire à l'axe des aimans ou du globe, et dans la direction même des fils conducteurs, il est clair que ces courans ont toujours lieu dans le même sens, et manifestent des phénomènes d'attraction et de répulsion, afin d'établir cette identité de mouvement, tandis qu'au premier abord on pouvait tirer une conclusion toute contraire, de ce que les pôles de même nom se repoussent et ceux de noms différens s'attirent. En effet, si on présente au pôle boréal B de l'aimant, *fig.* 96, le pôle boréal d'une aiguille aimantée, en établissant la position indiquée par M. Ampère dans le passage ci-dessus, on voit sur-le-champ que la direction des courans dans l'aimant et l'aiguille est opposée, et par conséquent qu'ils doivent se repousser; car, puisque le mouvement de rotation a toujours lieu de l'est à l'ouest, il est évident que les courans s'entrechoquent lorsqu'on oppose le pôle boréal de l'aiguille au pôle boréal de l'aimant, et par conséquent qu'il doit y avoir répulsion; et, au contraire, qu'ils sont identiques lorsqu'on présente le pôle austral au pôle boréal, et par suite qu'il doit y avoir attraction mutuelle.

Les courans électriques produisent sur différens corps un grand nombre d'effets particuliers, à l'étude desquels se livrent les physiciens actuels. Ainsi, pour ne citer que quelques-uns des exemples les plus saillans, M. Davy a reconnu non-seulement que les liquides traversés par des courans prennent divers mouvemens de rotation, mais encore qu'au-dessus de chaque fil conducteur ils forment un cône proéminent duquel partent des vagues, tandis que, si on en approche un aimant, les cônes se changent en entonnoir, et le liquide prend un mouvement rapide de rotation (1). D'un autre côté, M. Becquerel vient de constater, au moyen d'un système de galvanomètres très sensibles, qui est de son invention, que des effets et des courans électriques se manifestent dans les phénomènes capillaires et dans toutes les dissolutions, etc. (2).

On ne peut douter que les courans électriques et l'électricité ordinaire, aussi bien que la lumière et la chaleur, ne jouent un rôle de première importance dans les phénomènes organiques; mais il n'est point encore assez positivement analysé pour s'y arrêter dans un ouvrage de la nature du nôtre (3).

SECTION VI.

DES PHÉNOMÈNES DE L'AIMANT OU DU MAGNÉTISME.

310. L'aimant est un minéral naturel de fer qui possède la propriété d'attirer à distance, et de s'attacher fortement le fer, l'acier, le nickel et le cobalt, précisément comme les fils conducteurs où règnent des courans électriques. Nous devons donc en conclure que, dans les corps aimantés, de semblables courans existent, et cette conclusion est démontrée, puisque les aimans et les conducteurs présentent des phénomènes absolument semblables, puisqu'on peut, dans toutes les circonstances, remplacer un aimant par un fil conducteur, et *vice versâ*. Le fer doux ne conserve la propriété magnétique que tant que dure son union avec un autre corps aimanté : ainsi les courans cessent en même temps que cette union; mais, dans l'ai-

---

(1) Voyez les *Philosophical Transactions* for 1823 et le *Bulletin des Sciences physiques*, de M. de Férussac, n° 3 mars 1824.

(2) Voyez les Mémoires de M. Becquerel, dans les *Annales de Physique et de Chimie*, de MM. Arago et Gay-Lussac.

(3) Voyez, dans les *Annales de la Société Linnéenne de Paris*, pour les années 1824 et 1825, plusieurs Mémoires de l'auteur de cet Abrégé, dans lesquels il a essayé d'appliquer à la végétation, les nouvelles théories de la lumière, de la chaleur et de l'électricité. — Voyez aussi, pour le développement le plus complet de la nouvelle théorie de l'électro-magnétisme, les ouvrages de M. Ampère.

mant naturel, dans l'acier, le nickel et le cobalt, cette propriété et les courans qui en sont la cause se conservent pour ainsi dire indéfiniment. C'est cette faculté qu'on a mise à profit dans l'invention des barreaux aimantés et des aiguilles, dont l'utilité a été si grande en devenant des boussoles; cette même faculté des aimans, de communiquer leurs propriétés sans rien perdre de leur énergie, a permis de multiplier à volonté les aimans artificiels, malgré que le petit nombre de corps que nous venons de citer soient les seuls susceptibles d'acquérir la vertu magnétique.

311. Autrefois, le seul moyen d'aimanter fortement un barreau ou une aiguille d'acier était de les frotter avec un aimant naturel ou un barreau déjà aimanté; ceux-ci leur communiquaient alors les courans dont ils étaient doués, et ces courans s'y continuaient indéfiniment. On savait aussi que les corps aimantables deviennent magnétiques par l'action du globe, surtout lorsqu'on les dispose dans la direction du méridien magnétique et sous l'inclinaison du lieu où l'on se trouve : le globe agit alors comme un fil conducteur ; mais l'aimantation communiquée de la sorte n'est jamais intense. Maintenant, les expériences du savant physicien M. Arago, en même temps qu'elles sont une preuve invincible en faveur de la nouvelle théorie, ont indiqué les moyens d'aimanter les corps sans le secours d'aucun aimant ; il suffit, pour cela, de les entourer d'un fil disposé en hélice, dans lequel on établit des courans électriques, soit en le faisant communiquer aux deux pôles de la pile, soit par des décharges successives d'une batterie électrique.

312. Lorsqu'on aimante les barreaux selon l'ancienne méthode, il arrive souvent qu'il se forme des points où les deux pôles se réunissent, et par conséquent un tel barreau présente des irrégularités telles qu'une aiguille d'épreuve y est plusieurs fois attirée et repoussée. On appelle ces perturbations des *points conséquens*. Il est facile de voir que ces phénomènes sont dûs au changement de direction des courans circulaires dans les différentes portions d'un même barreau, puisqu'en aimantant un bar-

reau au moyen de l'hélice on peut produire à volonté des points conséquens, en contournant le fil tantôt dans un sens, tantôt dans un autre. Nous avons déjà dit que le globe communique l'aimantation aux corps magnétiques abandonnés à eux-mêmes pendant quelque temps, surtout lorsqu'ils sont placés obliquement à l'horizon. On ne sera donc point étonné d'apprendre que la plupart des instrumens de fer ou d'acier, tels que les clés, les pelles et pincettes, etc., acquièrent la vertu magnétique entre nos mains, et en donnent des preuves lorsqu'on soumet une aiguille très sensible à leur influence.

313. Dans l'ancienne théorie du magnétisme, qu'on regardait comme le résultat d'une force résidant dans les corps, le globe terrestre était tantôt considéré comme un grand aimant, tantôt on supposait un noyau magnétique central, à l'influence duquel certains corps étaient soumis, et en vertu de laquelle ils prenaient diverses directions. Depuis l'établissement de la doctrine de l'électro-magnétisme, on ne peut douter que le globe ne soit une surface de pile galvanique dont les pôles sont en communication; et par conséquent où règnent des courans électriques. En effet, dans toutes les expériences de ce genre, où l'on doit tenir compte de l'action du globe, il suffit de l'assimiler à un fil conducteur, et de calculer de la sorte son influence. Dans cette théorie, la supposition gratuite d'une nouvelle force est inutile pour expliquer les phénomènes : rien n'est en effet plus naturel que de penser que la superposition de couches hétérogènes, telles que nous les rencontrons à la surface du globe, produit une décomposition du fluide électrique absolument analogue à celle qui a lieu dans la pile, et, par suite, établit à cette surface des courans électriques également semblables à ceux de cette pile. On concevra de même parfaitement la direction de ces courans de l'est à l'ouest, en remarquant qu'elle est à-peu-près opposée au mouvement de la terre, et que ce mouvement doit nécessairement exercer une grande influence sur le mode d'action du fluide et sur sa marche. Enfin, on sait que les variations de chaleur dans les corps suffisent pour leur faire prendre des états galvaniques diffé-

rens. On ne sera donc point étonné de voir plusieurs phénomènes magnétiques liés intimement à la présence et à la marche apparente du soleil autour de la terre; l'action de cet astre doit nécessairement faire varier l'intensité des courans, et elle explique ainsi les variations diurnes et annuelles que présente l'aiguille aimantée.

314. On explique avec la même facilité l'inclinaison et la déclinaison. On sait qu'une aiguille aimantée suspendue librement se dirige constamment à-peu-près vers le nord; et c'est à cause de cette propriété que les boussoles, qui ne sont autre chose que des aiguilles aimantées suspendues sur un pivot, sont d'un si grand secours dans les voyages de long cours. Mais nous avons dit que cette direction se faisait à-peu-près vers le nord : c'est cette différence qu'on appelle la *déclinaison* de l'aiguille; elle varie selon les lieux, et est, en ce moment, à Paris, de 12° 10' à l'ouest; elle varie aussi selon les temps, et paraît soumise à une période de révolution dans de certaines limites. On conçoit que la déclinaison est due à la différence qui existe entre l'équateur terrestre et l'équateur magnétique, c'est-à-dire la direction des courans à laquelle l'aiguille est toujours perpendiculaire, différence qui peut elle-même avoir pour cause la révolution de notre globe dans l'orbite de l'écliptique, et présenter une période de variation analogue à celle de l'inclinaison de cet orbite (1).

---

(1) C'est probablement par une erreur typographique qu'on trouve 12° 10'; il faut mettre à la place 22° 10'.

J'extrais de l'Annuaire du bureau des longitudes pour l'année courante les dernières observations de M. Arago.

« Le 4 mars 1822, à 11 heures 35' du matin, la déclinaison était 22° 3'.

« Le 12 novembre 1831, à 1 h. après midi, je trouvai pour l'inclinaison 67° 40'. »

Il y a des points de la surface de la terre, où la déclinaison est 0°, ces lieux forment des courbes qu'on appelle *lignes sans déclinaison*. Une comparaison exacte des observations faites jusqu'à nos jours sur l'équateur magnétique, nous fait connaître que cette ligne assez irrégulière, coupe l'équateur terrestre à St.-Tomé, près de la côte occidentale d'Afrique, pour descendre dans l'hémisphère austral en passant par-dessus St.-Hélène, coupe l'Amérique méridionale

315. Une aiguille aimantée ne prend pas seulement la direction du méridien magnétique, mais elle s'abaisse aussi plus ou moins, selon les lieux : c'est ce qu'on appelle l'*inclinaison*. Elle est nulle sur la ligne de l'équateur magnétique; elle est perpendiculaire aux pôles magnétiques, et intermédiaire dans les autres lieux. Ainsi, à Paris, elle est de 68° 30' en ce moment. Nous disons *en ce moment*, car elle présente aussi une période de variation dont on ignore encore les limites. Mais, quant à sa cause, il est facile de voir que l'inclinaison est produite par la tendance générale des courans à se disposer parallèlement et dans le même sens, soit dans les aimans, soit dans les conducteurs électriques.

316. Les voyages des navigateurs ont fait reconnaître une multitude d'irrégularités dans la déclinaison et l'inclinaison de l'aiguille, ainsi que dans l'intensité de la force magnétique, intensité qu'on mesure par le nombre d'oscillations que fait une aiguille écartée de sa direction pendant un temps donné. La position réelle des pôles et de l'équateur magnétiques n'est donc pas exactement déterminée, malgré les nombreuses recherches, tant d'observation que de calcul, auxquelles les savans se sont livrés sur ce sujet. Mais la solution de ces questions importe peu à la théorie; et il est facile de concevoir que l'arrangement des continens et des couches terrestres peut et même doit influer d'une manière locale sur les résultats généraux.

---

en son milieu, se relève ensuite pour couper de nouveau l'équateur terrestre, à l'est des Carolines, coupe la pointe boréale de Bornéo, le milieu de Malacca, passe au nord de Ceylan, puis près de l'entrée de la mer Rouge, traverse enfin le continent d'Afrique pour revenir à St.-Tomé.

Quelles sont les causes des courans électriques qui existent à la surface de la terre? On peut en indiquer un grand nombre, par exemple : la différence de nature des couches qui constituent la croûte du globe; la chaleur du soleil, ainsi que le mouvement que cet astre et la lune impriment à l'atmosphère et à la mer; enfin, la différence considérable de température entre l'intérieur du globe et sa surface pourrait bien ne pas être sans influence dans ce phénomène. Z.

317. Nous terminerons ce chapitre en prémunissant le lecteur contre la prétendue influence de certaines sympathies existantes entre des êtres animés ; l'explication qu'on en donne est aussi absurde qu'obscure. On désigne sous le nom de *magnétisme animal* une série de phénomènes qui n'ont d'autres bases que le charlatanisme et la crédulité. Ils ne peuvent mériter de fixer l'attention du physicien, puisqu'ils ne soutiennent pas l'examen de la raison. Si l'électricité paraît jouer un rôle très important dans l'organisation des êtres et dans les phénomènes de la vie, ce n'est sûrement point par des moyens qui ne s'adressent qu'à l'imagination qu'on parviendra à découvrir les lois et le mode de son action, mais bien par une étude profonde des fonctions de tout genre de ces êtres, ainsi que des lois générales de l'électricité. Telle doit être la marche du sage, du naturaliste et du physicien. Ce n'est que quand des observateurs philosophes, de vrais savans, s'occuperont de ces recherches intéressantes, qu'on pourra espérer de voir dissiper l'obscurité qui les environne.

FIN DU MANUEL DE PHYSIQUE.

Nous croyons devoir complèter le *Manuel de Physique* par un résumé plus complet de la théorie de l'*électro-magnétisme* et par l'extrait de l'intéressant Mémoire de MM. Colladon et Sturm sur la compressibilité des liquides.

T. R.

THÉORIE

DE

L'ÉLECTRO-MAGNÉTISME.

Lorsqu'on eut connaissance de la découverte importante de M. Oersted, on dut rechercher si l'action du courant électrique était attractive ou répulsive, ou si elle était directrice comme celle de l'aimant terrestre; on fit une série d'expérience pour reconnaître ce mode de déviation (1).

1° Le courant étant placé pour marcher du nord au sud, on fit passer le fil conjonctif par-dessus une aiguille très mobile ; à l'instant elle fut déviée, son pôle austral (celui qui regarde le nord) se tourna vers l'orient;

2° En retournant le courant, en le faisant marcher du sud au nord, le pôle austral fut refoulé vers l'occident;

3° Le courant marchant du sud au nord, on fit passer le fil par-dessous, le pôle austral tourna vers l'orient;

4° Le courant marchant du nord au sud, on fit passer encore le fil par-dessous, le pôle tourna vers l'occident.

Pour reconnaître tout d'un coup la direction que doit prendre l'aiguille, on suppose un homme placé dans le courant électrique, emporté du zinc au cuivre, la tête la

---

(1) Pour l'intelligence, il faut supposer que, dans les piles, le courant électrique marche du zinc au cuivre, c'est-à-dire qu'il est positif.

première, les yeux tournés vers le centre de l'aiguille et déviant toujours le pôle austral à sa gauche ; de quelque manière qu'on place le fil conjonctif, on reconnaîtra la vérité de la formule (1).

On reconnut, par l'expérience, que ce genre d'action n'est nullement dû à la matière de l'aiguille ; il ne dépend pas non plus de la matière du fil conjonctif ou de son épaisseur, il ne dépend que de l'intensité magnétique de l'aiguille et de la force du courant

Schweigger a mis à profit cette observation pour la construction de son multiplicateur, instrument par lequel il obtient une intensité d'autant plus grande qu'il y a plus de parties du fil conjonctif en regard avec l'aiguille.

La force des courans agit non-seulement sur les aimans, elle exerce encore son action sur les corps capables de le devenir : ainsi la limaille de fer s'attache au fil conjonctif aussi long-temps que dure le courant. L'acier, tous les corps magnétiques doués de force coërcitive acquièrent ou perdent l'aimantation par l'action des courans ; il faut en conclure que le courant électrique agit sur le fluide magnétique, qu'il soit libre ou combiné.

M. Arago, qui a découvert ces faits importans, procéda à l'expérience de la manière suivante :

Il contourna en hélice le milieu du fil conjonctif, afin de multiplier son action, il y introduisit, dans un tube de verre, un barreau d'acier ; ce barreau acquit toutes les propriétés des aimans artificiels. Pour apprécier comment se trouvent placés les pôles dans un barreau ainsi aimanté, il faut se rappeler que le courant rejette toujours vers la gauche le pôle austral.

Ainsi, supposons une hélice dextrorsum (2) ; si le cou-

---

(1) Dans toutes ces expériences l'aiguille n'est pas tout-à-fait perpendiculaire à la direction du fil conjonctif, mais c'est l'action magnétique du globe qui empêche qu'on obtienne ce résultat. Il faut donc soustraire l'aiguille à cette action ; il suffit, pour cela, de la fixer perpendiculairement à un axe auquel on donne la direction de l'aiguille d'inclinaison.

(2) Le sens de l'hélice s'apprécie de bas en haut.

rant marche du haut en bas de l'hélice, l'observateur placé dans le courant a sa gauche tournée vers le bas de l'hélice; c'est donc de ce côté qu'il rejette le pôle austral; donc l'extrémité du barreau qui y est placée se tournera vers le nord.

On peut encore prévoir ce qui arrivera si on remet dans la même hélice le barreau aimanté, mais en ayant soin de changer ses pôles; le courant, par son action, détruira d'abord l'aimantation du barreau, et, si on le retire, alors il ne donnera plus de signe de polarité; si on le laisse plus long-temps sous l'influence du courant, les pôles seront changés.

Si on introduisait un barreau dans une hélice dont la moitié serait dextrorsum et l'autre moitié sinistrorsum, toujours dans les mêmes circonstances, le courant qui descendrait dans l'hélice, d'abord la gauche tournée vers le bas, rejetterait le pôle austral de ce côté, puis, arrivé au milieu de l'hélice, il changerait de direction; il aurait alors la gauche vers le haut de l'hélice, et par conséquent rejetterait encore le pôle austral vers le même côté, le centre du barreau. Il est évident qu'un tel barreau attirerait le pôle boréal par le milieu, et que les deux extrémités le repousseraient. On peut, à l'aide d'hélices, changeant de direction, créer dans un barreau autant de points conséquens qu'on le veut. Si l'on se sert de deux hélices pareilles, l'une dextrorsum, l'autre sinistrorsum, les actions se détruisent mutuellement (1).

M. Arago aimanta de même les barreaux placés dans des hélices par des décharges successives de la bouteille de Leyde.

On a reconnu, par l'expérience, que la force des actions électro-dynamiques décroît en raison inverse de la

---

(1) On a obtenu de cette manière des résultats bien remarquables. Un étrier de fer doux pesant seulement quelques livres, étant soumis à l'action du courant d'une pile, pas même trop forte, a pu porter jusqu'à 2000 livres. Le magnétisme, ainsi développé dans le fer doux, ne disparaissait pas instantanément aussitôt après la cessation du courant, mais s'affaiblissait très rapidement. Z.

distance; mais, si l'on ne considère qu'une portion infiniment petite du courant, M. Biot a trouvé que la loi est la même que pour les autres fluides, c'est-à-dire en raison inverse du carré de la distance. L'appareil qui sert à l'expérience ci-dessus est une aiguille aimantée légère, courte et parallélogrammique; on neutralise par un autre aimant la force terrestre, puis on fait passer un fil conjonctif de manière que l'aiguille soit immobile sous l'influence du courant; on dévie ensuite l'aiguille et on compte ses oscillations pour diverses distances.

Mais, comme nous l'avons déjà vu, l'intensité du courant et l'intensité magnétique de l'aiguille influent sur l'intensité de la force électro-dynamique; on en a conclu les trois lois suivantes :

La force suit 1° la raison inverse du carré des distances;

2° La raison directe de l'intensité des courans;

3° La raison directe de l'intensité du magnétisme.

M. Faraday, dirigé par l'observation de M. Wollaston sur la cause de ces actions, parvint à imprimer à un aimant un mouvement de rotation et même de translation. Ce mouvement a toujours lieu selon la formule. Pour le produire, il faut que l'un des pôles soit soustrait à l'action du courant. Il est facile d'en apercevoir la théorie. Supposons un courant fixe descendant dans un vase plein de mercure; si on place verticalement dans ce vase un barreau dont le pôle austral sera à la surface, on prévoit que le courant le déplacera vers sa gauche d'une certaine quantité. Or, comme on suppose que le courant fait toujours face au barreau, à mesure que celui-ci tournera, le courant le suivra et le rejettera toujours vers sa gauche. Ce mouvement de translation pourrait à lui seul expliquer le mouvement des planètes.

L'étude des aimans sur les courans mobiles est inverse de la précédente.

Comme toute réaction est égale et opposée à l'action, on prévoit que les phénomènes observés sur les aimans se reproduisent sur les courans.

Outre les forces directrices que nous venons d'étudier,

on a observé que les aimans et les courans avaient encore entre eux une force attractive et répulsive. En effet, si on place le fil conjonctif de manière que l'axe des barreaux fasse avec lui un angle droit; si, de plus, le pôle austral est à la gauche du courant, il y a attraction, pourvu que la droite qui mesure l'espace entre le fil et l'axe de l'aimant passe entre les pôles.

Dans une position contraire, il y aurait répulsion. Vis-à-vis du pôle l'action est nulle.

M. Ampère, à qui on doit la théorie électro dynamique, observa 1° que deux courans s'attirent quand ils se dirigent dans le même sens, et qu'ils se repoussent lorsqu'ils marchent en sens contraire, et que cette action a lieu même quand les fils ne sont pas parallèles. Il suffit que les fils marchent dans le même sens, pour qu'il y ait attraction, et, en sens opposé, pour qu'il y ait répulsion;

2° Que, si on place un courant mobile entre deux courans fixes, tous trois dirigés dans le même sens, le courant du milieu reste en équilibre s'il est juste entre les deux autres;

3° Qu'un courant mobile ascendant, placé entre deux courans fixes, descendans, est repoussé des deux côtés;

4° Qu'un courant sinueux agit comme un courant droit.

Il plaça deux courans en croix, de façon qu'ils ne pussent ni s'attirer, ni se repousser; il observa que l'un des courans, s'ils sont tous les deux dirigés dans le même sens, vient prendre une direction parallèle et semblable à celle du deuxième; si les directions sont contraires, les courans se placent perpendiculairement l'un à l'autre.

On obtient de même un mouvement de rotation par l'action d'un courant fixe sur un courant mobile.

La théorie électro-dynamique de M Ampère s'applique très bien à tous les phénomènes qu'on a observés jusqu'à ce jour, et est exempte de toutes les objections auxquelles les explications données par plusieurs autres savans sont sujettes. Au lieu de regarder, avec Faraday et Barlow, les mouvemens giratoires des aimans et des conducteurs comme le fait simple, il regarde comme loi fondamentale, comme fait primitif les actions attractive et répulsive des courans électriques, et, à l'aide d'une hypothèse particulière nécessaire pour la constitution des aimans, il explique facilement tous les phénomènes de l'électro-magnétisme et du magnétisme. Il suppose que tous les corps magnétiques, y compris notre globe, tirent leurs propriétés magnétiques de courans électriques circulant continuellement autour de leurs molécules, toujours dans la même direction par rapport aux axes de ces corps.

Supposons un cylindre de fer coupé par un nombre infini de plans perpendiculaires à sa base; supposons de plus qu'en vertu d'une action inconnue parmi les molécules, il circule perpétuellement un courant d'électricité positive autour de ces cercles, et que la direction de ce courant est toujours la même; si, en même temps, on admet qu'il circule en sens inverse un courant d'électricité opposé, tous les phénomènes découleront de ces lois comme autant de corollaires, et les effets du magnétisme rentreront dans le domaine de l'électricité. Il est important, pour l'intelligence de cette théorie, de se faire des idées correctes sur l'action réciproque de deux courans circulaires ou circuits, parce qu'on les regarde comme les élémens de toute action magnétique. Cette action est le résultat des forces exercées par toutes les parties des courans, et constitue deux forces émanant du centre du circuit et d'espèce opposée de chaque côté du plan du cercle. Supposons un circuit dans un plan vertical passant par l'œil de l'observateur placé hors du cercle, et le courant descendant du côté le plus près de l'observateur, alors la force exercée sur le côté droit du cercle, considérée comme force magnétique, prendra le nom de *pôle austral;* la force opposée se dirigera vers le sud et prendra le nom *de pôle boréal.* Si on met deux courans circulaires en rapport par les côtés affectés des mêmes pôles, il y a répulsion, puisque les courans se dirigent en sens opposé; si, au contraire, on les approche par les côtés affectés des pôles opposés, il y a attraction, puisque les courans ont la même direction.

On augmente l'intensité de ces forces en combinant la

puissance de plusieurs circuits, en tournant en spirale un courant. Une telle spirale peut être alors considérée comme un aimant dont les pôles sont situés au centre de chaque disque.

M. Arago a construit avec des hélices des aimans aussi puissans que les aimans ordinaires; il a neutralisé, au moyen du retour du fil conducteur dans l'intérieur de l'hélice, toute l'action longitudinale, de sorte que la seule force agissante était celle des courans circulant autour de l'axe de l'hélice.

M. Delarive a construit un instrument très propre à l'observation des phénomènes d'attraction et de répulsion des aimans et des courans; il a placé sur un bassin plein d'eau un flotteur circulaire composé de deux métaux formant un courant; il a passé dans ce cercle un aimant, en prenant soin que la direction des courans fût différente; le flotteur fut repoussé; arrivé à l'extrémité de l'aimant, il se retourna, et, comme alors les courans étaient dirigés dans le même sens, ou, ce qui est la même chose, comme les pôles de nom opposé étaient en regard, le flotteur revint sur l'aimant et s'arrêta à la moitié de sa longueur.

Magnétisme terrestre.

M. Ampère explique l'action de la terre sur les aimans, en supposant qu'il règne au méridien magnétique un courant électrique qui a la même direction; que ce courant a la même propriété que les autres, et qu'il doit en résulter aussi deux polarités, résultat des forces que nous avons examinées. Or si, comme il le suppose, le courant se meut de l'ouest à l'est, le nord sera à sa gauche.

L'action directrice qui agit sur les aimans à la surface de la terre est le résultat, non d'une influence provenant de cette partie de la terre vers laquelle se dirigent les extrémités, mais de l'action des courans à l'équateur magnétique, et de la tendance des courans de l'aimant lui-même pour le mettre dans la position que nous avons déjà trouvé devoir être la sienne; cette position est précisément le plan qui est perpendiculaire à la direction magnétique, c'est-à-dire à l'axe de l'aiguille d'inclinaison; car, comme les courans électriques de l'aiguille sont à angle droit avec les axes, il s'ensuit que, lorsqu'elle prend elle-même les directions par rapport aux courans de l'équateur, cet axe doit se tourner vers le nord et le midi.

La nature de cette influence peut être plus facilement comprise, si on se sert d'un simple circuit annulaire; s'il peut se mouvoir librement, on voit qu'il prend toujours sa direction dans un plan descendant vers le sud, coupant l'horizon dans une ligne passant de l'est à l'ouest.

ADDITIONS

A L'ÉLECTRO-MAGNÉTISME.

Nous allons compléter ce Manuel en présentant un exposé succinct des découvertes remarquables faites dans les derniers temps sur les courans électriques; découvertes qui complètent la théorie de l'électro-magnétisme, et achèvent de confirmer l'identité des deux fluides électrique et magnétique.

Déjà, en 1822, M. Ampère, en s'occupant de ses belles recherches sur l'électro-magnétisme, avait remarqué qu'un conducteur circulaire de cuivre suspendu à un fil de soie et mis dans l'intérieur d'un courant également circulaire, éprouvait des mouvemens particuliers. Fresnel avait aussi annoncé avoir observé des phénomènes analogues. Peu d'années après, M. Arago, ayant observé que la présence du cuivre diminuait considérablement l'amplitude des oscillations d'une aiguille aimantée, fut conduit à sa grande découverte du magnétisme en mouvement. Nous allons tâcher de donner une idée de ce nouveau genre de phénomènes.

Dans une cloche en verre, fermée en bas par un diaphragme de papier, se trouve suspendue à un fil de soie une aiguille magnétique horizontale; immédiatement au-dessous du diaphragme se trouve un disque horizontal de cuivre auquel on peut imprimer dans son plan un mouvement de rotation plus ou moins rapide, au moyen d'un mouvement d'horlogerie dont presque toutes les pièces sont en cuivre.

Le disque étant mis en mouvement, on remarque que l'aiguille se dévie du méridien dans le sens du mouvement, et d'autant plus que celui-ci est plus rapide, et qu'il y a même un degré de vitesse du disque pour lequel l'aiguille tourne continuellement et tend à prendre cette vitesse. Des incisions faites dans le disque, dans le sens de ses rayons, en partant de la circonférence, diminuent considérablement l'action; mais on peut la restituer presque en totalité, en remplissant ces incisions avec des métaux qu'on y soude. Cette force diminue à mesure que la distance de l'aiguille au disque augmente.

L'action totale qui produit le phénomène paraît être la résultante de trois forces, dont l'une est perpendiculaire aux rayons du disque et parallèle à sa surface; la seconde, également perpendiculaire aux rayons, est aussi perpendiculaire à la surface; enfin, la troisième agit dans le sens même des rayons. La première est évidemment celle qui obtient son effet dans le mouvement de l'aiguille horizontale. Pour découvrir les deux autres, M. Arago a employé, 1° une aiguille suspendue en son milieu comme une balance et maintenue dans une position horizontale au moyen d'un contre-poids; en approchant l'un des pôles au-dessus du disque en mouvement, on remarque que ce pôle en éprouve une répulsion; 2° une aiguille d'inclinaison rendue verticale; lorsqu'on la fait mouvoir suivant un rayon, depuis le centre jusqu'à la circonférence et au-delà, on remarque d'abord qu'au centre même elle n'éprouve rien; mais qu'à une petite distance de ce point elle semble en être attirée; que cette apparence se conserve jusqu'à un certain point où l'aiguille reprend de nouveau sa position verticale, et qu'à partir de ce point jusqu'à la circonférence, et même au-delà l'attraction se change en une répulsion, c'est ce qui se trouve représenté dans la figure 15 où A E est le disque. Les lignes pleines qui lui sont perpendiculaires indiquent la direction que devrait avoir l'aiguille et les lignes ponctuées correspondantes celles qu'elle prend en réalité.

Le cuivre n'est pas le seul métal qui produit cet effet, mais c'est celui qui le produit le mieux. MM. Herschel et Babbage, dans un travail qu'ils ont fait sur le même sujet, ont établi, ainsi que suit, l'ordre d'action des métaux qu'ils ont soumis à l'expérience.

Cuivre.	1	Plomb.	0,25
Zinc.	0,93	Antimoine.	0,09
Etain.	0,46	Bismuth.	0,02

Cependant ce phénomène, si curieux et si important, ainsi que l'observation de M. Ampère, et beaucoup d'autres faits de moindre importance observés à différentes époques par différens physiciens, étaient restés sans explication satisfaisante ; enfin, M. Faraday, d'un côté, et MM. Nobili et Antinori, de l'autre, viennent de découvrir des principes généraux qui conduisent à la solution de ces problèmes.

1° Lorsqu'on ferme le circuit voltaïque en présence d'un fil métallique qui en est séparé par des corps non conducteurs, il se développe instantanément dans ce fil un courant électrique dont le sens est contraire à celui de la pile; ce courant ne dure qu'un instant. Si on interrompt le circuit il se produit encore un courant dans le fil, mais sa direction est contraire à celle du courant précédent.

Pour s'assurer de cette action, voici comment on opère : sur un cylindre non conducteur M N *fig.* 16, on enroule en hélice un ou plusieurs fils de cuivre recouverts de soie, en ayant soin de laisser libres les bouts A et B, qui, dans le cas où on emploie plusieurs fils, se composent de la réunion de tous les bouts; sur ce même cylindre on enroule un ou plusieurs autres fils de cuivre dont les bouts C et D communiquent avec les fils d'un galvanomètre bien sensible; G représente une pile voltaïque. Cela posé, on remarque qu'au moment où on ferme le circuit voltaïque en mettant les fils A et B en communication avec les pôles de la pile, l'aiguille du galvanomètre s'agite et indique, comme nous l'avons annoncé, un courant de sens contraire à celui de la pile ; mais bientôt elle revient à sa première position d'équilibre. Elle tourne de nouveau, mais du côté opposé, au moment où on interrompt le circuit voltaïque. Cette faculté des courans électriques de développer d'autres courans dans les corps conducteurs dont ils sont en présence, a été nommée par Faraday *induction électrique*. Ces courans, ainsi développés, sont assez forts pour donner des étincelles et produire des actions chimiques.

2° Le magnétisme excite dans les fils conducteurs les mêmes courans que la pile, et comme avec celle-ci le courant n'est que momentané, il a lieu dans un sens, lorsqu'on approche l'aimant du fil, et se reproduit en sens opposé lorsqu'au contraire on l'en éloigne.

On reconnaît ces faits de la manière suivante : sur un cylindre non conducteur, comme dans l'expérience précédente, on enroule en hélice un long fil recouvert de soie dont les bouts communiquent avec un galvanomètre; on introduit un aimant dans ce cylindre, et, au même instant, on voit l'aiguille du galvanomètre indiquer l'existence d'un courant qui cesse bientôt après, mais qui reparaît en sens contraire au moment où on retire l'aimant du cylindre.

L'expérience réussit encore mieux lorsqu'au lieu d'un aimant on emploie une barre de fer doux qu'on introduit dans le cylindre A, des extrémités duquel on approche et on éloigne brusquement les pôles d'un fort aimant.

Enfin, on peut faire l'expérience avec l'appareil représenté par la figure, dans le cylindre duquel on introduit une barre de fer doux. Celle-ci se trouve aimantée par le courant voltaïque et concourt ensuite avec celui-ci à exciter un courant dans le fil qui communique avec le galvanomètre; aussi ce courant est-il dans ce cas plus intense que lorsqu'on n'emploie pas de barre de fer.

Pour connaître d'avance quel sera, dans les différens cas, le sens du courant développé, il n'y a qu'à se rappeler les principes suivans : 1° le courant voltaïque est censé marcher du zinc au cuivre; 2° on est convenu d'appeler *pôle boréal* d'une aiguille celui qu'elle tourne vers le sud; car on suppose qu'il contient le même fluide que la terre contient à son pôle nord; 3° lorsqu'on aimante un fer doux ou l'acier au moyen du courant vulgaire voltaïque, si le fil qui le conduit est enroulé sur le cylindre en hélice dextrorsum, c'est-à-dire qui monte de la gauche à la droite entre le cylindre et la personne qui le regarde, le pôle boréal se développe du côté par où le courant entre; 4° enfin, l'aimant excite dans le fil conducteur un courant dont le sens est contraire à celui du courant qui lui aurait communiqué son magnétisme.

Ces courans secondaires, s'il est permis de les appeler ainsi, n'ont pas la même intensité dans les fils de différentes substances, elle semble décroître dans l'ordre suivant : cuivre, zinc, fer, étain, plomb; c'est justement l'ordre de leur conductibilité. M. Faraday avait annoncé que, dans quelques cas particuliers, le courant développé par l'aimant produit l'étincelle; MM. Nobili et Antinori sont parvenus à l'obtenir constamment. Il suffit, pour cela, d'employer un fort aimant en fer de cheval, dont l'ancre a une forme convenable pour être facilement enveloppé d'un grand nombre de tours d'un fil de cuivre recouvert de soie; un mécanisme facile à imaginer sert à approcher et éloigner brusquement cette ancre des pôles.

M. Hachette a fait connaître un appareil de M. Pixii, au moyen duquel on obtient, comme il dit : 1° de vives étincelles; 2° des commotions assez fortes; 3° lorsque l'on plonge les mains dans des vases pleins d'eau acidulée où se rendent les deux extrémités du fil conducteur, l'engourdissement et des mouvemens involontaires des doigts; 4° un grand écartement des feuilles d'or adaptées au condensateur de Volta; 5° une décomposition assez rapide d'eau, mélangée d'un peu d'acide sulfurique, pour en augmenter la conductibilité. Il se compose d'un fer à cheval en fer doux en présence duquel tourne un aimant qui peut porter plus de 100 k., et dont le fil a une longueur de 1,000 mètres et fait 4,000 tours.

M. Faraday explique le magnétisme en mouvement de M. Arago, en admettant que les pôles de l'aiguille déterminent dans le disque mobile des courans qui vont du centre à la circonférence. MM. Nobili et Antinori réfutent cette opinion, et supposent que le mouvement de l'aiguille est dû à la résultante des forces produites par les courans que les pôles développent dans les points les plus rapprochés du disque, et qui sont répulsifs au moment du développement, mais qui, entraînés ensuite par le mouvement du disque, s'éloignent, changent de direction, et deviennent attractifs.

3° La terre agit comme un aimant, elle doit donc aussi produire des courans dans des conducteurs mobiles; cela a en effet lieu, et on le reconnaît de la manière qui suit : Dans le cylindre non conducteur, sur lequel est enroulé le fil qui communique au galvanomètre, on introduit une barre de fer doux et on en dirige ensuite l'axe dans la position de l'aiguille d'inclinaison, au moment où il arrive dans cette position il y a développement d'un courant qui, comme dans les cas précédens, cesse bientôt pour reparaître en sens inverse lorsqu'on change la direction du cylindre. Dans cette expérience, la terre magnétise le fer doux, et celui-ci développe ensuite le courant dans le fil.

L'expérience est plus concluante lorsqu'on ne met point de fer dans le cylindre, mais qu'on se borne à placer l'hélice dans la direction de l'aiguille d'inclinaison, et qu'on l'en écarte ensuite.

Z.

EXTRAIT

DU MÉMOIRE DE MM. COLLADON ET STURM, DE GENÈVE, SUR LA COMPRESSIBILITÉ DES LIQUIDES.

Les recherches sur la compressibilité des liquides présentent cet avantage qu'elles sont comparables entre elles, et susceptibles d'un haut degré de précision, moyennant des précautions nombreuses et de bons appareils. Il ne faut pas croire cependant que ces recherches soient exemptes de difficultés; et le peu d'expériences qui ont été faites sur ce sujet, comparées à d'autres branches de la physique, en fournissent la preuve évidente. La nécessité de réunir à la fois dans le même appareil une sensibilité et une force extraordinaire occasione de nombreux accidens qui peuvent rebuter un homme doué d'une patience très grande.

Le Mémoire de MM. Colladon et Sturm est divisé en quatre parties :

1° Expérience sur la compressibilité des liquides;
2° Expériences qui se rapportent au dégagement du calorique dû à la compression;
3° Influence de la pression sur la conductibilité des corps;
4° Mesure de la vitesse du son dans l'eau douce.

Les auteurs ont employé la méthode du Canton, perfectionnée par Oerstedt. Les appareils dont ils se sont servis étaient de verre, et ouverts à l'extrémité. Ils ont tenu compte avec soin de la contraction du verre dans le cours de leurs expériences, et sont parvenus à l'apprécier par une méthode fort ingénieuse; ils ont évité les changemens de température que pouvaient produire d'autres causes que la compression. Ils se sont garantis des erreurs que pouvaient causer l'adhérence du liquide aux parois, la diminution de pression due au frottement de la colonne, enfin, la petite quantité d'air qui reste adhérente.

Ils ont cherché à déterminer, par des expériences préliminaires, si les liquides sont assujettis à une loi générale de compression, afin de pouvoir, dans les expériences subséquentes, prévoir les résultats.

Ils ont cru reconnaître d'abord, en faisant l'expérience sur l'eau distillée à 0°, que les liquides suivaient, dans leur contraction, une loi analogue à celle de l'alongement des corps solides par la traction; mais l'éther sulfurique, dont la compressibilité diminue pour des atmosphères croissantes, les a forcés de reconnaître que cette loi n'existe pas.

La condition la plus difficile à remplir dans ces expériences se rapporte aux variations de température. En effet, selon MM. Colladon et Sturm, pour le plus grand nombre des liquides, des compressibilités de 10 à 15 atmosphères ne produisent qu'une contraction équivalente à celle que produit un abaissement de température d'un degré.

Tous les résultats ont été calculés à la température de 0° liquide, ou glace fondante.

Voici ces résultats pour le mercure, l'eau, l'alcool, l'éther sulfurique, le carbure de soufre, l'éther nitrique, l'acide sulfurique, l'acide nitrique, l'eau chargée d'ammoniaque, l'acide acétique, l'éther d°, l'essence de térébenthine, etc.

MERCURE.

Les expériences ont été poussées jusqu'à 30 atmosphères.

Compressibilité par chaque atmosphère.	5,03 millioniem.
Eau distillée et privée d'air. . . .	51,3
Eau non privée d'air.	49,5

ALCOOL.

Dans ce liquide on observe une diminution sensible de compressibilité pour des accroissemens égaux de pression. Les contractions les plus faibles sont aux plus fortes : : 138 : 128. Variable par chaque atmosphère de 96,2. 93,5.89 millioniemes.

TABLE DES MATIÈRES.

LIVRE SECOND.

LIVRE TROISIÈME.

FIN DE LA TABLE.

TROYES. — IMPRIMERIE DE CARDON.

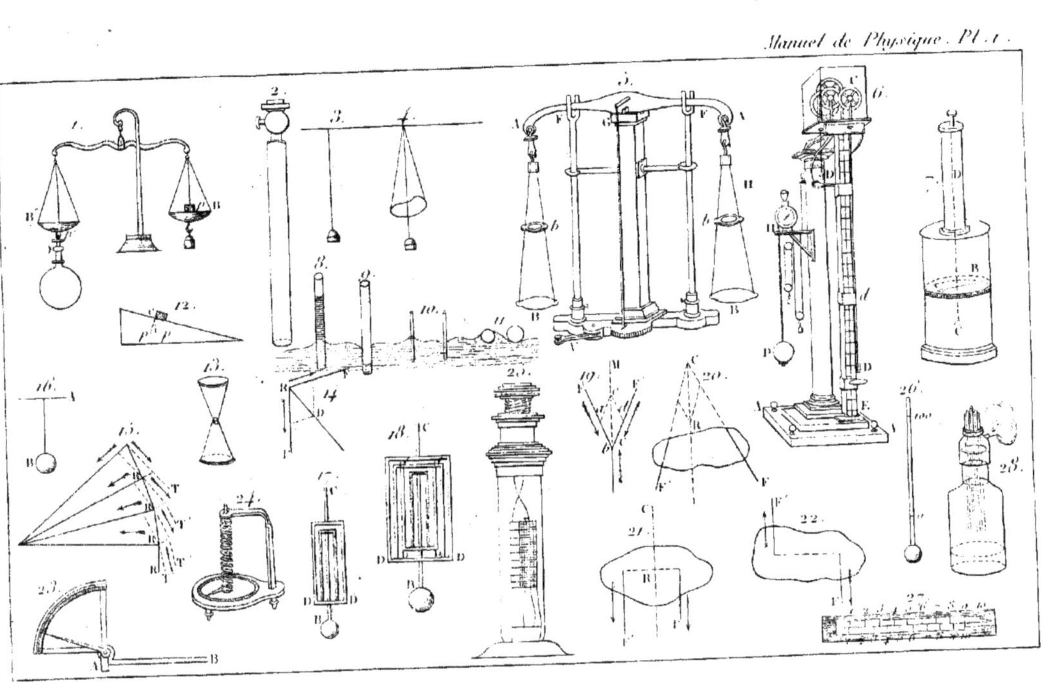

2.

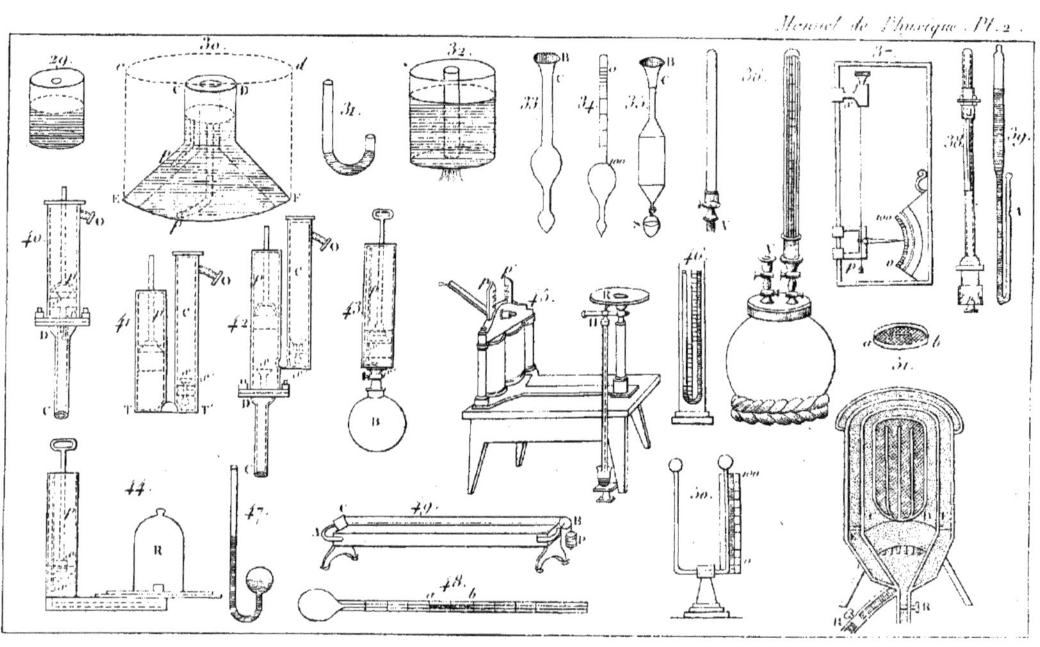
29.
30.
31.
32.
33
34
35.
36.
37.
38.
39.
40.
41.
42.
43.
44.
45.
46.
47.
48.
49.
50.
51.

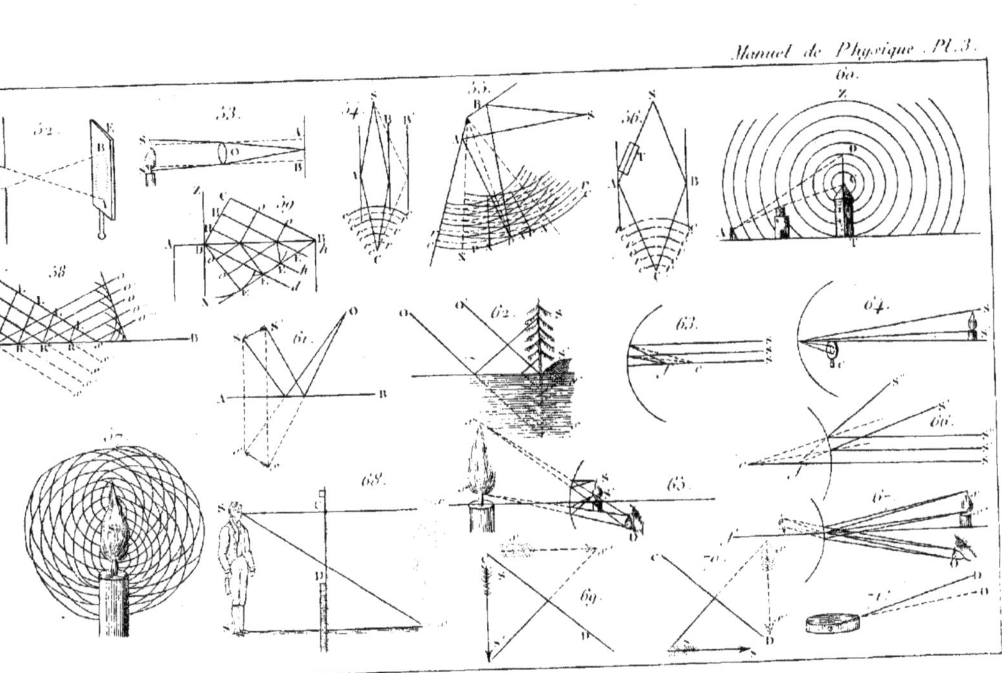

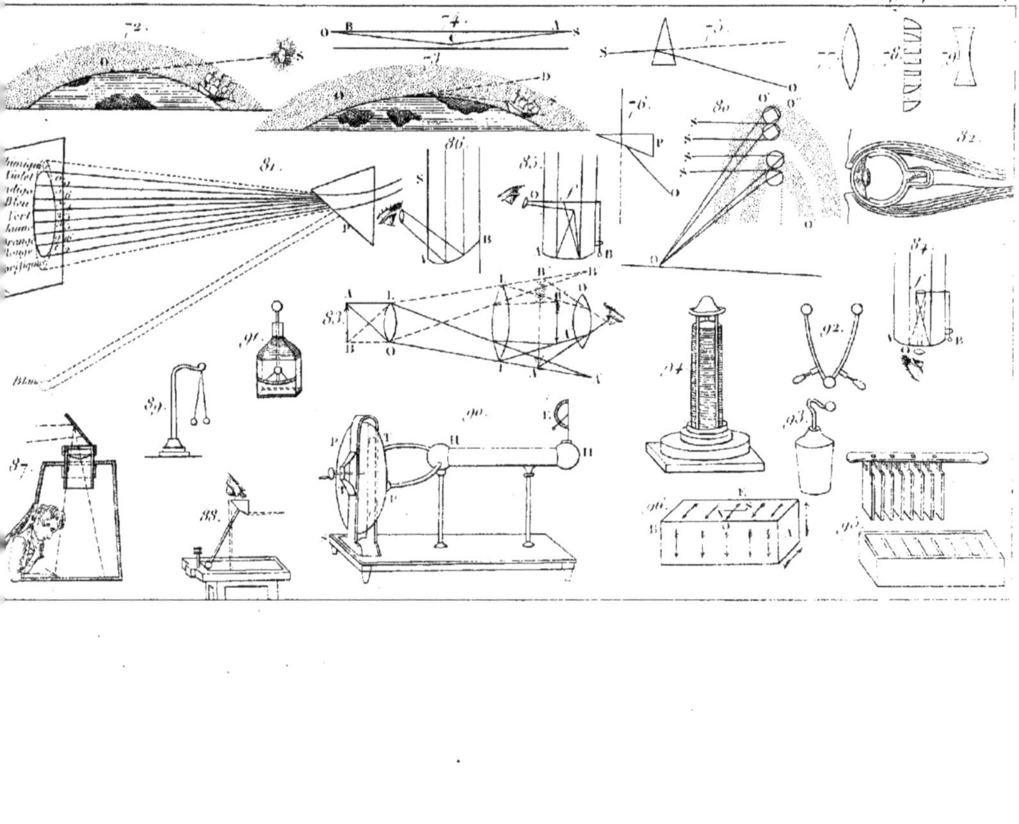
72.
74.
73.
75.
76.
77.
78.
79.
80.
81.
82.
83.
84.
85.
86.
87.
88.
89.
90.
91.
92.
93.
94.
95.
96.
Violet
Bleu
Vert
Blanc

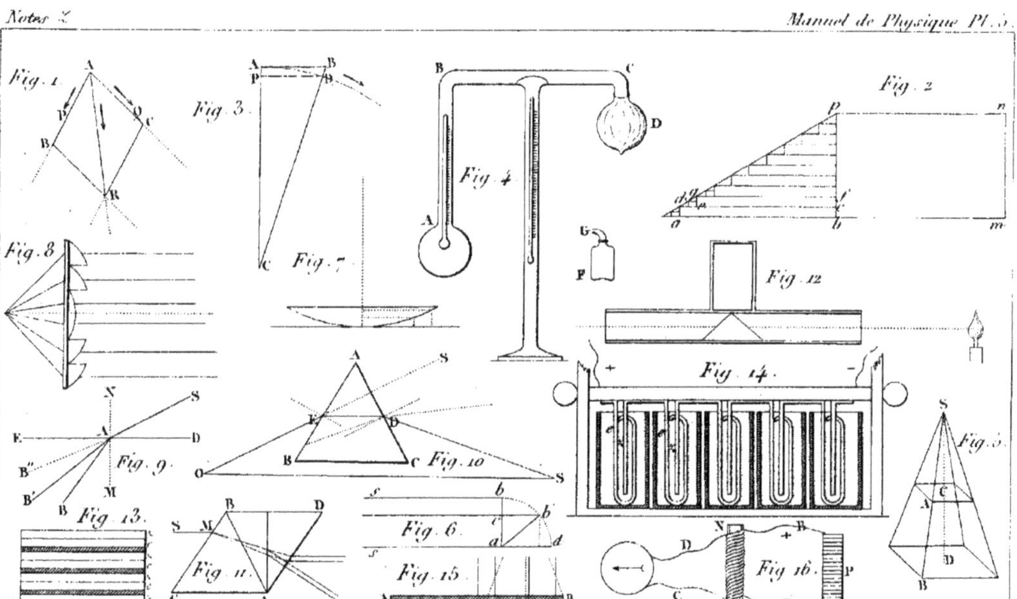
Fig. 1.
Fig. 2
Fig. 3.
Fig. 4
Fig. 5.
Fig. 6.
Fig. 7.
Fig. 8
Fig. 9.
Fig. 10
Fig. 11.
Fig. 12
Fig. 13.
Fig. 14.
Fig. 15.
Fig. 16.

www.ingramcontent.com/pod-product-compliance
Ingram Content Group UK Ltd.
Pitfield, Milton Keynes, MK11 3LW, UK
UKHW020605230726
13926UKWH00005B/2209